新疆人工增雨防雹作业装备使用与维护

主　编：杨炳华　魏旭辉　王星钧

气象出版社
China Meteorological Press

内容简介

新疆人工影响天气工作起步较早，经过50多年的努力，已初步建成具有现代化水平的人工影响天气体系，作业装备齐全，作业规模位居全国前列。本书对目前人工影响天气作业所使用的主要装备的结构、工作原理和故障排除做了详细的介绍，全面展示了新疆在人工影响天气作业技术方面的雄厚实力。

本书共6章，全面介绍了XDR-X波段数字化雷达、XR-08型人工增雨防雹火箭发射装置、65式三七高射机关炮、地面焰管播撒系统、地面作业点安全防范系统以及作业弹药的结构、工作原理和维护，使人工影响天气技术人员能熟练掌握，保证作业装备的正常使用。

本书所介绍的内容，基本囊括了新疆人工影响天气作业中使用的装备，均以分解图和文字的形式进行了详细分析和说明。内容丰富、实用，图文并茂是本书最突出的特点。可供人工影响天气管理、业务技术、作业人员特别是装备维修保养人员应用和参考，也可作为业务技术培训的教材。

图书在版编目(CIP)数据

新疆人工增雨防雹作业装备使用与维护/杨炳华，魏旭辉，王星钧编. —北京：气象出版社，2014.6

ISBN 978-7-5029-5945-6

Ⅰ.①新… Ⅱ.①杨… ②魏… ③王… Ⅲ.①人工降水－设备－使用－新疆②人工降水－设备－维修－新疆③防雹－设备－使用－新疆④防雹－设备－维修－新疆 Ⅳ.①P481 ②P482

中国版本图书馆CIP数据核字(2014)第108410号

Xinjiang Rengong Zengyu Fangbao Zuoye Zhuangbei Shiyong yu Weihu

新疆人工增雨防雹作业装备使用与维护

杨炳华 魏旭辉 王星钧 编

出版发行：气象出版社

地　　址：北京市海淀区中关村南大街46号　　**邮政编码**：100081

总 编 室：010-68407112　　**发 行 部**：010-68409198

网　　址：http://www.cmp.cma.gov.cn　　**E-mail**：qxcbs@cma.gov.cn

责任编辑：隋珂珂　　**终　　审**：黄润恒

封面设计：易普锐创意　　**责任技编**：吴庭芳

印　　刷：北京地大天成印务有限公司

开　　本：787 mm×1092 mm　1/16　　**印　　张**：16.75

字　　数：430千字

版　　次：2014年11月第1版　　**印　　次**：2014年11月第1次印刷

定　　价：78.00元

序

人工影响天气是指在适当的天气条件下，通过人工干预的技术手段，使天气过程发生符合人们愿望的变化。人工影响天气工作是由政府领导、气象主管部门管理、涉及多学科、多部门的系统工程，在防灾减灾、开发云水资源、保护生态环境方面发挥了重要作用。

新疆人工影响天气工作起步较早，经历了从小到大、从弱到强的发展历程。经过50多年的努力，已初步建成具有现代化水平的人工影响天气业务技术体系，作业装备齐全，作业规模位居全国前列。近年来，随着国家和自治区对人工影响天气工作的投入力度不断加大，促进了新疆人工影响天气业务技术水平的提高，在增加水资源、防灾减灾、改善生态环境方面发挥了重要作用，得到各级政府领导和广大人民群众的肯定和欢迎。因此，人工影响天气技术已成为新疆各级政府防御气象灾害、保障农业生产和生态建设的重要措施和有效手段。

人工影响天气作业是使用飞机、火箭、高炮将催化剂播撒到云中，从而达到增加降水、抑制冰雹形成和发展的目的。由于这些作业装备的特殊性，在使用时存在着很多不安全因素。保证作业安全，是人工影响天气工作的重要任务之一。《新疆人工增雨防雹作业装备使用与维护》全面系统地介绍了人工影响天气作业所使用的主要装备的结构、工作原理、故障排除和技术保障措施，全面展示了新疆在人工影响天气作业技术方面的创新能力和雄厚实力。本书对弘扬励精图治、奋发有为、无私奉献的人工影响天气工作精神，加快实现新疆人工影响天气由大区向强区跨越的目标具有重要的现实意义。本书是人工影响天气管理、业务技术人员特别是基层作业人员必备的工具书，同时也是教学和业务技术培训的好教材。

《新疆人工增雨防雹作业装备使用与维护》的出版，是新疆人工影响天气工作的一件喜事。在此感谢为本书编写所付出辛勤劳动的同志。随着推进新疆跨越式发展和长治久安战略的实施，我们面临着更大的机遇和挑战，人工影响天气工作已进入历史最好发展时期。让我们承前启后，继往开来，不懈努力，开创新疆人工影响天气工作新局面！

杨炳华

2014年9月

前　言

新疆地处祖国西陲，是我国最大的内陆省区。地域辽阔，自然资源丰富。随着推进新疆跨越式发展和长治久安战略的实施，新疆迎来了历史上最好的发展时期。

新疆是著名的干旱半干旱区，是我国气象灾害多发、重发地区。生态环境脆弱，水资源短缺是制约社会经济发展的重大瓶颈。在全球气候变暖的背景下，极端天气气候事件频繁发生，干旱、冰雹灾害强度和影响范围具有增加趋势，给社会经济的发展特别是农业生产带来严重影响。为了有效地防御气象灾害，早在1959年，新疆就开展了人工影响天气工作，是我国最早开展人工影响天气工作的省区之一。经过50多年的努力，初步建成了具有现代化水平的人工影响天气业务技术体系，作业装备齐全，作业规模居全国前列。在增加水资源、防灾减灾、改善生态环境方面发挥了重要作用，得到各级政府领导和广大人民群众的肯定和欢迎。

人工影响天气装备是开展人工增雨、人工防雹工作的重要保障，装备的性能直接关系到作业效果。目前在新疆地面人工影响天气作业中，广泛使用的XDR-X波段数字化雷达、火箭发射系统、三七高炮、焰管播撒系统、作业点安防系统等装备类型较多，给使用和维护带来一些困难。为了强化作业安全，提高作业效益，保障这些装备使用的效率，在总结多年工作经验的基础上，编写了《新疆人工增雨防雹作业装备使用与维护》一书。本书以图解和文字的形式对作业装备的结构、使用和维护进行了详细分析和讲解。

本书由杨炳华、魏旭辉、王星钧等编写，共分6章，各章所包含的章节、主要内容及对应参加编写的作者分列如下：

第1章　XDR-X波段数字化雷达。由魏旭辉、陆卫冬编写，全面介绍了XDR-X波段数字化雷达的结构、使用与维护。

第2章　XR-08型增雨防雹火箭发射装置。由杨炳华、马仕剑、胡俊编写，重点介绍了XR-08型多种弹型增雨防雹火箭发射装置的结构、使用和维护。

第3章　65式37毫米高射机关炮。由王星钧、马官起编写，全面介绍了65式37毫米高射机关炮的结构、使用和维护。

第4章　地面作业点安防系统。由杨炳华、郭帷、赵建柱编写，全面介绍了新疆人工影响天气地面作业点安防系统的组成及组成装备的结构、使用和维护。

第5章　作业弹药。由杨炳华、朱思华、王存亮编写，全面介绍了新疆人工影响天气作业使用的37人雨弹、火箭弹、焰管、焰弹等的结构和技术性能。

第6章　地面焰管播撒系统。由张清、王红岩编写，全面介绍了地面焰管播撒系统的结构、使用和维护。

本书在编写过程中，得到了新疆维吾尔自治区气象局领导、新疆维吾尔自治区人工影响天气办公室领导、中国人民解放军第三三零五工厂、陕西中天火箭技术有限公司、内蒙古北方保安民爆器材有限公司、江西国营九三九四厂和许多专家的大力支持。得到国家科技支撑计划课题“天山云水资源潜力评估与增雨雪技术开发应用”子课题“山区作业多弹型增雨雪火箭发射装置的研制”（2012BAC23B01）、公益性行业（气象）科研专项经费项目“山区人工防雹关键技术及业务应用的研究”（GYHY201306047）、新疆科技厅高技术研究发展项目“天气雷达信息处理与预警系统研发与应用”（201312105）的联合资助。冯振武高级工程师对全书进行了统稿，王红岩、马仕剑、陆卫冬、郭帷、朱思华、吕翠香对本书进行了图文编辑，史莲梅、左培义、王多斌、阿依努尔、任燕彬、付家模、崔洪波等人为本书的编写做了大量的工作，在此一并表示衷心的感谢。

杨炳华

2014年9月

目　录

第 1 章　XDR-X 波段数字化雷达

测雨雷达是利用物体对电磁波的散射作用来对云、雨、雹等进行观测的。当雷达天线发射出去的电磁波在空间传播时，若遇到云、雨、雪、雹等目标物，就有一部分电磁波会被散射回来，并被雷达天线接收。根据散射回来的电磁波确定出这些目标物的位置和判断云中的含水量或降水强度，并根据监示器上表现出的回波形式，帮助我们了解云和降水的性质和结构。所以，用测雨雷达可以随时提供几百千米范围内云和降水的分布、结构等情况，为经济及国防建设服务。

目前我国已自行设计制造了多种测雨雷达，XDR-X 波段数字化雷达就是其中的一种。它是由成都信息工程学院新技术研究所研制的 X 波段的数字化雷达，该雷达具有体积小、容易操作等特点，是新疆人工影响天气探测与作业指挥的主要装备，在人工增雨和人工防雹作业中发挥了重要作用。

1.1　雷达结构原理

XDR-X 波段数字化雷达主要由天线、收发机柜、终端机柜三大部分组成，结构示意如图 1-1 所示，实物如图 1-2、1-3、1-4 所示。

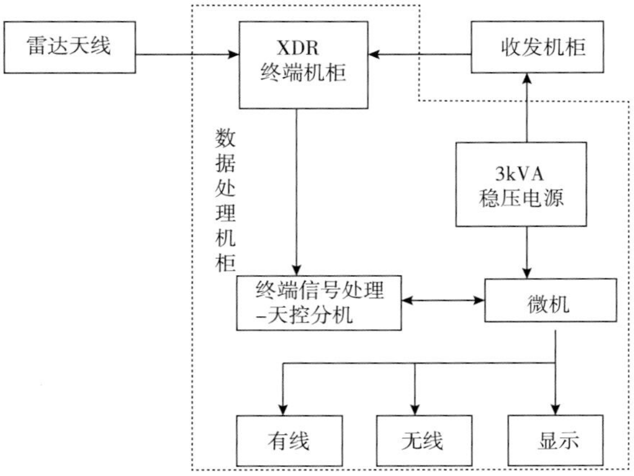

图 1-1　XDR-X 雷达结构示意图

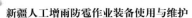

图 1-2　天线

图 1-3　收发机柜

图 1-4　终端机柜和微机操作平台

1.1.1　收发机柜

雷达发射机安装在收发机柜内，主要由预调器、调制器、高压整流电源、磁控管振荡器、控制分机等组成，它产生大功率的高频脉冲信号，经馈线和天线向空间发射，结构示意如图 1-5 所示。

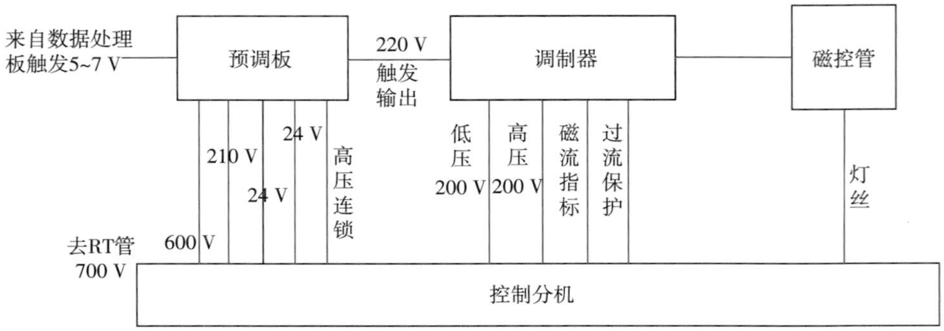

图 1-5　发射机结构示意图

预调板插在控制分机内，将 XDR 终端机柜来的 5～7 V 触发脉冲经高速可控硅放大成 220 V 的功率脉冲去起辉调制器内的闸流管，由软管调制器产生的高压脉冲送磁控管阳极，控制分机通过继电器对发射机的接通顺序及磁控管过流进行控制。

1.1.1.1　预调器

本预调器是脉冲调制器的信号控制部分，在很大程度上决定了调制器（发射机）的稳定，它产生的触发脉冲信号用来控制调制器开关管（充氢闸充管 ZQM2—500/16）导通，本触发器采用了全半导体器件，使触发器的体积、重量大大下降。

（1）技术参数

① 电源输入：220 V。

② 外触发脉冲信号输入：幅度＋5 V～＋10 V、脉宽 2μs、重复频率 400 Hz。

③ 触发脉冲输出：脉冲幅度：〔〕 max≥200 V，〔〕 min≥70 V，脉冲宽度为 2～4μs。

（2）线性调制器对预调器的波形要求及本预调器的波形特点

由于线性调制器的输出波形决定于人工线，所以对预调器的波形没有严格的要求，只是要求预调器输出具有足够的幅度，能够控制调制管开始导通的时间，并要求触发器输出的脉冲有较陡的脉冲前沿和一定的电压幅度，以便减少由于调制管起始导电时间的不稳定而引起的调制器输出脉冲前沿的抖动。

线性调制器的调制开关的输入阻抗都比较低，要求预调器输出一定的功率。

一般氢闸流管栅、阴极起辉之前，要求在栅极上加一个高电压，电流可以很小，这时出现高阻抗，当栅极起辉之后，栅极要求有大电流，而这时并不需要大电压，即这时呈现低阻抗，所以在功率量级较大的氢闸流管中，采用刚性预调器效率是很低的。利用软管预调器，对于高阻抗可给出高电压，对于低阻抗可给出大电流，效率可以提高，本预调器波形设计为前峰较大，顶部较小，这样既满足了脉冲前沿的幅度要求，又满足了栅极起辉后电流和一定的脉宽要求，故人工线第一节电容量较大，并无电感，其余各节电容量较小，电感极大，这样的波形可以提高点火稳定度，并且节省了触发功率。

（3）电路组成及工作原理

预调器电路由电源、小信号放大、可控硅预调器、无触发保护电路四部分组成，结构与工作原理框图如图 1-6 所示，实物如图 1-7 所示。

① －300 V 和＋15 V 电源

当电路接通电源后，由变压器 T 的 3、4 端输入～220 V 电压，经预调器印刷板 18、19 脚输入，经 VD1～VD4 桥式整流，R1、R2、C1 滤波而得到－300 V。C2 为滤高频的电容，R21 为 C1 的泄放电阻。变压器 T 的 5、6 端输入～20 V 经印刷板 7、8 脚输入，VD5～VD8 桥式整流，C3、C4 滤波，经 LM340 稳压而得 15 V。15 V 电源供小信号放大电路用；－300 V 电源供可控硅调制器用。

② 小信号放大电路

当外触发信号加到三极管 V1 的基极上时，经 V1V2 倒相放大送到射随器 V3 的基极，V3 输出放大后的触发信号到变压器 T 去触发可控硅 V6。

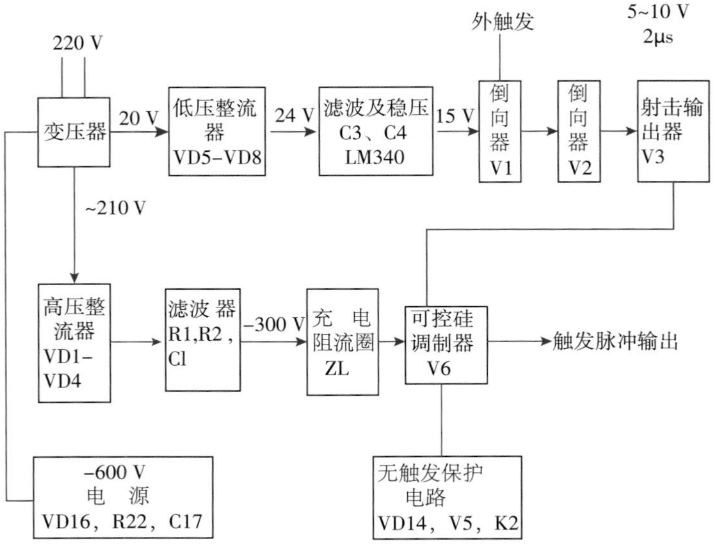

图 1-6　预调器结构与工作原理框图

图 1-7　预调器

③ 可控硅预调器

C1 上的−300 V 电压经充电延迟阻流圈 ZL 和充电二极管 VD10 对由 C8～C13 和 L1～L5 组成的人工线充电，当由脉冲变压器 T 耦合的触发脉冲加到了可控硅的控制极上，可控硅 V6 导通。人工线上储备的电荷通过 V6、闸流管栅、阴极形成闸流管导通所需要的放电触发脉冲。

④无触发保护电路

若无放大触发脉冲，人工线上就无充电电压波形，故经 C14 藕合到 R16、R17 分压器上的电压就没有，V4 基极上无电压而截止，C3 上的 24 V 电压经 C15 充电，当 C15 上的电压上升到 VD14 的稳压值时，VD14 被击穿导通，V5 迅速饱和导通，于是继电器 K2 导通动作。K2 接点 3、4 断开，触发指示灯将熄灭，同时串入高压联锁回路的另一组接点 7、8 断开，于是断掉高压，保护了发射机。

反之当有触发脉冲时，V4 基极上有电压导通，C15 正端处于低电位，VD14 不能导通，V5 截止，K2 不动作，因而触发将有指示。

另外预调器设有可控硅过流保护继电器 K1，当可控硅连通时，或阻流圈以后有短路故障时 可自动断开－300 V 电源以保护触发器。

触发器板上还加有－600 V 电源的整流、滤波电路，为放电管 RX—21A 提供－600 V 电源。

1.1.1.2　调制器

调制器产生的高压大功率矩形调制脉冲，去控制磁控管振荡器使其按脉冲方式工作。磁控管振荡器在调制脉冲作用期间，产生高频振荡，调制脉冲结束，振荡立即停止。故磁控管振荡器输出的是大功率高频脉冲。

调制器由闸流管、充电电感高压整流电路、人工线、脉冲变压器、反峰电路等部分组成，调制器结构与工作框图如图 1-8 所示，实物如图 1-9 所示。

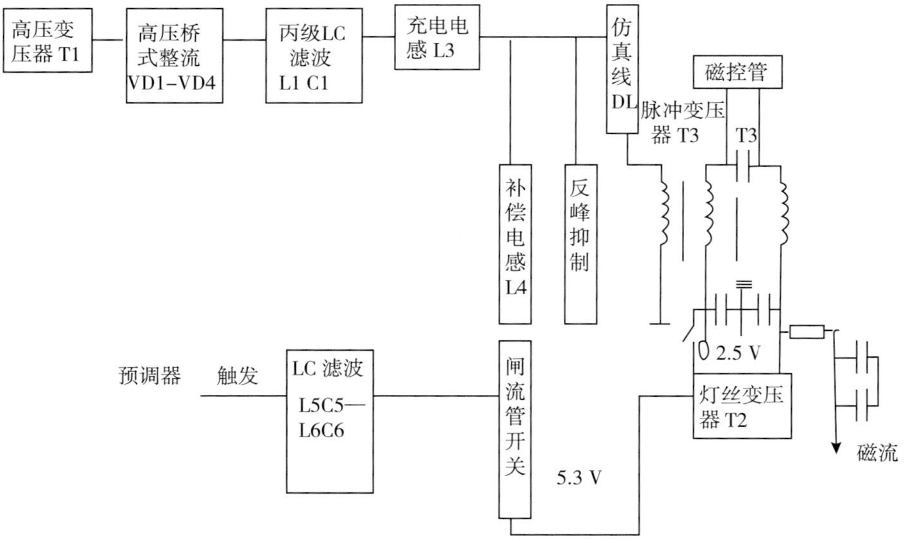

图 1-8　调制器结构与工作框图

(1) 充、放电电路

调制器的功能是产生周期性的高压脉冲，在发射机中，高压负脉冲产生的过程就是储能元件——人工线充放电的过程，其原理如下：

人工线充放电电路为直流揩振充电电路。线路中 E0 为高压整流器的输出电压，闸流管 VE1 实际上是起一个 S 开关的作用。由于人工线的电感及脉冲变压器的磁化电感比起充电电感来小得多，所以充电电路可以进一步简化成为图 1-10 的形式。

图 1-9　调制器

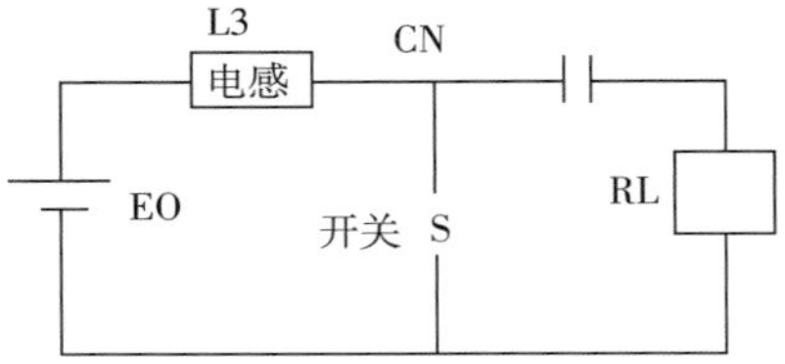

图 1-10　人工线充放电电路简化图

其中 L3——充电电感，

CN——人工线总电容，

RL——磁控管工作时，磁控管的直流电阻反映到脉冲变压器初级的等效直流电阻（磁控管不工作时 RL 为 0）。

充电过程：当闸流管在工作时（开关 S 打开），高压整流器通过充电电感 L3 向人工线电容 CN 充电，使电容器上的电压不断增加，如果开关 S 始终断开（相当于无触发脉冲或闸流管不起辉），电容器 CN 上的电压 VC 变化规律是指数曲线，充电回路的自然谐振周期为触发脉冲重复周期 TR 的 2 倍。

在本发射机中 TR 为触发脉冲重复周期的 2 倍，因此在 CN 上电压最高时（约 2 倍 EO），闸流管将被点火，因而人工线通过闸流管向脉冲变压器（即向负载）RL 全部放电。放电过程中人工线上的电压，回路中的电流及脉冲变压器初级上的脉冲电压波形如图 1-11（a）所示，负载上所得的是脉冲宽度为 1μs，幅度为 VC/2 的矩形脉冲如图 1-11（b）所示。直流谐振充电，放电电路由于放电时 VC 最大，人工线供能最多，因而其效率也最高。

（2）闸流管电路

闸流管电路由氢闸流管 ZQM1—500/16 及其栅极滤波电路组成。ZQM1—500/16 型闸流管是一种由陶瓷封装的充氢离子的开关管，它的阳极和阴极间屏蔽很好，而氢气的击穿电压又很高，所以在很高的电压下都不会击穿。只有当栅极加上相当高的触发脉冲时，闸流管才游离导电。导电后栅极失去控制作用。只有当人工线电压为 0 时，闸流管才失去游离。由于氢原子的质量很小，所以管子的电离时间和去电离时间都很短，这种管子可以工作于重复频率很高、脉冲宽度很窄的调制器中。闸流管如图 1-12 所示。

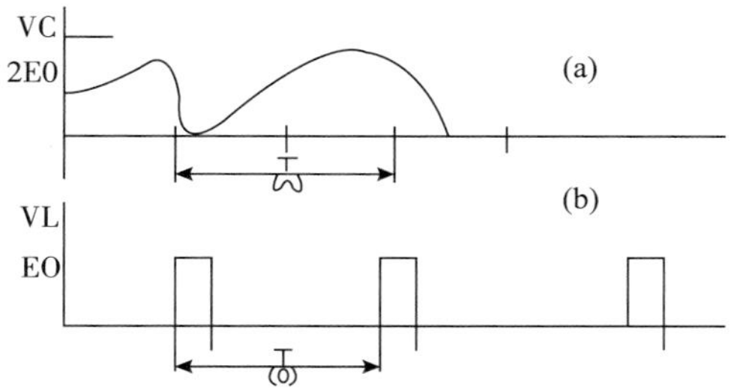

图 1-11　人工线充放电波形

图 1-12　闸流管

由于闸流管开始导电时栅极上要产生一个尖峰电压，其幅度可达几千伏，为了避免尖峰电压对触发器的影响，所以在栅极电路中加有 C5、C6、L5、L6 组成的低通滤波器，由于电容电感的数值都很小，所以对触发脉冲没有影响，而很窄的尖峰脉冲则通过滤波器，因而避免高压尖峰脉冲漏入触发器而将其元器件击穿。

因为闸流管开始导电时，充电电感、人工线对地的分布电容中的电压也要通过闸流管放电，所以闸流管阳极电路中接入电感 L4，以防止开始导电时电流过大以致超过闸流管阴极发射能力，L4 的电感量很小，它并不防碍人工线的正常放电，L4 的作用还可以减少调制脉冲波形顶部波动。

(3) 调制器的其他部件

① 充电电感 L3：电感量为 7.8 H

② 人工线：干示化　工作电压：$V=4$ kV　特性阻抗：ZN＝6.8

脉冲宽度：$tw=1.1$ μs　总电容量：$CN=0.0811$

③ 脉冲变压器：脉冲变压器用来使磁控管振荡时等效直流电阻和人工线的特性阻抗相匹配，并按给定比例升高调制脉冲幅度，以满足磁控管之需要，其主要参数如下：

变压比 $n=10.5$　脉冲前沿≤0.15 μs　顶部波动≤3%　重复频率：$Fr=400$ Hz

脉冲宽度＝1.1 μs　脉冲后沿≤0.25 μs　顶部降落≤3%

(4) 磁控管振荡器

磁控管振荡器是发射机的心脏，是微波功率源，它利用磁控管产生大功率高频脉冲。磁控管振荡器如图 1-13 所示。

因为磁控管的阳极是同波导连接在一起的，而波导是接地的，所以必须把负极性的高压调制脉冲加到磁控管的阴极。脉冲变压器有两个次级绕组，使灯丝电压通过脉冲变压器次级绕组加到磁控管上，因此降低了对灯丝变压器的绝缘性能的要求。图中电容 C7 用来平稳脉冲变压器两次级绕组输出的电压，从而防止两电压不平稳而损坏磁控管灯丝。

磁控管预热时其灯丝电压为 6.3 V，当发射机高压接通后，继电器 K5 接点 5、6 开路，将磁控管灯丝电压降为 3.5 V。

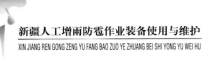

图 1-13　磁控管振荡器

磁控管使用注意事项：

① 新的或长期不用的磁控管在使用之前，必须经过“烧炼”，以消除管内的残余气体，保证管内高度真空。

②“烧炼”时首先使磁控管灯丝在 6.3 V 电压下预热 30～60 分钟，然后再接通发射机高压，观察磁控管电流是否抖动，若表针不抖动，即“烧炼”完毕，可正常工作；若表针抖动，则说明磁控管内部打火，必须关掉高压，继续预热灯丝，直到开高压后指示磁控管电流的表针不抖动了，磁控管“烧炼”才算完毕。“烧炼”的时间，视磁控管存储时间而定。通常磁控管存储时间愈长，需“烧炼”的时间也愈长，有时存储时间太长，磁控管再“烧炼”也不好。因此随机备份的磁控管，应定期“烧炼”或者轮流使用，这样既可延长磁控管的使用寿命，又可保证机器正常工作。

③ 磁控管不应放在潮湿的地方，并要防止受到撞击和震动，以免损坏。

④ 严禁用铁质工具靠近或撞击磁钢，以免减弱磁性。

⑤ 磁控管工作时，必需加负载，并尽量使之匹配，绝对不允许在无负载和严重不匹配时 加阳极高压，否则不仅影响磁控管输出功率和工作频率，而且会使管内及波导内打火，导致磁控管和波导烧坏。

⑥ 磁控管工作时，必须经常检查磁控管电流是否符合规定值，并应注意磁控管电流表表针 是否抖动。

1.1.1.3　发射机电源

本发射机电源为 50 Hz、单相 220 V。控制分机中控制发射机低压、高压接通均用 50 Hz/220 V 电源进行。

发射机所需直流高压由高压整流器及滤波器组成，经由控制分机中 K3 送来 50 Hz/220 V 电源经高压变压器升压、整流变成 1.5 kV 直流高压，通过两级 T 型滤波输出。其最大输出电流为 200 mA，整流滤波后纹波系数＜0.1%，滤波电感为 4.2 H，电容为2～3 kV。

1.1.1.4　控制分机

收发机控制部分装在同一个分机内。控制分机在发射机中担负着控制、保护及监测基本工作状态的作用。收发分机控制部分面板如图 1-14 所示。

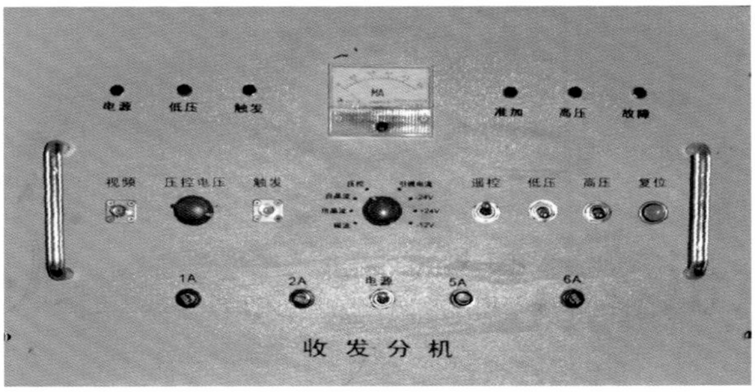

图 1-14　收发分机控制部分面板

主要技术特性如下：

① 控制发射机进行“本地”或“遥控”开关机。

② 设有 5 分钟高压自动延时装置，并给了准许加高压的“准加”指示信号。

③ 设有触发脉冲指示及无触发故障保护和过流保护装置。

④ 设有故障记忆及故障清除的“复位”装置。

⑤ 发射机低压和高压均有联锁装置。

各继电器及开关的作用见表 1-1 和表 1-2。

表 1-1　控制分机各开关作用一览表

开关	SA1	SA2	SA3	SA4
作用	低压	高压	本遥	复位

表 1-2　控制分机各继电器作用一览表

继电器	X1	X2	X3	X4	X5	X6	X7
作用	低压	延时	高压	复位	灯丝	本遥	过流

在本控状态，X6 处于常闭，当低压 SA1 接通，X1 吸合，这时若预调脉冲正常（触发指示灯亮），预调板上的触发联锁接通，则 X3 动作，220 V 加至高压变压器 T，调制器工作，同时 X5 动作，磁控管灯丝降压至 3.5 V。

1.1.1.5　发射机工作原理

由定时器来的同步脉冲其脉冲重复频率为 400 Hz，幅度为 5～7 V 之正极性脉冲，此脉冲经预调器放大整形后，触发脉冲幅度达 200 V 以上，再经滤波器加于氢闸流管 ZQM2—500/16 的栅极，当触发脉冲来到之前闸充管是截止的，此时人工线由高压电源经充电电感，充电二极管进行直流谐振充电，人工线上的电压约达到高压整流器输出电压的两倍，当闸流管受到触发而导通时，人工线开始由闸流管向负载脉冲变压器放电，由于放电电路的阻抗与人工线特性阻抗相匹配，所以在负载上形成近似矩形的调制脉冲，其幅度约等于人工线上充得电压的一半，极性为负，此脉冲经脉冲变压器提高了幅度，加至磁控管振荡器，以产生大功率高频脉冲，经波导馈送至天线。在脉冲期间，人工线的负载是磁控管产生高频振荡时的直接电阻反映到脉冲变压器初级的等效电阻。高压整流器用来提供调制器所需的直流高压。

控制分机在发射机中担负着控制、保护及监测基本工作状态的作用，反峰电路由反峰二极管及电阻组成，该电路用来消除磁控管打火时在人工线上形成的反向充电电压，打火严重时过流继电器动作，切断发射机高压电源。

1.1.1.6 发射机的技术参数

（1）工作频率：9370±30 MHz。

（2）脉冲宽度 tw：1±0.1μs。

（3）脉冲重复频率 Fr：400±50 Hz。

（4）脉冲功率 Pt：≥90 kW。

（5）平均功率 Po：≥38 W。

（6）电源：50 Hz，单相，220 V±5%。

1.1.1.7 接收机

XDR 雷达接收系统由微波组件（内含本地振荡器、功分器、信号混频器及前置中频放大器，自频调混频器及前置中频放大器），自频调、中频滤波器及对数中频放大器（含视放）组成，工作原理框图如图 1-15 所示。

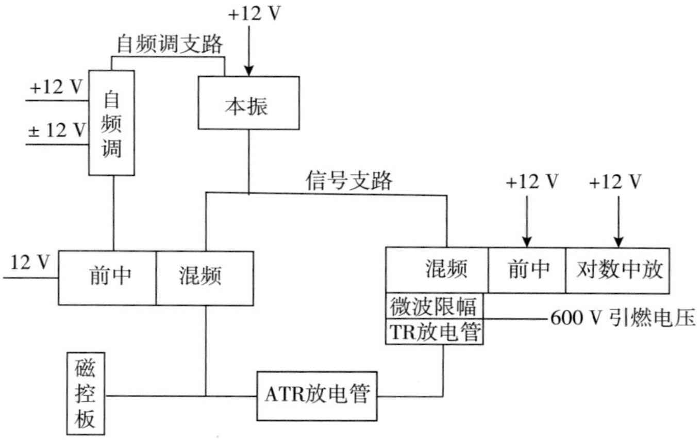

图 1-15　接收机工作原理框图

（1）接收机主要技术性能

① 工作频率：3 cm。

② 工作状态：对数接收。

③ 工作带宽：1.5 MHz。

④ 灵敏度优于：100 DBM。

⑤ 输出最大视频脉冲幅度：≥3 V。

⑥ 自频调环路跟踪精度：≤±75 kHz。

（2）微波组件

微波组件由本地振荡器、功率分配器、信号混频器、前置中放器、发射功率衰减器组成。微波混频组件如图 1-16 所示，隔离器如图 1-17 所示，体效应振荡器如图 1-18 所示，场放如图 1-19 所示，接收系统微波组件总成如图 1-20 所示。

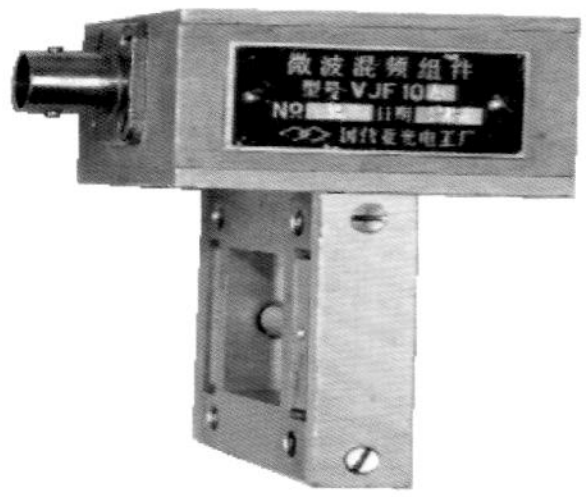

图 1-16　混频器

图 1-17　隔离器

图 1-18　振荡器

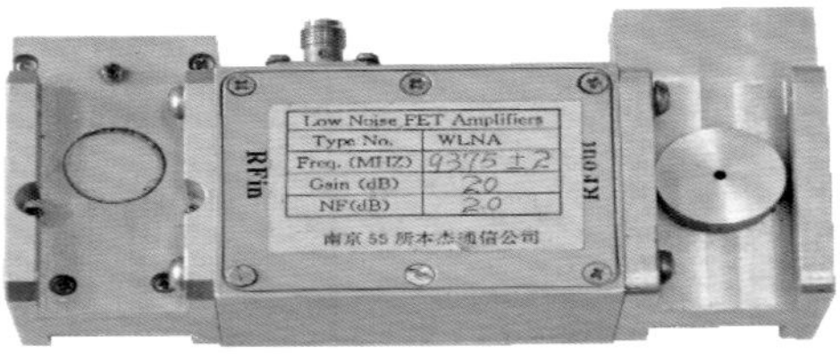

图 1-19　场放

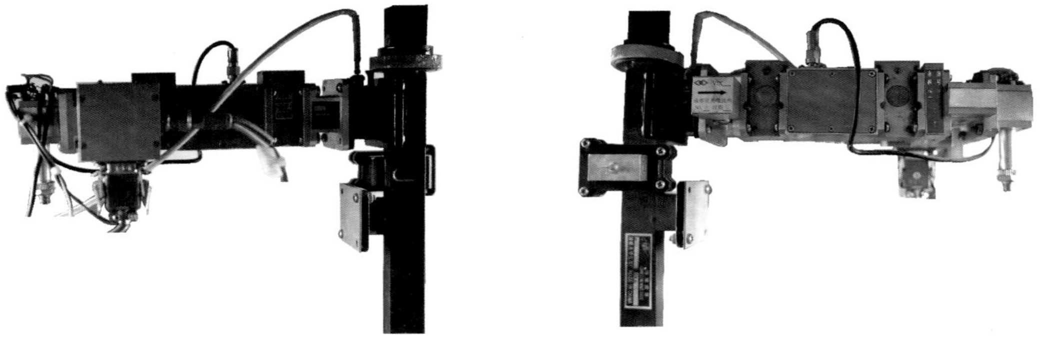

图 1-20　接收系统微波组件总成图

其中本地振荡器为体效应振荡器（图 1-18），采用 IEY 型或 2T 体效应二极管作为有源器件（体效应管加上＋12 V 工作电压，工作电流在 100～200 mA，即可产生高频振荡），用 2B 型微波变容管作电调谐（其调谐电压在 0～＋12 V 之间，每伏所造成的频率变化为 3～5 MHz）。本振的振荡频率由机械调谐（调谐螺钉），细调时改变变容管上的正电压（手动或自动），自动频率微调系统的工作就是改变此变容管上的电压来达到调整目的。

收发开关（含波导和两放电管）为气体放电管式。在发射时，高功率使两放电管都短路，保护管距主波导 1/4 波长，对主波导，保护管（接收支路）相当于开路。发射功率馈至天线，接收支路免受高功率损害；接收时，阻塞管开路，经 1/2 波长，对主波导相当于开路，则接收信号只能通过保护管进入混频器。工作示意如图 1-21 所示。

本地振荡器的输出功率由模 T 功率分配器分成两路，分别送给信号混频器和自频调混频器，模T使两混频器之间的隔离度在25 DB以上，这样使自频调支路和信号支路互不影响，模T下的螺钉用来改变两支路的本振功率分配，只能在实验室调整。两个混频器具有相同的结构和功能。自收信开关管送来的回波信号与本振信号同时加到混频二极管上，产生的差频信号耦合至前置中放放大约20 DB后输出至带通滤波器及对数中放。

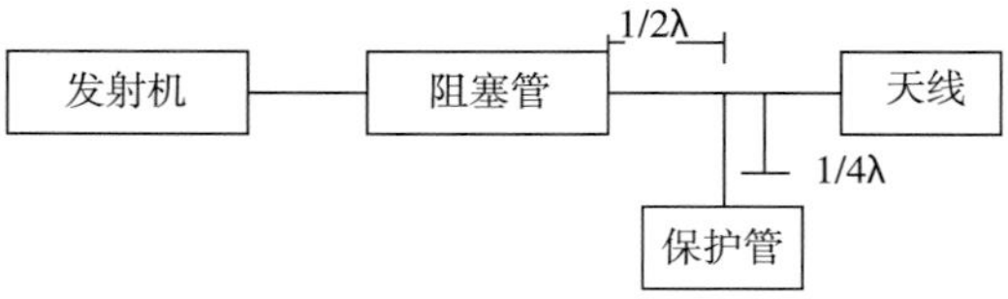

图1-21　收发开关示意图

发射机的脉冲信号通过波导窄边的小孔耦合输出，然后由一段波导衰减器衰减后送入自频调混频器，与本振信号产生的差频信号输出至鉴频器。

（3）自频调（自动频率控制AFC）

自频调分为搜索式和非搜索式两种，XDR选用非搜索式自频调。非搜索式AFC原理工作框图见1-22所示，实物如图1-23所示。

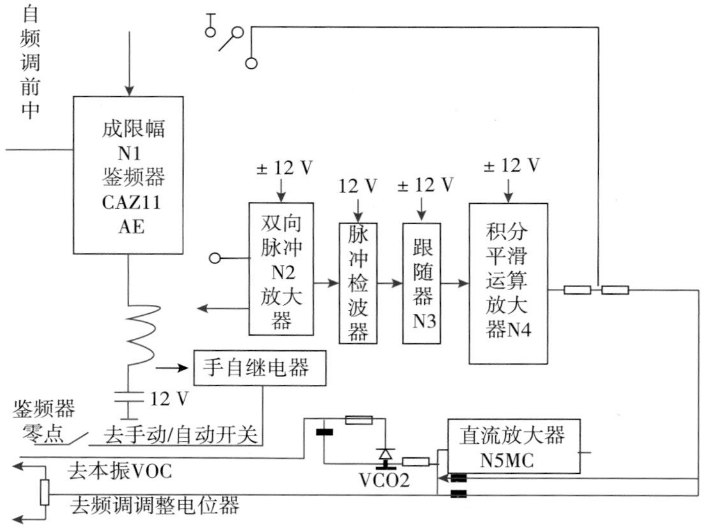

图1-22　自频调原理工作框图

图1-23　自频调

发射机的脉冲信号由窄边的小孔耦合输出，经波导衰减器衰减后送入自频调混频器，与本振信号混频，经自频调前中放大后，中频信号输出至鉴频器 。

来自自频调混频器的30 MHz中频信号进入集成电路的鉴频器，其工作频率由L1、C9槽路的谐整频率决定。本分机通过调整L1将谐振频率调到中频30 MHz上。在AFC中频率偏离30 MHz时，在其输出端上可得到一个双极性的脉冲输出，而输出极性取决于输入频率是大于还是小于30 MHz。当输入频率与L1、C9槽路谐振频率相同时，N1的输出即为0。

N1 的输出通过继电器耦合到脉冲放大器 N2（集成电路的双向脉冲放大器）上，经 N2 放大了的脉冲又进入各自独立的积分及脉冲展宽网络。

N3 是一个双向放大器，用于双向高输入阻抗的电压跟随器，其正和负的输出进入到运算放大器 N4 的输入端，N4 用来进一步放大误差信号并进行平滑。

N5 是 AFC 的末级电路，当在自动频率调整工作状态时，误差信号送到 N5 经放大后去控制本振频率，使混频器的输出恒为 30 MHz。

在手动频率控制状态时，继电器处于工作状态，鉴频器 N1 输出与后级脱离，N4 输出接地，此时自频调误差电压对 VCO 电压不起作用，电路的任何部位都不会影响接收机的工作频率。唯有手动频率控制电压加到 N5 的输入端，通过 N5 去驱动本振调谐使混频器的输出值恒为 30 MHz。

本振频率低于信号频率为上边频，相反为下边频，为保证这两种情况锁频器有上下边频跳线，这样双向脉冲放大器的输出对两种变频方式都有相同极性的频率误差脉冲，放大器的放大量由 R11/R7 比值决定。

(4) 对数中频放大器

对数中放采用了双增益级形式，双增益级对中的每级都是由两个增益不同的放大器并联而成。实物如图 1-24 所示。

图 1-24　对数中频放大器

在整个输入信号的动态范围内，放大器 A 的增益恒为 1，它的作用是将前级的输入电压无变化地传输到本级负载上，起一个传输通道的作用。放大器 B 在小信号作用下工作在线性区具有高增益，随着输入信号的增大，增益逐渐下降，当信号增大到一定电平时进入对数区，信号再增大，进入限幅区。

当末级进入限幅区时，末前级正好进入对数区，以此类推，总有一级是工作在对数区，逐级衔接，而形成总对数曲线。

由于对数中频放大器要求精度较高，因此没有测试仪表时，勿随意调整各放大级中的微调电容，以免将对数中放的中心频率调偏。

(5) 工作原理

天线收到的微波脉冲信号，经天线开关及馈线传到信号混频器，与来自本地振荡的高频信号进行混频，所得中频信号经低噪声前置中放放大后送入带通滤波器，然后再送入对数中频放大器，放大后的中频信号再经检波视放后输出，视频信号送入终端处理系统。

接收机的工作情况可通过面板上的电表检查下列项目：自频调晶体电流，信号晶体电流，自频调系统送入本地振荡器的压控电压，以及±12 V、±24 V直流电源电压。其中，自频调晶体电流和信号晶体电流一般正常值为0.5～1.5 mA，本振电流为100～200 mA，压控电压随整机频率而定。在本接收系统中，本振振荡频率为低于发射机频率的“低本振”工作状态，其本振频率可用面板上的频率调整电位器进行调整。

（6）系统的调整

接收机的信晶电流和自晶电流是由高频组件出厂时调好的，如果晶体电流不正常，通常是混频晶体失效或性能变差，可以更换晶体来确定。接收系统正常工作时，使回波箱谐振，将频率调整的“手动/自动”开关置于“手动”位置，调整频率微调电位器，用示波器观察，使接收机对数中放输出的视频信号至回波信号最强，然后将“手动/自动”开关置于“自动”，此时回波信号应无变化。若再在一定范围内调整频率微调电位器，回波信号也须维持最大，且电表上的压控电压应维持原来的数值，则自频调环路工作为正常。

接收系统输出的正极性视频脉冲信号最大幅度为3 V，噪声电压为0.1 V左右（噪声密集部分）。

1.1.2 终端机柜

XDR一终端机柜为XDR的信号转接和整机电源控制中心，由天控分机、3000 VA交流稳压电源、天线驱动分机三大部分组成，如图1-25所示。

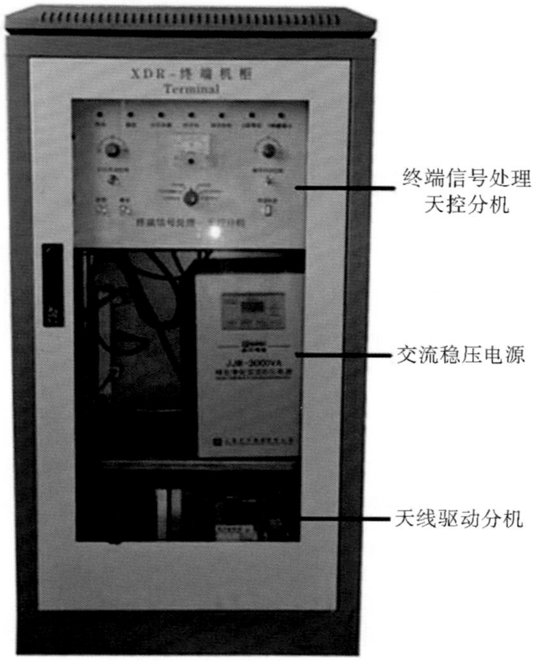

图1-25　终端机柜

1.1.2.1 终端信号处理——天控分机

终端信号处理——天控分机由信号处理板、天线控制板和高低压控制板组成。有两个作用：一是对雷达回波信号进行数字处理后，送入微机生成回波图像；二是产生天线控制信号经天线放大卡放大后去驱动天线转动。面板如图 1-26 所示，内部结构如图 1-27 所示。

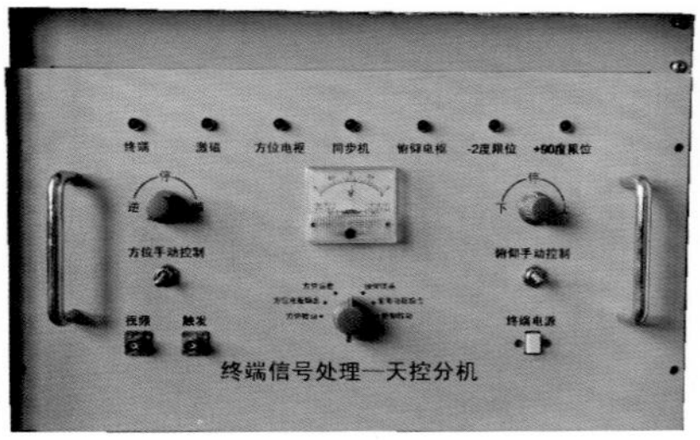

图 1-26 天控分机面板

图 1-27 天控分机内部结构

（1）信号处理板

对雷达回波信号进行数字处理后，送入微机生成回波图像；并产生 400 Hz 触发脉冲。工作原理框图如图 1-28 所示，实物如图 1-29 所示。

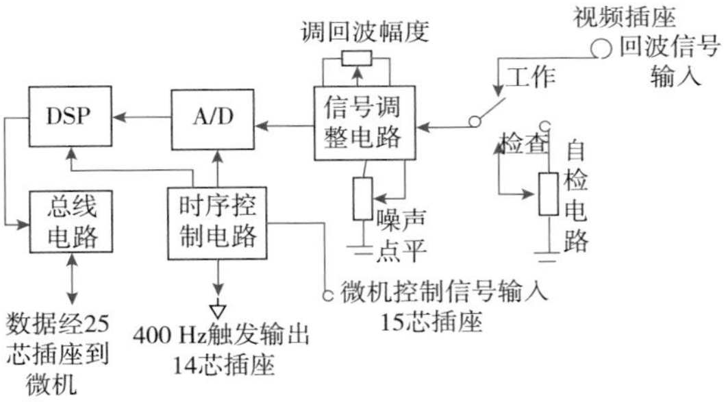

图 1-28 信号处理板工作原理图

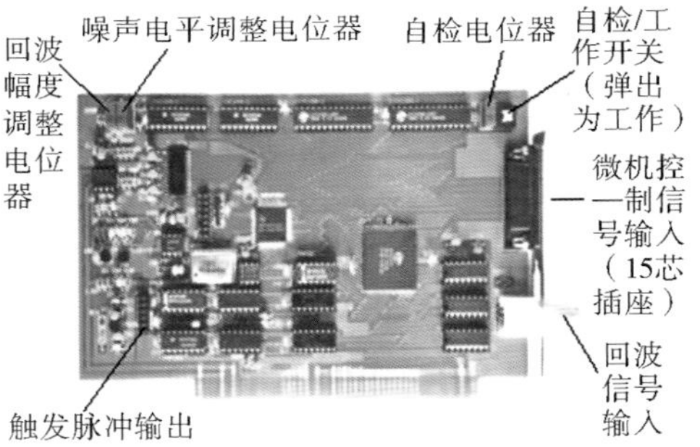

图 1-29 信号处理板

（2）天线控制板

天线控制板完成将生成的角码数字信号送入微机，产生天线控制信号（5 V 误差电压）经天线放大板放大后去驱动天线转动。工作原理示意框图如图 1-30 所示，实物如图 1-31 所示。

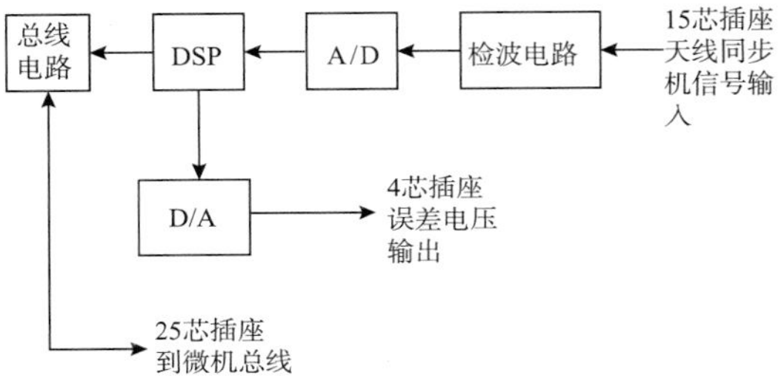

图 1-30 天线控制板工作原理示意框图

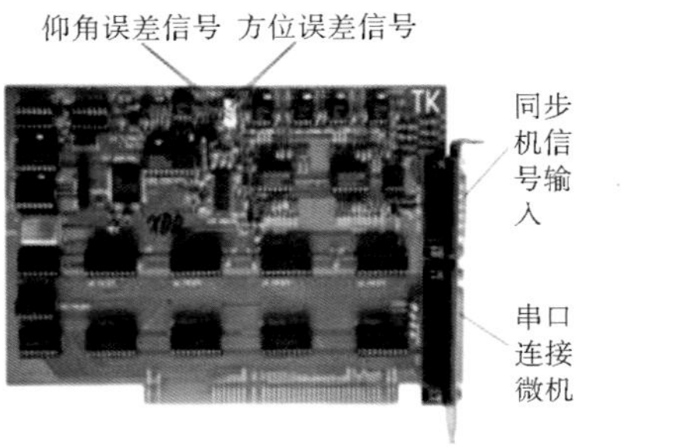

图 1-31 天线控制板

（3）高低压控制板

高低压控制卡实现检测触发指示、准加指出、低压指出、高压指示、控制雷达高低压开关的功能。如图 1-32 所示。

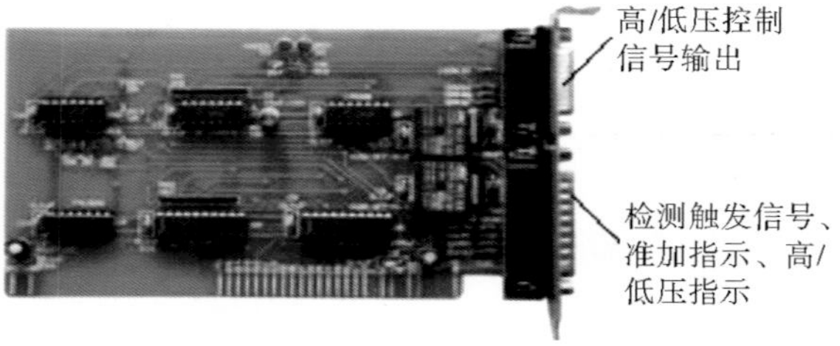

图 1-32　高低压控制板

1.1.2.2　3000VA 交流稳压电源

XDR 雷达整机用外购高质量单相 220 V 净化稳压电源供电，可保证外电源在 160～250 V范围内变化时 XDR 的供电为 220±10 V，这样雷达整机性能可不受外电源变化时的影响，提高了整机工作的稳定性。为防止电源串入雷击干扰脉冲对整机的雷击损坏，电源是净化稳压电源即有抗高压干扰脉冲的作用。3000 VA 交流稳压电源整机供电如图 1-33 所示，实物如图 1-34 所示。

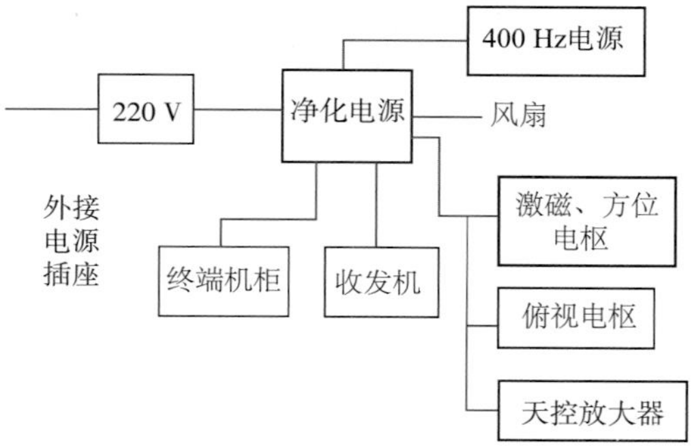

图 1-33　3000VA 交流稳压电源整机供电图

图 1-34　3000VA 交流稳压电源

1.1.2.3　天线驱动分机

天线驱动分机由伺服机组和天线控制放大器组成。实物如图 1-35 所示。

（1）伺服机组

伺服机组包括方位电枢/激磁变压器、俯仰电枢/激磁变压器、激磁电源板、400 Hz 电源板、同步机电源开关等。激磁电源板实物如图 1-36 所示，400 Hz 电源板实物如图 1-37所示。

由稳压净化电源输出的 220 V 电压，经天线驱动分机中方位电枢/激磁变压器 B1 和俯仰电枢/激磁变压器 B2 两个变压器得激磁和电枢交流电压，此电压经激磁电源板和天线控制板输出的天控角误差信号一起加至天线控制放大器。天线控制放大器输出的电机激磁电压和电枢控制电压，加至天线，驱动天线运动。

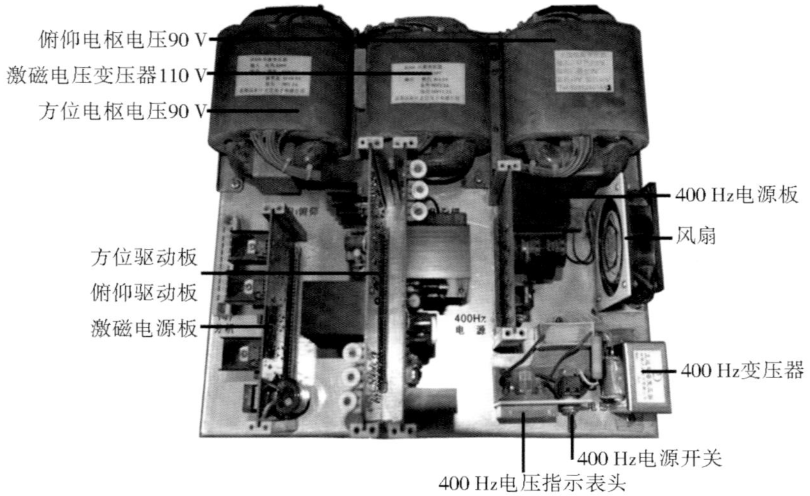

图 1-35　天线驱动分机

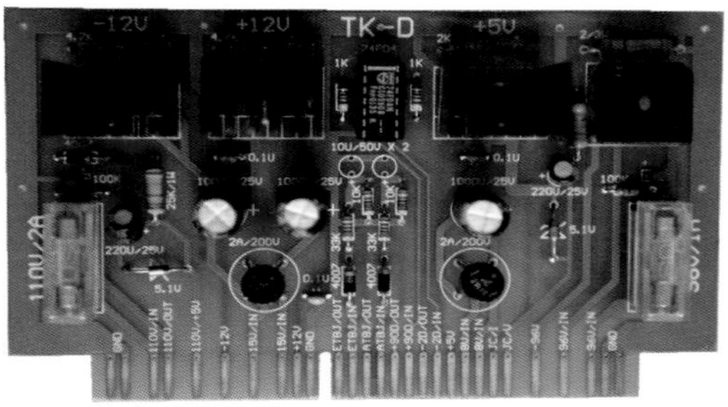

图 1-36　激磁电源板

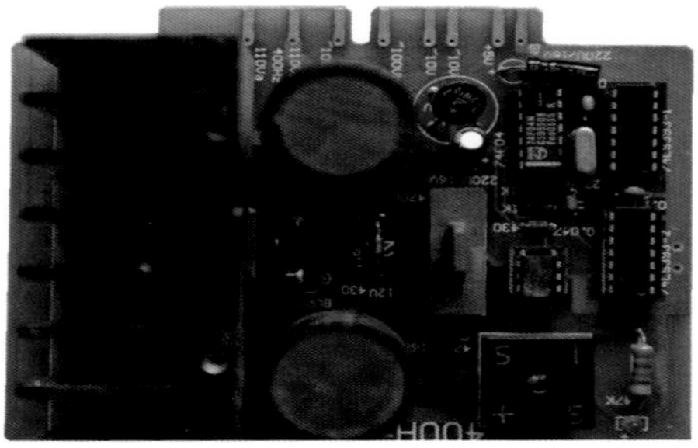

图 1-37　400Hz 电源板

(2) 天线控制放大器

天线控制放大器为一驱动直流电机的驱动源，常用的天线控制放大器有电机放大器，可控硅放大器和晶体管直放式功率放大器等，在 XDR 中采用新的脉冲调宽式 MOS 场效应管——可控硅混合型放大器，其特点是效率高，稳定可靠，无噪声且能方便与微机接口，并且具有天线正反向转动控制功能。

脉冲调宽式天线控制放大器原理：

正负误差电压经正负电压规一化电路变成正极性电路，加至 TL494 脉冲调宽电路，误差电压越大，输出脉宽越宽，经光电耦合到 MOSFET 形成 MOSFET 门控电压，同时有反映脉宽宽度的指示灯，宽度越宽指示灯越亮。天控信号放大器工作原理框图如图 1-38 所示，实物如图 1-39 所示。

由 MOSFET 调制的 PWM 功率信号经桥式 SCR 主电路的开关后驱动电机，电机转向由开关决定，而 SCR 开关的断开/导通由光电耦合的通断决定，光电耦合则由误差信号的正/负决定。正误差电压时正转；负误差电压时反转，转向有指示灯指示。

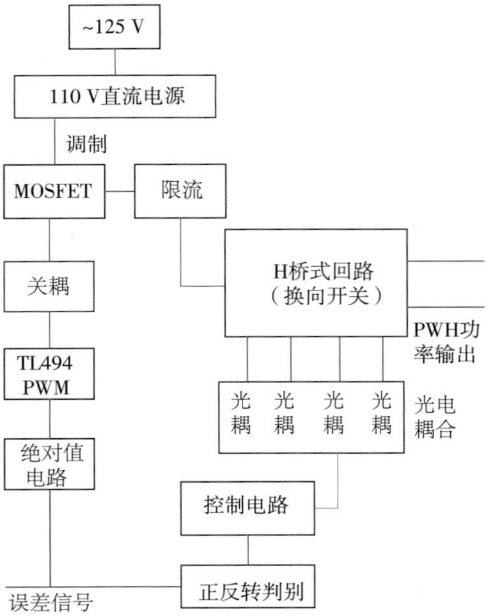

图 1-38　天线控制放大器工作原理框图

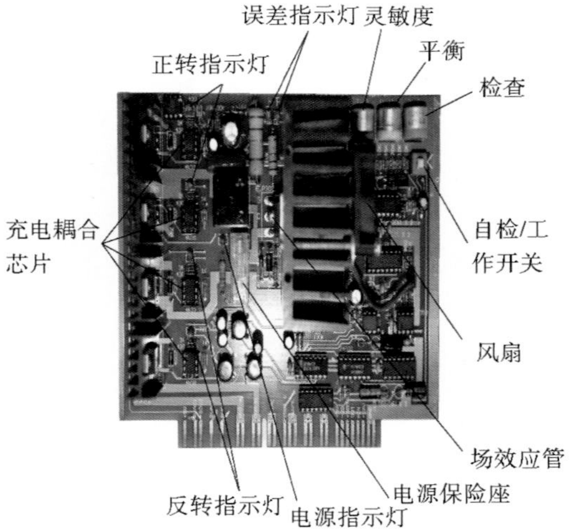

图 1-39　天线控制放大器

需要指出的是，由于 TL494 所产生的锯齿波电压幅度为 3 V，因此，TL494 的输入电压不能超过 3 V，否则会饱和，出现输出电压过高情况。

脉冲调宽式天线控制放大器调整：

为便于调整，在脉冲调宽式天线控制放大器上设有检查开关和检查转速电位器。

天控放大器调整元件功能描述：

①“检查速度调整”电位器：当“功能选择”开关设在检查位置时，可调整天线的转速（中间位置为 0）。

②“平衡调整”电位器，可调整天线的正反向转速，使其正反向转速平衡。

③“灵敏度调整”电位器，可调整天线转动的灵敏度。

④“正转指示灯”①②：灯亮指示天线正转转动方向。

⑤“功能选择”开关，可设置天线控制放大器的工作状态为检查或工作。

⑥“反转指示灯”③④：灯亮指示天线反转转动方向。

⑦“控制电流指示灯”⑤：指示天线转动电流大小。

⑧“天线电枢电源指示灯”⑥：指示天线电枢电源输出有否。

脉冲调宽式天控放大器的机座电气特性：

脉冲调宽式天线控制放大器的机座用于插放 WRDPS 脉冲调宽式天线控制放大器，其接线电气特性如图 1-40 所示。

天线控制放大器通过插座与整机系统连接，其中励磁～110 V 交流输入经过低压电源板的 8 A/400 V 全桥整流输出供方位和俯仰直流电机的励磁。电路原理框图如图 1-41 所示。

0	属性	天控放大器接线处
1	220 V 电源（中）	电源变压器初级
2	220 V 电源（火）	同上，串保险
3	励磁 110 V 输入	8 A/400 全桥输入端
4	励磁 110 V 输入	同上
5	励磁 110 V（一）输入	8 A/400 全桥输入端入端（一）
6	励磁 110 V（＋）输入	8 A/400 全桥输入端（＋）
7	方位 110 V 输入	16．17．18．52．53．54
8	方位 110 V 输入	20．21．22．56．57．58
9	俯仰 110 V 输入	16．17．18．52．53．54
10	俯仰 110 V 输入	20．21．22．56．57．58
11	俯仰误差电压输入	（±2.5 V）俯仰 33
12	（20）地	机架
13	俯仰电枢电压输出	俯仰 14．15．50．51
15	俯仰电枢电压输出	俯仰 11．12．47．48
16	方位电枢电压输出	方位 11．12．47．48
18	方位电枢电压输出	方位 14．15．50．51
19	方位误差电压输入	（±2.5 V）方位 33

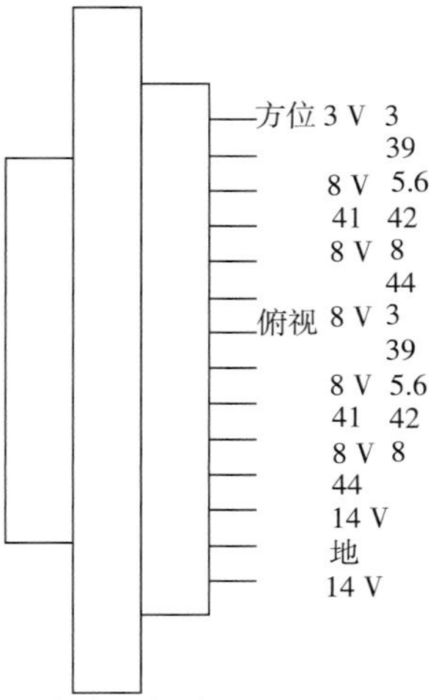

图 1-40　脉冲调宽 PWM 天线控制放大器的机座接线电气特性图

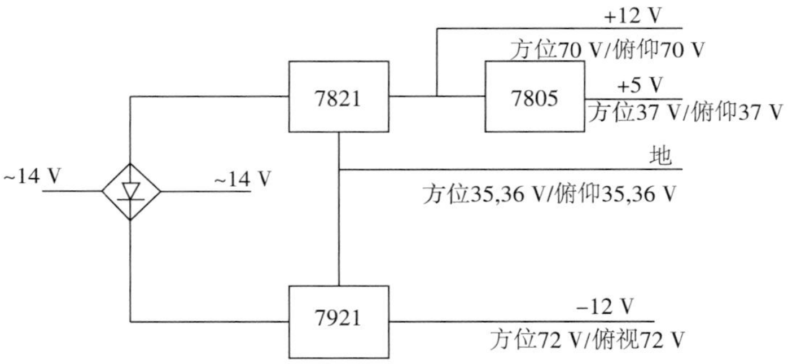

图 1-41　直流电机励磁电压电路原理框图

1.2　天线波导系统及传动装置

天线波导系统包括天线和波导系统两部分。测雨雷达天线波导系统的主要任务是将发射机产生的高频电磁能传送到天线，向空间定向辐射，然后接收从目标反射回来的电磁能，传送到接收机。

1.2.1　天线

XDR-X 波段雷达使用的天线是一种抛物面天线，它由旋转抛物面反射体和角锥形喇叭口辐射器组成。

XDR-X 波段雷达使用的是原 711 雷达的天线系统，包括反射网、波导及传动装置等。

在 711 测雨雷达中，发射机和接收机共用一套天线波导系统。所以，在工作过程中，既要便于天线转动，又要电气连接良好；既要把发射机产生的大功率脉冲能量传送到天线而不让进入接收机，又要把天线接收来的微弱回波信号送接收机而不让进入发射机。

从发射机磁控管输出的高频电磁能，依次通过收发转换装置、耦合器、软波导、方位旋转阻流关节、俯仰旋转阻流关节等主要部件，以及联接这些部件的许多直波导和弯波导，传送到天线部分的辐射器。辐射器向着天线反射体辐射电磁能，反射体再把电磁能反射出去，向空间定向辐射。

从目标反射回来的电磁能，被天线接收下来以后，沿着与上述相反的途径一直传送到收发转换装置，然后传向接收机。

1.2.1.1 旋转抛物面反射体

旋转抛物面反射体采用栅状结构，它能将辐射器所辐射的电磁波聚集成束向空间辐射，从而增强天线的定向性。抛物面反射特性如图 1-42 所示，抛物面天线实物图如图 1-43 所示。

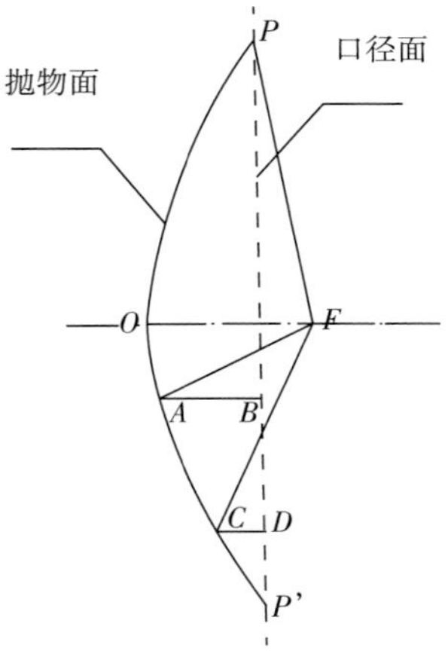

图 1-42　抛物面反射特性

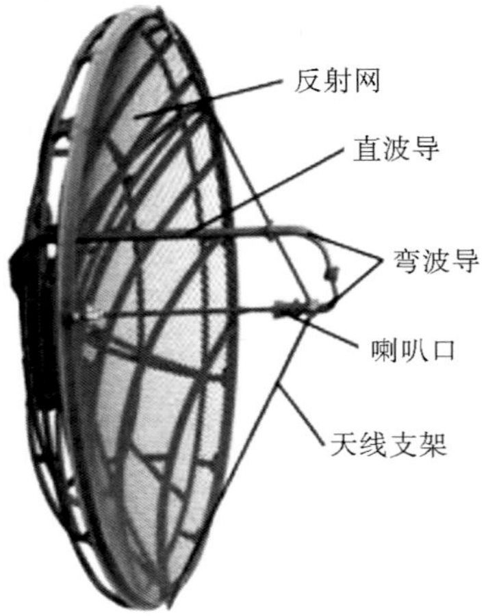

图 1-43　抛物面天线

1.2.1.2 角锥形喇叭口辐射器

角锥形喇叭口辐射器是一段截面尺寸渐变的矩形波导，安装天线的中央。喇叭口尺寸渐变的目的是为了保证天线负载（空间就是天线的负载）与波导匹配，从而获得较高的行波系数，使来自发射机的电磁波通过天线抛物面有效地辐射到空间去。角锥形喇叭口辐射器实物如图 1-44 所示。

图 1-44　角锥形喇叭口辐射器

1.2.2　波导系统

波导系统中除了收发转换装置和耦合器两个部件外，一共使用了六段直波导、七段弯波导，二十二个固定阻流关节，两个旋转阻流关节，起到传输电磁波作用。如图 1-45 所示。

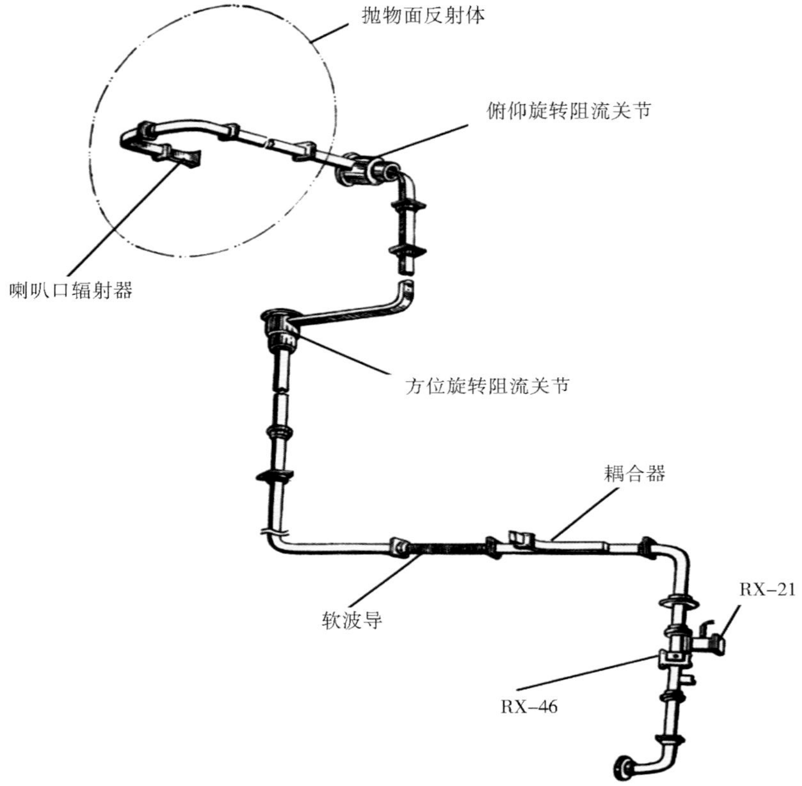

图 1-45　天线波导系统

1.2.3　天线传动装置

天线传动装置用来控制天线方位在 0～6 转/分范围内以任意速度作正反方向旋转，或天线仰角在 0～4 次/分内以任意速度在－2°～＋30°范围内作往返运动。它分为方位传动装置和俯仰传动装置两部分。

（1）方位传动装置

方位传动装置由装在天线底座上的方位驱动电动机和蜗轮、蜗杆等减速装置组成，其传动结构如图 1-46 所示。

当方位驱动电动机旋转时，它通过蜗杆、蜗轮 Z_1 带动齿轮 Z_2、Z_3 转动，因为齿轮 Z_3 是固定在天线主轴上的，所以天线主轴随之一起转动。天线的转向和转速是由“方位调速”旋钮控制方位驱动电动机的转向和转速来改变的。

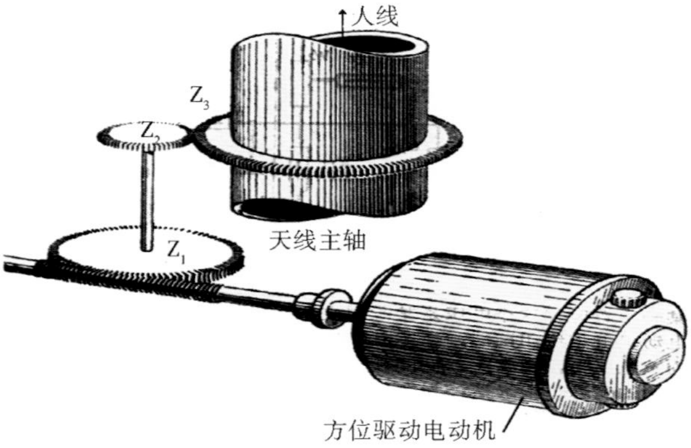

图 1-46　方位传动机构结构图

当天线主轴旋转时，固定在主轴上的另一套齿轮将带动方位同步发送机转动。

（2）俯仰传动装置

俯仰传动装置由装在天线反射体底盘上的俯仰驱动电动机和减速箱等组成。减速箱包括两套蜗轮、蜗杆和曲轴连杆机构两部分。俯仰传动装置结构如图 1-47 所示，实物如图 1-48 所示。

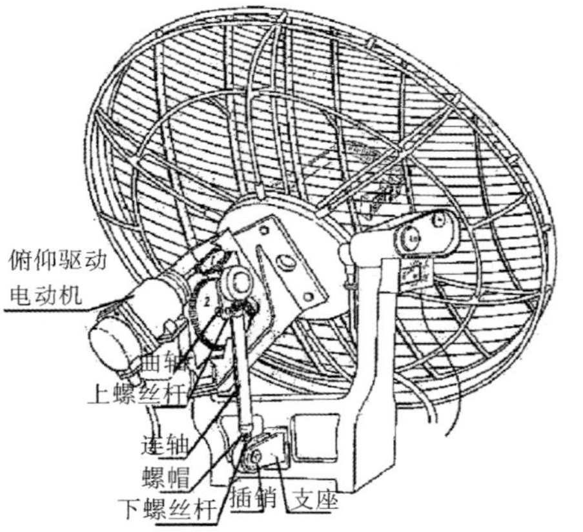

图 1-47　俯仰传动装置结构图

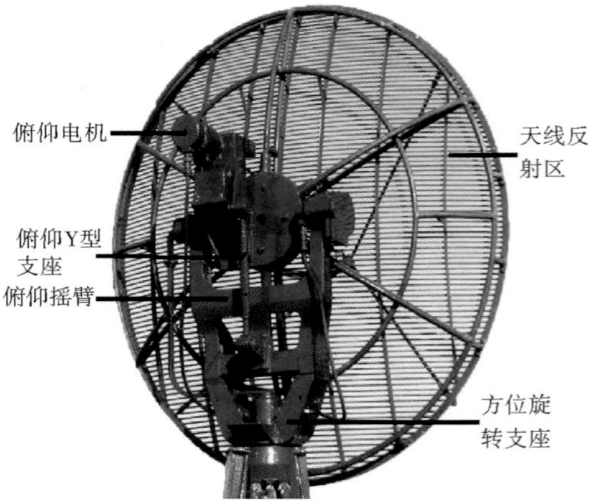

图 1-48　俯仰传动装置实物图

当俯仰驱动电动机旋转时，它通过蜗杆蜗轮 1 和蜗杆蜗轮 2 两次减速，带动曲轴连杆机构，并将曲轴的旋转运动变为天线的俯仰运动。因连杆的下端用插销与固定在天线支承架上的支座相连，所以连杆不能上下运动，只起支撑点的作用。当曲轴长臂（固定在蜗轮 2 上）向上转时，天线便上仰。图中所画曲轴长臂已转至最上端，这时天线仰角最大。当曲轴长臂下转时，天线便下俯。俯仰角度由连杆调节，连杆由两段组成，上下两段是外螺纹的螺丝杆，但它们的螺纹相反；中间段是内螺纹空心无缝钢管，两端的螺纹旋转方面也是相反的，而正好与两个外螺纹的螺丝杆相啮合。转动中间一段，可改变连杆的长度。连杆增长时，天线俯仰角度增大，连杆缩短时，天线俯仰角度减小。正常时应调整它使俯仰角范围为－2°～30°。

1.3　XDR 信号通道的标定与调试

XDR 信号通道的工作流程，如图 1-49 所示。

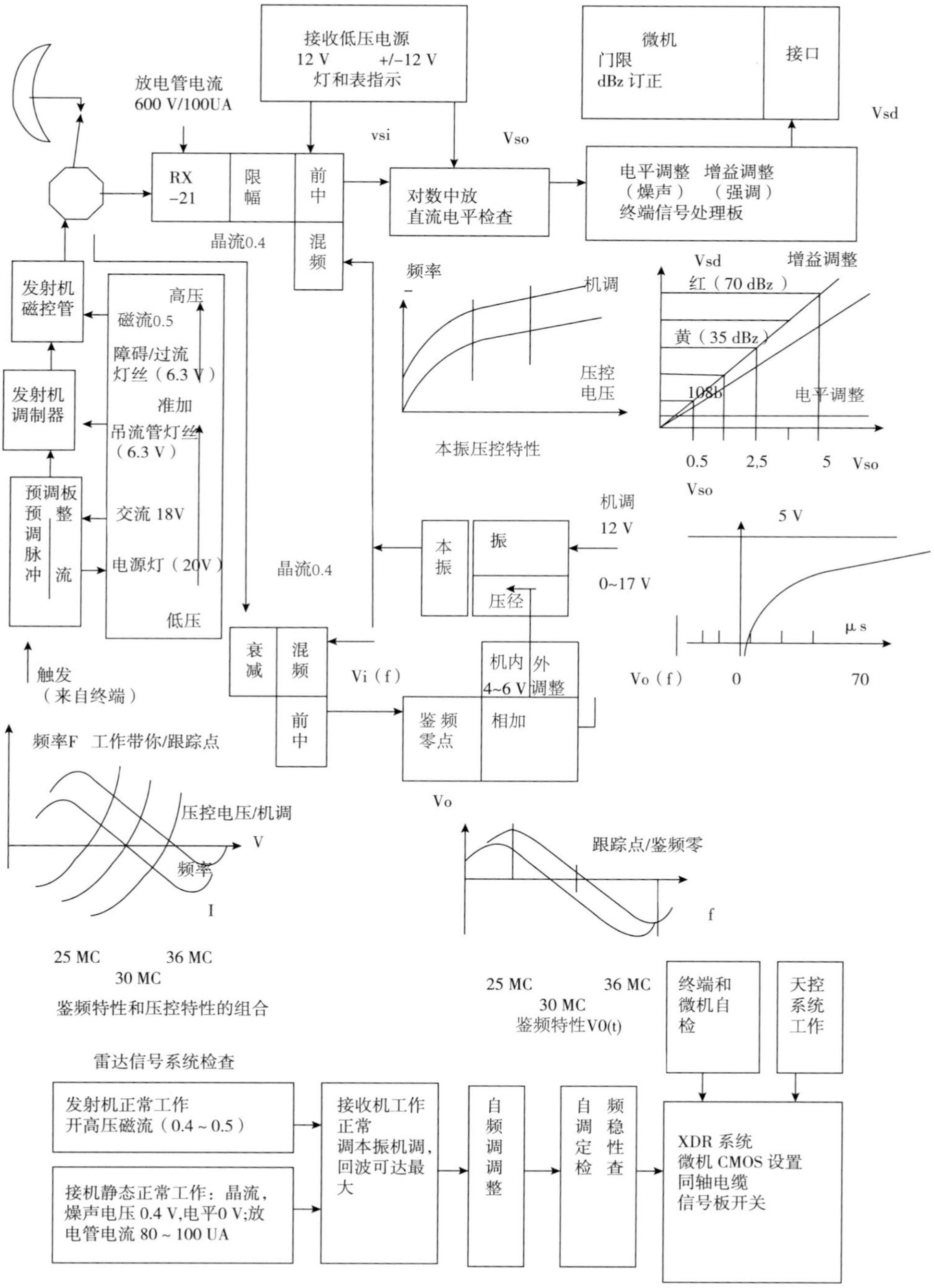

图 1-49　XDR 信号通道工作流程框图

1.3.1 XDR 信号通道的强度标定

XDR 在出厂前是已经标定好的，在以后的使用中，还需定期（每年）进行标定，以便测量更加准确。一般信号强度定标要用专门的仪器进行，但是在没有仪器或对此操作不熟练的情况下，也可采用和原雷达对比或与固定目标物对比的方法。

对信号强度的标定可采用简单的固定目标物标定法，用 XDR 测量某孤立固定目标物（地物）的回波强度，和以前标定好的 XDR 的强度进行比较，然后调节终端信号处理——天控分机信号处理板的定标电位器（幅度和电平），使之完全一致即可。

（1）固定目标物标定法

用地物回波，检查信号通道工作流程如图 1-50 所示。

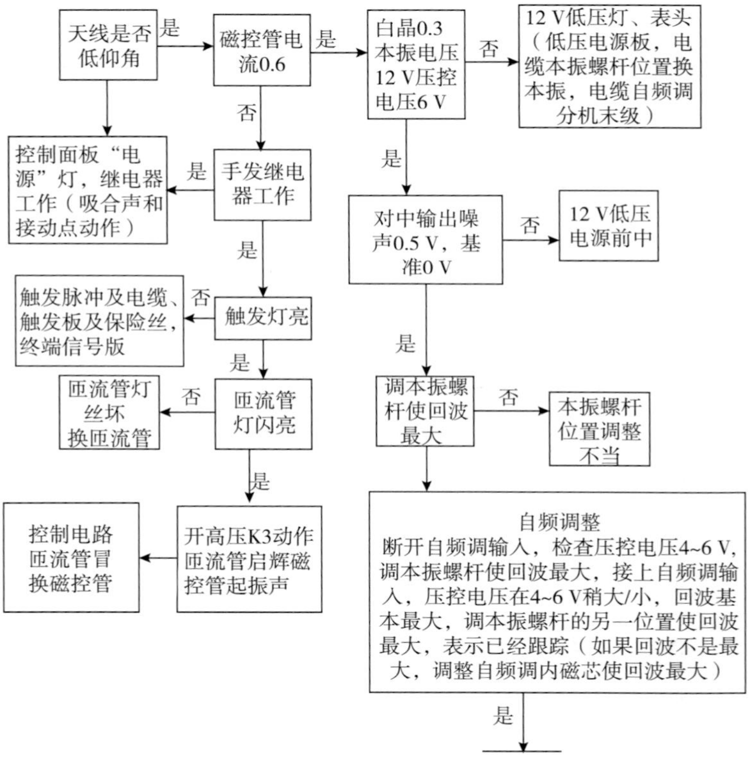

图 1-50 地物回波检查信号通道工作流程图

标定方法：计算机进入 PPI 或 RHI 采集状态，对回波的对数视频信号进行采集。调整终端信号处理——天控分机的信号处理板上的“电平调整电位器 W2”，使 PPI 画面上的噪声点消除。调整“幅度调整电位器 W3”，使 PPI 采集强度达到强度定标要求（可和原标定好的 XDR 的强度进行比较，使之完全一致）。

信号处理板上强度定标调整元件位置，见图 1-51，信号标定电位器作用见表 1-3。

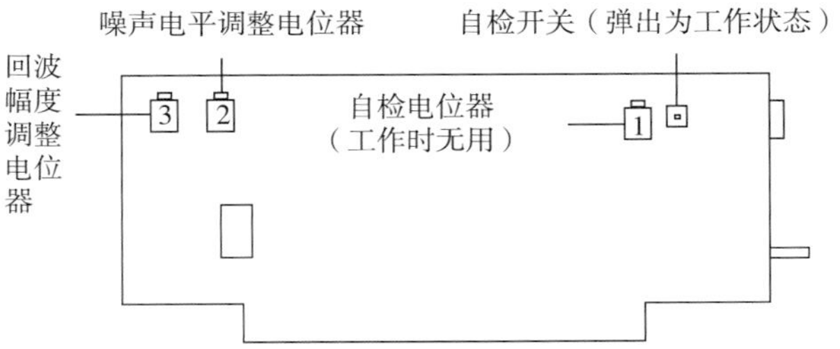

图 1-51 信号处理板上强度定标调整元件位置图

表 1-3 信号标定电位器作用一览表

电平调整电位器	调整直流电平，使采集时噪声消失，即此时 V＝0
幅度调整电位器 W2	调整 A/D 幅度，即影响采集强度，调整它，以减少强度误差

(2) 综合测试仪标定法

综合测试仪标定法工作流程，见图 1-52。

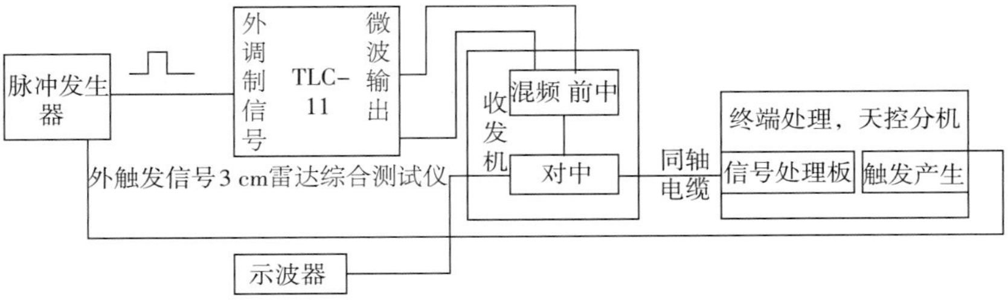

图 1-52 综合测试仪标定法工作流程图

用 XDR 产生的触发脉冲（从发射机上移来）去触发脉冲信号发生器而产生一频率 400 Hz、脉宽 20～50 μs 的触发脉冲信号，以调制 3 cm 雷达综合测试仪，从而产生微波输出，此微波信号经波导接至收发机顶端的波导连接口上（原接至天线的波导移开），进入固态混频组件。经混频、前中、对中后的对数视频信号送到 WRDPS 作进一步的处理。

进行标定时要注意 3 cm 雷达综合测试仪有一预热稳定时间，预热好后可输出稳定的微波信号，然后使接收机处于手动频调状态，调整手动电位器，使示波器显示的对数视频信号强度最大。然后再调整信号处理板的标定电位器。

1.3.2 XDR 信号系统的调试

信号源自发射机磁控管，微波功率脉冲通过波导（包括 ATR 及 TR 放电管）至天线向空间辐射，回波信号从天线返回波导，通过 TR 放电管进入固态混频组件。此处一路用于自频调以调整本振频率，另一路则作为信号支路到对中进行放大检波，变成视频信号。通过同轴电缆到达终端信号处理—天控分机信号处理通道，经过信号处理板的两级运放作幅度及电平的调整后送入高速 A/D，变成数字信号。再通过具有伪杂波图的非线性杂波滤波器后，进行距离积分和方位积分的平滑处理，同时对杂波处理后的降雨回波进行补偿。处理后的数字信号由D/A变成模拟信号可用于示波器检查处理效果。最后经过dBz订正后送入微机进行进一步的处理和显示。

XDR信号系统工作原理框图，见图1-53。

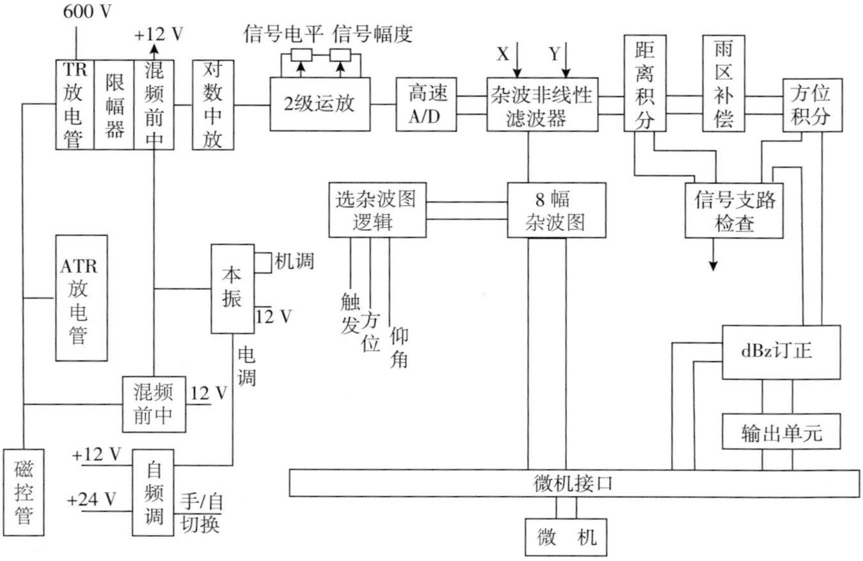

图1-53 XDR信号系统工作原理框图

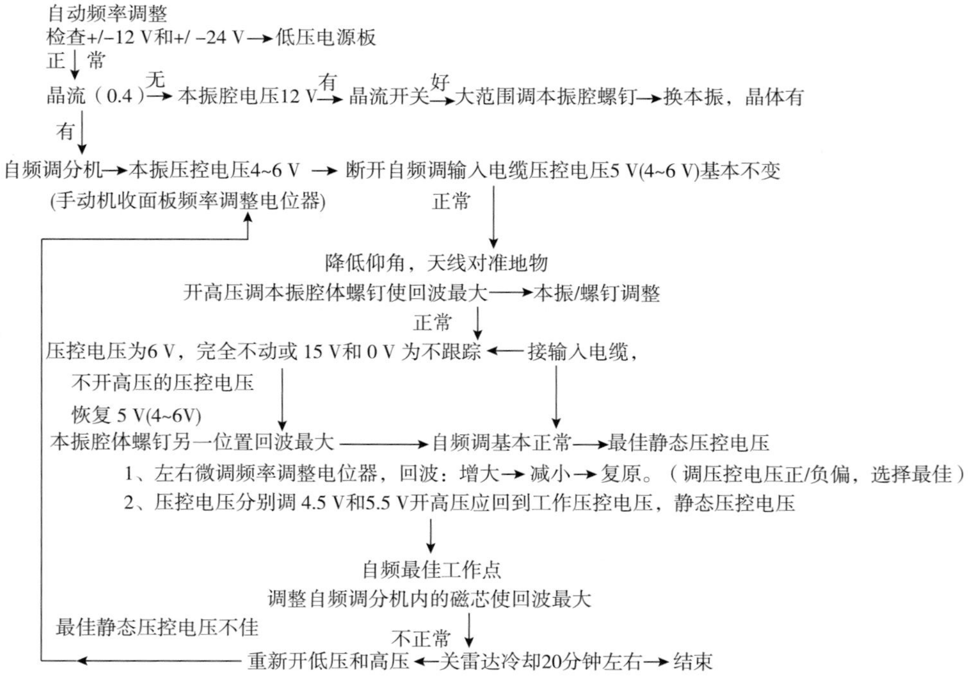

图1-54 自频调调整流程图

信号系统中的调整包括信号产生（收发机）部分和终端信号处理——天控分机信号处理系统的调整。一般需调整的有接收机的自频调、本振谐振腔体、本振信号耦合度，对中等部件（出厂前调好，不要轻易调整这些部件）、终端信号处理一天控分机信号处理板的幅度/电平调整电位器等。

其中自频调的调整难度较大，除了掌握调整的技术要领外，还需有耐心反复进行。调整流程如图1-54所示。

1.3.3 天线标定及调整方法

雷达架设起来以后，为了保证测定坐标的精确度，需要对雷达的水平位置以及方位角、仰角的零度进行校正和标定。在标定时，务必认真细致，反复校验，力求精确。

1.3.3.1 水平标定

（1）将两个水准器装到天线支承座扇形支板上的水准器架上。这两个水准器在位置上是相互垂直的。

（2）将天线传动底座上三个调整螺丝的保护长螺帽去掉，用小扳手反复调整三个调整螺丝，使两个水准器的水泡处于中央位置。

（3）将天线方位旋转180°。观察水准器的水泡有没有位移，如果有位移，需要重复调整 。这样反复调整多次，直到将天线方位旋转到任意位置，水准器的水泡都处于中间刻线范围之内为止。

（4）将三个调整螺丝的保护长螺帽均匀用力拧紧。

1.3.3.2 方位角零度的标定（正北标定）

雷达天线正北标定有经纬仪测定法和北极星定位法两种方法。

（1）经纬仪测定法

将天线停在某一方位，在离天线一百米左右的地方架设58型方向盘（也可用测风经纬仪），先用方向盘测出天线的磁方位角。然后根据当地的磁偏角确定天线的真方位角。具体操作方法如下：

① 把方向盘装到三角架上。

② 根据方向盘上的水准器，校正方向盘水平。

③ 根据方向盘上的指北针，转动瞄准镜，将瞄准线校到磁北。

④ 转动瞄准镜，瞄准天线抛物面，使抛物面的两个边缘与瞄准镜镜面中心的十字座标垂直线重合。

⑤ 读出此时瞄准线的磁方位的密位百倍数（方向盘上的黑色读数），将此数乘以6，就是瞄准线的磁方位角度数。

⑥ 根据瞄准线磁方位角的度数，用图解法求出天线磁方位角度数。作图时注意磁方位角的度数是从磁北起，按顺时针方向计算。

例如：

瞄准线的磁方位角为 330°，则天线的磁方位角为 330°－270°＝60°。如图 1-55 所示。

瞄准线的磁方位角为 150°，则天线的磁方位角为 150°＋90°＝240°。如图 1-56 所示。

瞄准线的磁方位角为 240°，则天线的磁方位角为 240°－90°＝150°。图 1-57 所示。

瞄准线的磁方位角为 60°，则天线的磁方位角为 60°＋270°＝330°。图 1-58 所示。

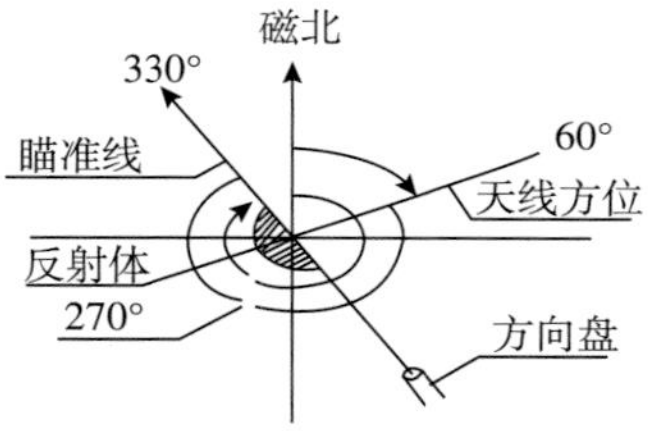

图 1-55

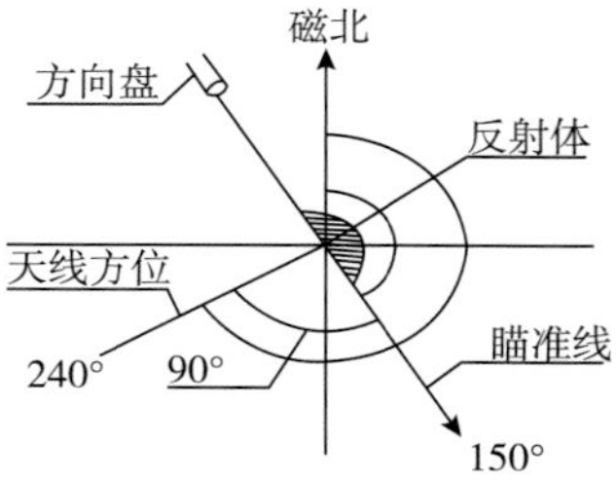

图 1-56

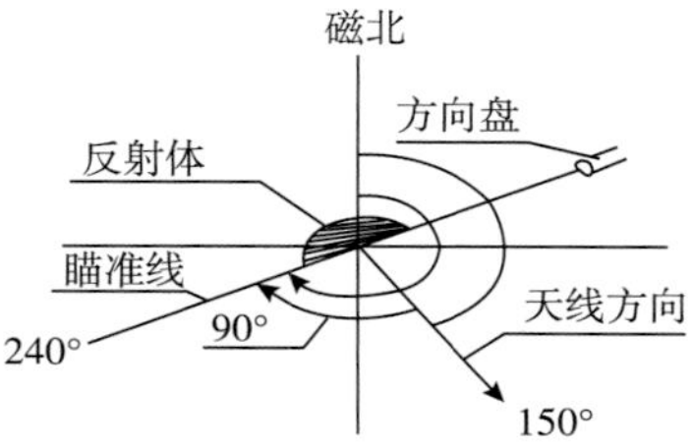

图 1-57

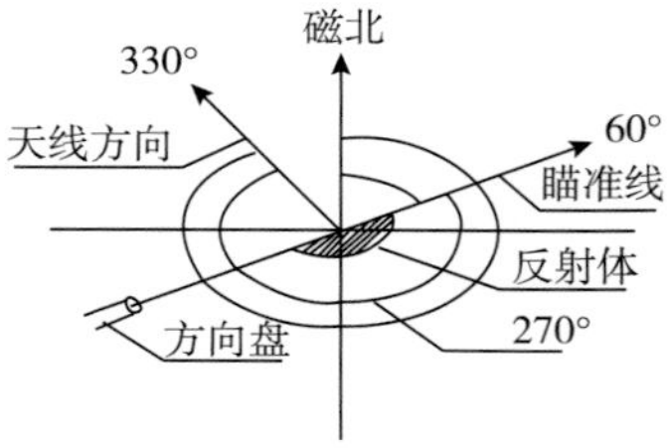

图 1-58

⑦ 根据当地的磁偏角，将天线的磁方位角换算成天线的真方位角。如果当地的磁偏角是西偏的，则应将天线磁方位角减去磁偏角，订正为天线的真方位角。

例如：

天线的磁方位角为 60°，当地的磁偏角为西偏 2.5°，天线的真方位角为：60°－2.5°＝57.5°。如图 1-59 所示。

如果当地的磁偏角是偏东的，则应将天线磁方位角加上磁偏角，订正为天线的真方位角。

例如：

天线的磁方位角为 60°，当地的磁偏角为东偏 2.5°，天线的真方位角为 60°＋2.5°＝62.5°。如图 1-60 所示。

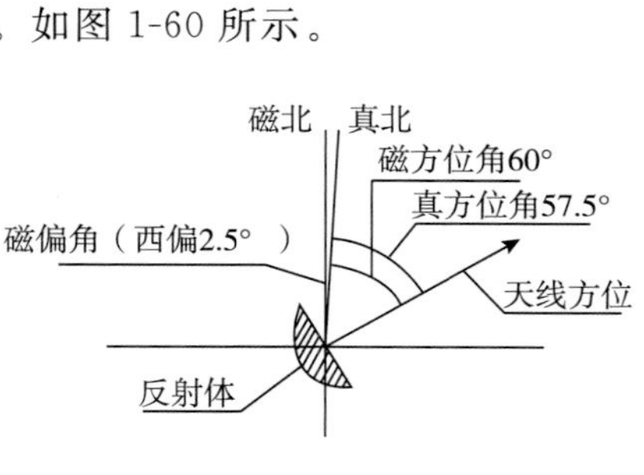

图 1-59

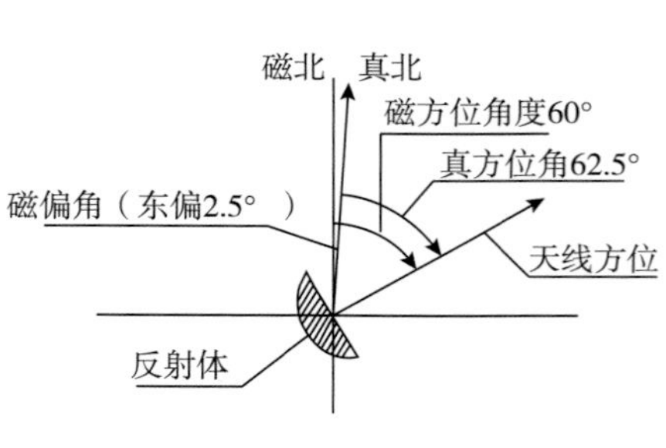

图 1-60

（2）北极星定位法

夜晚晴空寻找勺状北斗七星确定北极星位置，手摇天线抛物面与北极星在同一平面，此时天线的电轴（馈源）与正北成90°或负90°，可由大方向确定。

将雷达天线方位俯仰控制置手动位置，雷达开机，将天线当前位置调到90°（或−90°）即可。调整天线0°位置后，可在天线座上作好标记，以备以后标校时用。

1.3.3.3 仰角零度标定

（1）取出校验心棒，卸下抛物面反射体中心孔的小盖板。

（2）先将心棒的下段插入抛物面反射体中心孔内，然后接上另一段，在两段心棒上各有一条刻线，拧紧螺套时要注意将两条刻线对齐，同时注意使心棒上的水准器处于水平位置。

（3）用牢而软的绳子牵动天线俯仰电机的方轴，使心棒上水准器的水泡处于中央位置。这时天线的俯仰为零度。

1.3.3.4 仰角−2°标定

调俯仰曲柄长度螺杆使天线最低仰角为−2°，转动抛物面检查抛物面与天线底座是否有接触。

1.3.3.5 天线抛物面反射体的焦距标定

天线上波导喇叭口与天线抛物面中心的距离即天线抛物面反射体的焦距应是591±1mm，若达不到要求，可调整天线抛物面上的四根拉杆，使之满足要求。

1.3.4 XDR天线控制系统的调试

XDR天线控制系统为一闭环控制系统，如图1-61所示。

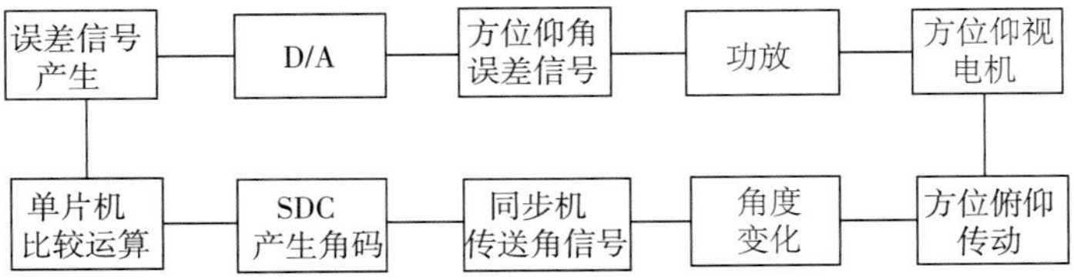

图1-61 XDR天线控制系统闭环控制原理框图

微机给出的天线角度预置值和天线当前角码进行比较，产生误差电压值，此误差电压经D/A变换后产生方位/仰角误差控制信号，由伺服放大器进行功率放大后驱动方位/俯仰电机传动，经齿轮传动机构带动天线作方位仰运动，从而其方位/俯仰角度发生变化。通过同步机将此变化角度信号由SDC变成二进制方位/俯仰角码信号，再送往单片机和预置角度比较，若产生误差信号，则对天线角度进行调整。如此形成一个不断调整的闭环控制线路得到精确定位的角度值。

XDR 雷达的天线控制系统原理框图如图 1-62 所示。

从原理框图上容易发现其控制环有两条各自独立的方位控制环路和俯仰控制环路，此两个闭环系统分别保证方位和俯仰的控制精度。环路控制过程如下：

由微机送来的控制角度（方位/仰角）通过并行接口进入天线控制板与天线当前方位/仰角角码进行比较运算，产生误差控制量，经 D/A 变换后输出，送到天线控制放大器进行脉冲调宽式放大（放大器电源由方位电枢/激磁变压器和俯仰电枢变压器供给）。放大后的误差驱动电压经 14 芯电缆送到天线座上的 CZ13，方位控制电压通过 ICZ-2 送到 ICZ-3，驱动方位电机传动；俯仰控制电压经汇流环到 ICZ5 到 ICZ8 驱动俯仰电机传动。方位/俯仰电机通过齿轮耦合带动天线作方位旋转/或仰角俯仰运动，由同步机传送其角度或角位移信号，经码录取系统产生方位/仰角二进制角度值。经过缓冲单元进入单片机总线，再通过总线收发器进入单片机内部，再与预置的方位、仰角进行比较运算，如此循环调整，使天线能精确地跟踪在预置位置上。

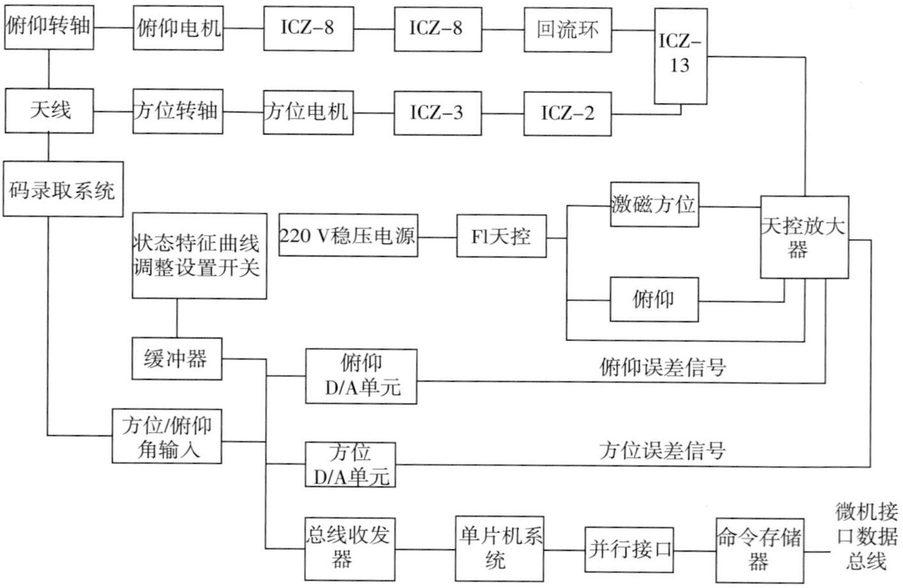

图 1-62　XDR 天线控制系统原理框图

整体天线控制驱动系统的工作原理，见图 1-63。

1.3.4.1　方位控制运动的调整

（1）方位天线控制放大板的调整

① 将方位天线控制放大板的“功能选择”开关设置到检查位置，使天线控制放大器处于检查状态。

② 调整“平衡调整”电位器的滑动触头至中间位，使天线的正反向转速基本达到平衡。

③ 调整“检查速度调整”电位器的滑动触头至中间位，使其输出电压基本为 0 V，天线不转动。

④ 调整“灵敏度调整”电位器至适当位置，使方向指示灯不在正反两个方向闪动，且 PWM 输出指示灯正好熄灭，此时灵敏度符合粗调要求。

⑤ 调“检查速度调整”电位器的滑动触头至左边一半位置，使其有一定的输出电压，此时天线应能匀速转动。若天线不转动请重新检查接线及天线控制放大板，或将俯仰天线控制放大板对调过来再试。

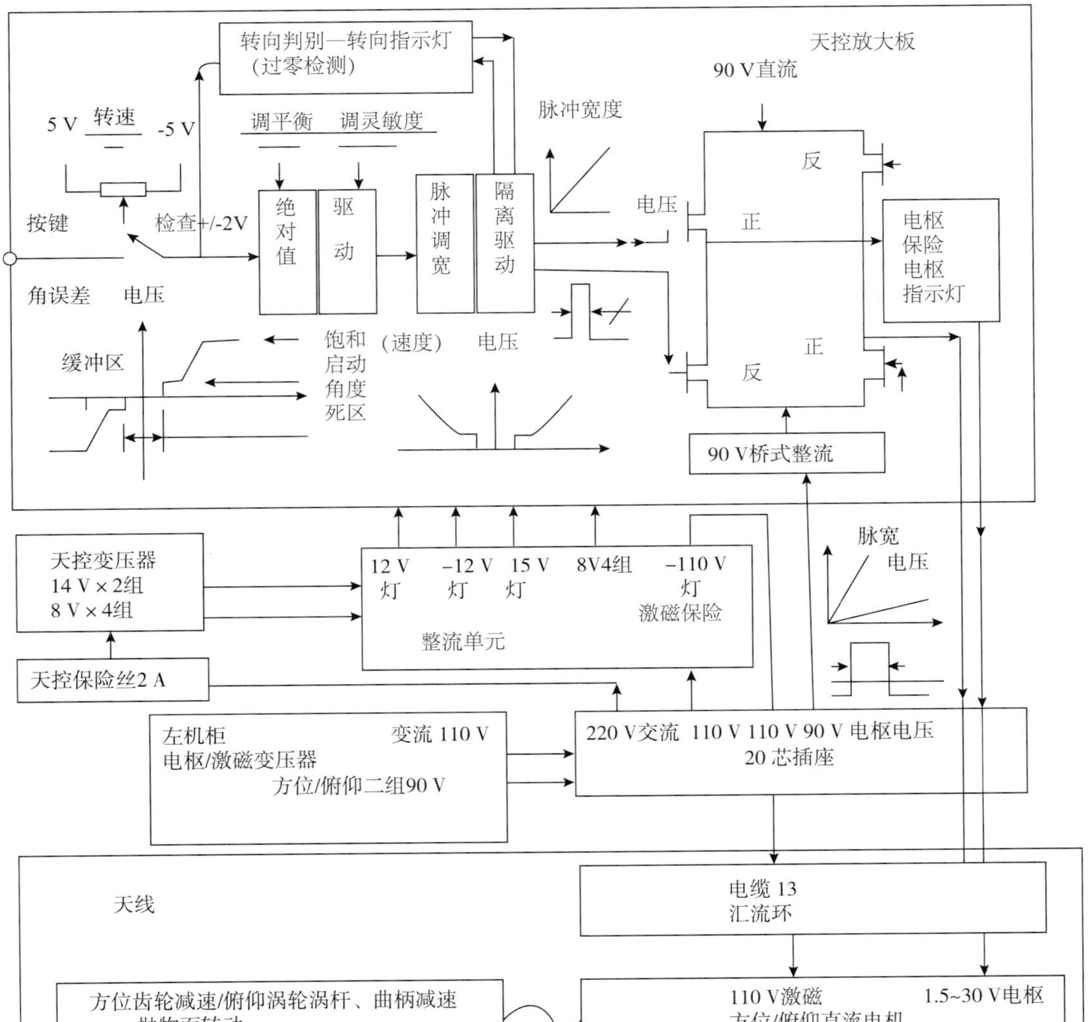

图 1-63 天线控制驱动系统工作原理框图

⑥ 调整“检查速度调整”电位器的滑动触头至右边一半位置，使其有一定的输出电压，此时天线应能匀速转动。若天线不转动请重新检查接线及天线控制放大板。或将俯仰天线控制放大板对调过来再试。

⑦ 上述⑤、⑥两步速度应大致相当。若天线不转动且 PWM 输出指示灯不亮，可调整

"灵敏度调整"电位器，使灵敏度适当提高再调试。

此时方位天线控制放大板基本符合粗调要求。作如下设置：调整"检查速度调整"电位器的滑动触头至中间位置，使其输出电压基本为 0 V，天线不转动。

(2) 方位控制运动的调整

将方位天线控制放大板的"功能选择"开关设置到工作位置，使天线控制放大器处于正常工作状态。

然后检查方位误差信号的同轴连接电缆是否完好，确保完好后打开终端信号处理——天线控制分机电源。

① 将天线控制分机的方位手动开关设置到手动位置。

② 调整天线控制分机的"方位手动速度调整"电位器的滑动触头至左边一半位置，使其有一定的输出电压，此时天线应能匀速转动。若天线不转动，请重新检查接线及天线控制放大板，或将俯仰天线控制放大板对调过来再试。

③ 调整"方位手动速度调整"电位器的滑动触头至右边一半位置，使其有一定的输出电压，此时天线应能匀速转动。若天线不转动请重新检查接线及天线控制放大板，或将俯仰天线控制放大板对调过来再试。

④ 上述两步速度应大致相当。若天线不转动且方位天线控制放大板 PWM 输出指示灯不亮，可调整方位天控放大板的"灵敏度调整"电位器，使灵敏度适当提高再调试。

此时方位天线控制放大板基本符合粗调要求。可作如下设置：调整"方位手动速度调整"电位器的滑动触头至中间位置，使其输出电压基本为 0 V，天线不转动。天控放大板元器件排列见图 1-64。

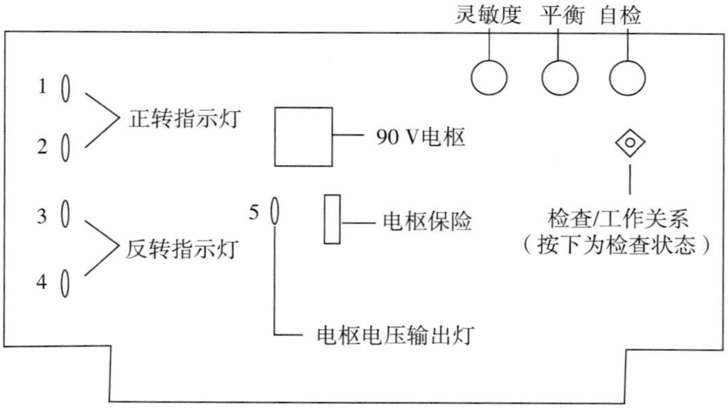

图 1-64　方位天线控制放大板元器件排列图

1.3.4.2　仰角控制运动的调整

(1) 仰角天线控制放大板的调整

① 将仰角天线控制放大板的"功能选择"开关设置到检查位置，使天控放大器处于检查状态。

② 调整"平衡调整"电位器的滑动触头至中间位置，使天线的正反向转速达到平衡。

③ 调整“检查速度调整”电位器的滑动触头至中间位置，使其输出电压基本为 0 V，天线不转动。

④ 调整“灵敏度调整”电位器至适当位置，使方向指示灯不在正反两个方向闪动，且 PWM 输出指示灯正好熄灭，此时灵敏度符合粗调要求。

⑤ 调整“检查速度调整”电位器的滑动触头至左边一半位置：使其有一定的输出电压，此时天线应能匀速转动。若天线不转动，请重新检查接线及天线控制放大板，或将方位天线控制放大板对调过来再试。

⑥ 调整“检查速度调整”电位器的滑动触头至右边一半位置，使其有一定的输出电压。此时天线应能匀速转动，若天线不转动，请重新检查接线及天线控制放大板，或将方位天线控制放大板对调过来再试。

⑦ 上述⑤、⑥两步速度应大致相当。若天线不转动且 PWM 输出指示灯不亮，可适当调整“灵敏度调整”电位器，使灵敏度适当提高再调试。

此时仰角天线控制放大板基本符合粗调要求。可作如下设置：调整“检查速度调整”电位器的滑动触头至中间位置，使其输出电压基本为 0 V，天线不转动。

（2）仰角控制运动的调整

将仰角天线控放大板的“功能选择”开关设置到工作位置，使天线控制放大器处于正常工作状态。然后检查俯仰误差信号的同轴连接电缆是否完好，确保完好后打开终端信号处理——天线控制分机电源。

① 将天线控制分机的天线控制选择开关设置到手动位置。

② 调整“仰角手动速度调整”电位器的滑动触头至左边一半位置，使其有一定的输出电压，此时天线应能匀速运行。若天线不转动，请重新检查接线及天线控制放大板，或将方位天线控制放大板对调过来再试。

③ 调整“仰角手动速度调整”电位器的滑动触头至右边一半位置，使其有一定的输出电压，此时天线应能匀速转动。若天线不转动，请重新检查接线及天线控制放大板，或将方位天线控制放大板对调过来再试。

④ 上述两步速度应大致相当。若天线不转动且仰角天线控制放大板 PWM 输出指示灯不亮，可调整仰角天控放大板的“灵敏度调整”电位器，使灵敏度适当提高后再调试。

此时仰角天线控制放大板基本符合粗调要求。作如下设置：调整“仰角手动速度调整”电位器的滑动触头至中间位置，使其输出电压基本为 0 V，天线不转动。

1.3.5　XDR 整机系统调整

一个完整的 XDR 系统包括雷达天线系统、收发系统、XDR 终端机柜硬件系统（终端信号处理——天控分机，天线驱动分机等）、传输系统（有线/无线/光纤/电话信道等）、微机处理及显示系统、远程微机遥控处理显示系统和 VGA 视频传输系统等。如图 1-65 所示。

XDR 的四大系统（信号系统、码录取系统、天控系统、传输系统）的原理及调整方法，其中信号系统包括了从发射机到接收机到终端信号处理——天控分机的信号处理系统及微机处理显示系统等方面内容。天控系统包括了从微机到终端信号处理——天控分机的天线控制器到天控放大器到驱动电机到齿轮传动机构乃至天线转动等方面内容，传输系统则相对独立，可采用多种传输方式。

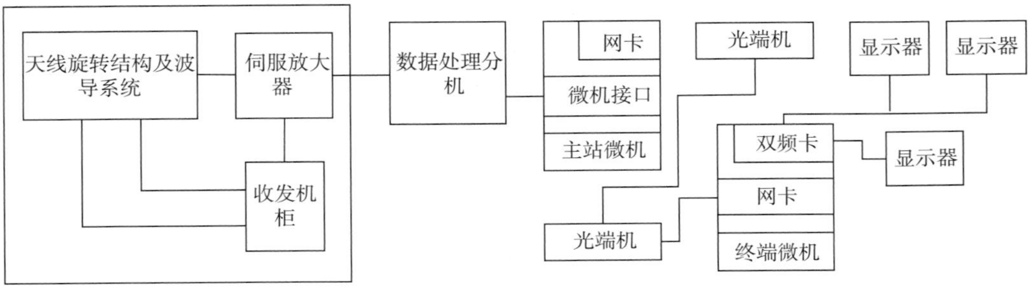

图 1-65　XDR 雷达整体系统组成框图

1.4　XDR 的系统检查

1.4.1　外观检查

（1）收发机柜检查

重点检查各变压器及磁控管的紧固螺钉是否拧紧。各继电器和预调板接插是否良好，磁控管的灯丝帽，氢闸流管的阳极帽，放电管 XR-21A 游离极帽是否都已接插好。信号前中，自频调前中，对中，自频调的电源插头和信号输入，输出的 Q9 插头及各分机（板）的插头连线等是否已接上。再从外观目测有无断线以及被损坏变形的元器件。

（2）终端信号处理——天线控制分机检查

打开机箱，检查各分机插板是否插接正常，板上的各按键开关的机械动作是否正常，目测机箱内有无断线。

（3）天线驱动分机检查

重点检查天线控制伺服电源变压器的紧固螺钉，机柜内连线有无脱落或断线。通过以上外观目测检查后，再把各机柜安装到合适位置，按“XDR 整机系统电缆连接图”把各机柜用电缆连接上。其中应该注意的是，XDR 数字化雷达只利用了原 711 雷达的天线，而其他部分都与原 711 雷达不同。

1.4.2　加电检查

1.4.2.1　收发机柜加电检查

（1）接通收发机柜 220 V 电源。天控和 400 Hz 电源暂不加电，这时，收发机柜面板上的±12 V 和 24 V 电源指示灯应亮。

(2) 打开“低压”开关，面板指示灯亮，磁控管冷却风机和抽风风机应转动，氢闸流管灯丝应亮。5 分钟后，面板上的“准加”指示灯应亮。

(3) 打开终端信号处理——天控分机电源，主机产生的 400 Hz 触发脉冲送到收发柜。这时，收发柜面板上的“触发”指示灯应亮。

(4) 检查放电管 RX-21A 的电流。把 RX-21A 的游离数极帽取下，用三用表的1 mA电流档串接，正表笔接游离极，正常电流应为 75～105 mA。

(5) 以上检查无误后，在“准加”灯亮的情况下，打开“高压”开关，“高压”指示灯应亮，氢闸流管工作，发出兰色晕光，并能听到“400 Hz”声响，“磁流”指针稳定不抖动。以上说明发射机工作正常。用示波器在收发机柜视频输出端，可测到“茅草”信号，约 0.5 V。调本振的“调谐”电位器，可测到主波或地物回波（天线在低仰角时）这说明接收机工作正常。

(6) 雷达收发调整和检查流程如下：

低压支路：

① 低压控制支路（低压继电器 K1 动作，发射机低压电源接通，“低压”灯亮）：预调板＋24V（10 脚）→K1 线圈（2，10 脚）→K6—5，6（常闭）→低压开关→地。

② 低压电源支路：220 V（KZ2—1）→6 A 保险丝→K1—3，3（常开）→

→ 2 A 保险丝→KZ2—12→调制器 14 插座—4→T2 初级线圈→220 V 中线

→ K2—1.8（线圈）→中线（开始 5 分钟延时记时），5 分钟，K2—6.7 闭合，“准加”灯亮，揭示可开高压。

高压支路：

① 高压控制支路（此时高压继电器 K3 动作，发射机高压电源接通，“高压”灯亮）：＋24 V（预调板－10）→K2—6，7→K3—2，10（线圈）→预调板－17→预调器触发继电器－7，8→预调板－16→K1—6.7（常开）→K4—5.6（常闭）→K6—8.11（常闭）→高压开关→地。

② 高压电源支路：220 V（xs2－11）→FU1（保险丝）→K3—1.3.6.7（双常开）→5 A 保险丝→KZ2—11→调制器 14 插座—2

→ T1 初级线圈→中线

→ K5—2.10（线圈）→中线（灯丝继电器动作）。

1.4.2.2　天线控制系统加电检查

(1) 检查天线 13 号，14 号电缆以及接天线位置伺服单元的电缆是否已接好。把天控放大板（方位和俯仰）上工作—“自检”置“自检”位置。

(2) 接通天控电源（收发机电源可不加），天控放大板上的电源指示灯和方位指示灯应亮。

(3) 调天控放大板上的“误差电压”电位器 W1，天线应转动。其转动的速度和方位应随着“误差电压”的大小和极性的改变而改变。这说明天线伺服放大器工作正常。

(4) 终端信号处理——天控分机面板上的“天控”键置“手动”位置，转动面板上的“方位”(“俯仰”)电位器，在主机背面的“方位俯仰误差”端用三用表可测到±3 V左右的天控误差电压。

(5)“天控”键置“自动”位置时，用微机进行天线定角。当天线“当前角”与“设置角”的角差较大时，三用表可测到正3 V(或负3 V)左右的天控误差电压，随着它的角差减小，误差电压也随着降低至0 V。

1.4.3 发射机系统检查

发射机本/遥开关置“本地”，接通220 V电源开关，此时“电源”指示灯亮。“触发”指示灯亮(触发脉冲从数据处理终端送来)，打开“低压”开关，能听到K6吸合声，“低压”指示要亮。“低压”接通约5分钟后，“准加”指示灯亮，在“准加”指示灯亮后，再打开“高压”开关。此时，能听到K3吸合声，“高压”指示灯亮，并能听到触发扼流圈40 Hz声音，电表磁流指示在额定值，指针不跳动，并能听到闸流管启辉工作的400 Hz声音，磁控管和波导系统均无打火现象。

1.4.4 接收机系统检查

(1) 接通电源开关后，通过面板旋钮，检查+12 V/−12 V，+24 V/−24 V电压是否正常，检查“信号晶流”、“自频调晶流”指示是否正常，正常值约为0.2～0.3 mA(注意：检查晶流时，必须打开收发机内控制分机上的“晶流”开关，检查完毕后，再把此开关关上)。

(2) 万用表“直流毫安”档，测放电管RX-21的引燃电流，正常值应为“65～120 μA”稳定电流，检查完毕，引燃电压应可靠复原。测试方法是：电表串接在电路里，正表笔接RX-21的引燃极，负表笔接−500 V电源。

1.4.5 接收机自频调工作状态检查

用示波器检查接收机侧面“视频”插座信号，开启发射机高压，天线对准有地物的方向，观察地物回波信号，小范围快速微调收发机面板上的“调频”电位器，示波器上的回波信号幅度的变化应是：减小→恢复原状。左右快速微调“调频”电位器，回波信号幅度的变化也应是减小后恢复原状，说明自频调跟踪正常，且中心频率跟得很准。如左右快速微调“调频”电位器，回波信号幅度的变化是：增大→减小→恢复原状，说明自频调跟踪正常，但中心频率跟偏了，观测的回波信号不是最大，这时需要打开“自频调”分机的盖子，微调电感线圈的磁芯，使回波信号最大(注意：快速微调“频调”电位器是指快速地使电位器偏移一个小角度，如偏移角度大了，改变的频率过大超过了自频调跟踪范围，自频调不再跟踪，回波信号就有可能消失，如偏移的速度过慢，就有可能看不见回波信号的起伏)。

1.4.6　天控系统正常工作状态检查

天线控制系统正常时，400 Hz 电源电压指示正常（标准 115 V，正常范围 70～115 V），控制天线能正常运转。

将方位（或俯仰）天线控制放大板上的“工作/检查”开关置于“检查”位置，调整“检查”电位器偏移中间至两边位置，则天线做正反方向运动，中间位置则停。开关置于“工作”位置，且终端信号处理——天控分机的方位（或俯仰）手动控制开关置于手动（开关向上）位置，调整“方位（或俯仰）调速”电位器偏移中间至两边位置，则天线做正反方向运动，中间位置则停。同时，方位（或俯仰）角码的变化和天线的转动一致，无跳码或闪码发生。将手动控制开关开关置于自动（开关向下）位置，微机控制定角时追摆次数不超过 3 次，精度在±0.3°误差范围内，控制扫描正常 PPI 速度约为 2～3 转/分，快速 PPI（或 CAPPI）速度约为 4 转/分，RHI 速度约为 3°/s（5°以下稍慢，5°以上稍快）。

1.5　XDR-X 数字化雷达单站系统软件

XDR-X 数字化雷达单站系统软件工作流程，如图 1-66 所示。

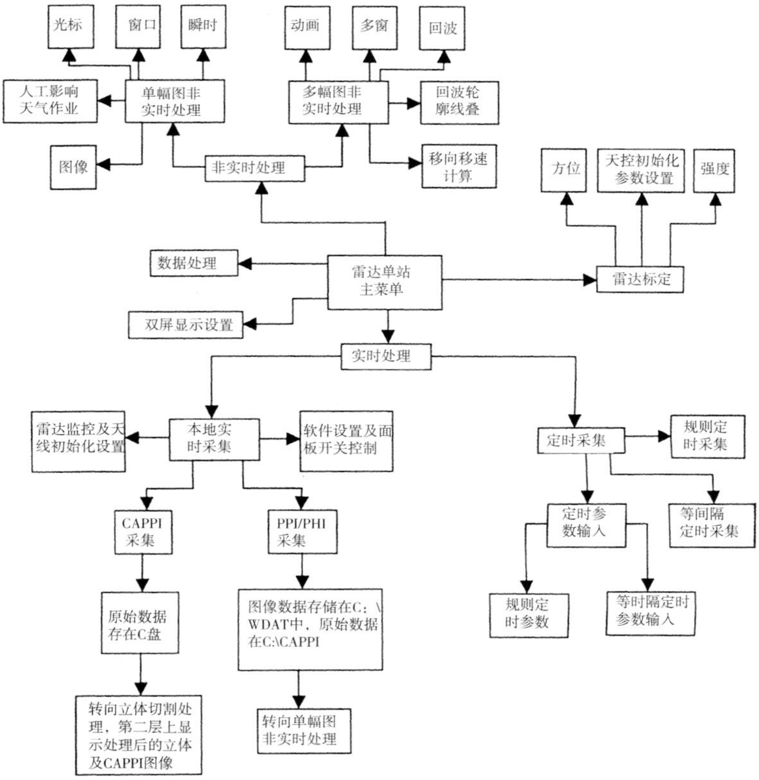

图 1-66　XDR-X 数字化雷达单站系统软件工作流程框图

XDR-X 数字化雷达单站系统软件包括实时采集和非实时处理两大部分。

1.5.1 实时采集

实时采集系统工作流程，如图 1-67 所示。

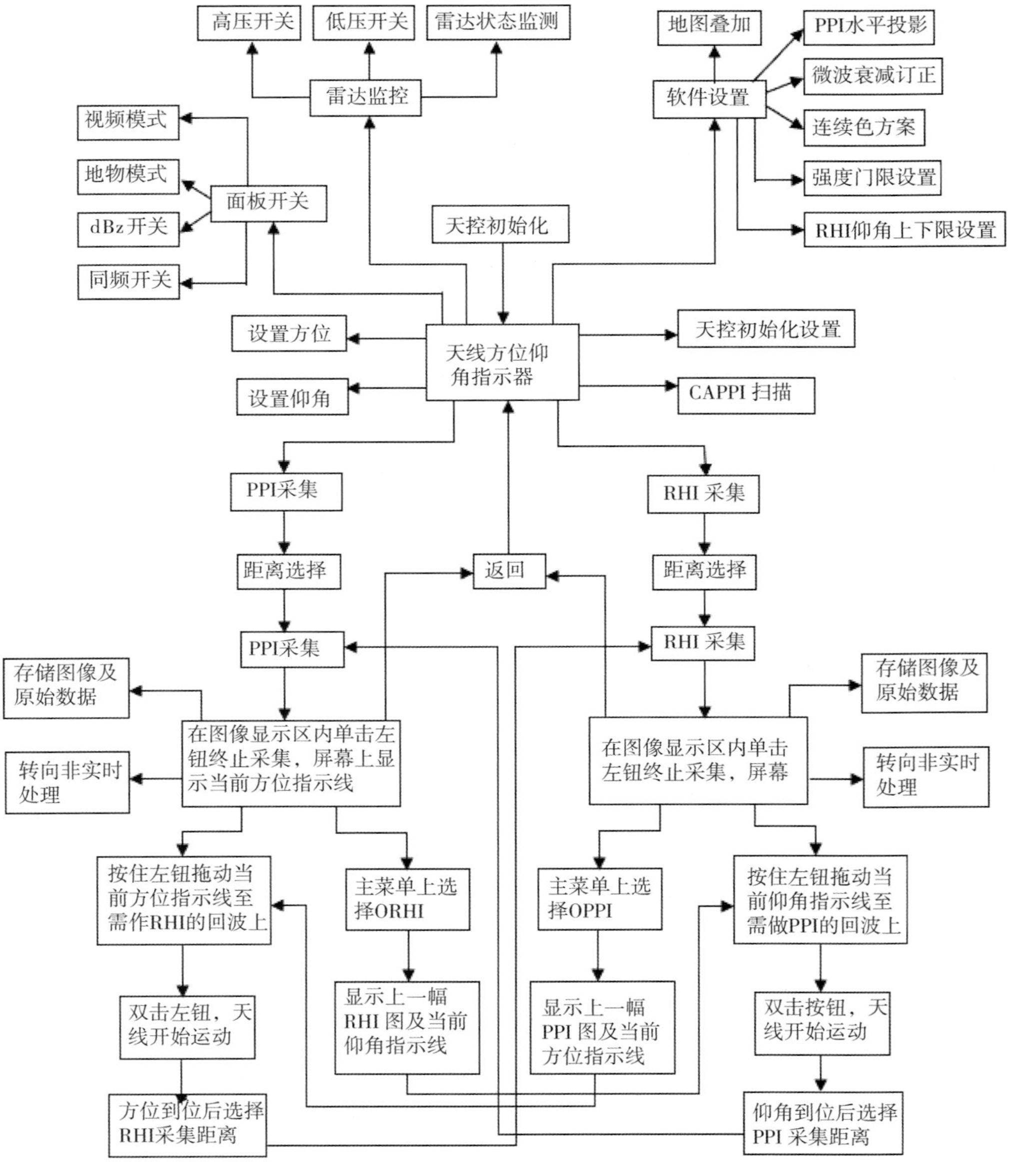

图 1-67　实时采集系统工作流程图

实时采集完成本地实时采集、定时采集、多窗口实时采集。如图 1-68、1-69、1-70、1-71 所示。

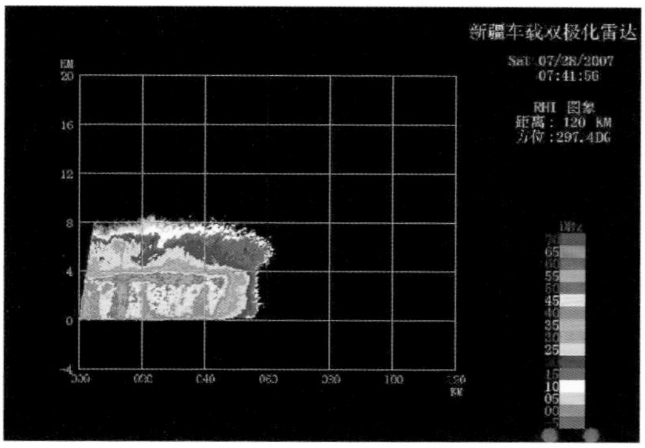

图 1-68　RHI 图

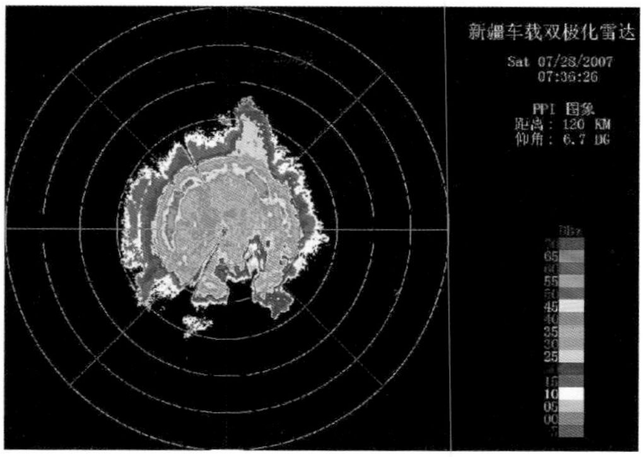

图 1-69　PPI 图

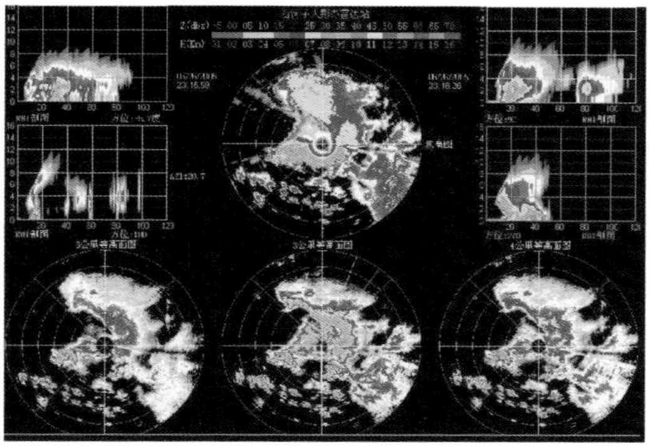

图 1-70　CAPPI 图

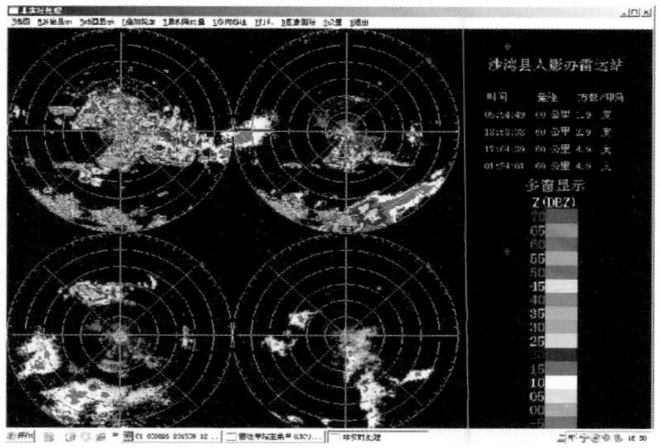

图 1-71　多窗口显示图

1.5.2　非实时处理

非实时处理对单幅图像处理分析有以下功能：瞬时雨强、液态水含量、人工影响天气软件、灰度显示、回波廓线、光标定位强度、放大显示、多窗口显示图等。

其中灰度显示、光标定位强度、放大显示等项单击鼠标一次，运行该功能，再单击后返回。

1.5.3　XDR 雷达单站软件设置

1.5.3.1　显示模式设置

为保证 XDR _ WIN 系统软件系统的正常运行，WIN 系统显示模式必须设置为 640×480 真彩色 COLOR 模式：

① 在桌面空白处→单击右钮→菜单→“属性”→“显示属性”→“设置”→“颜色”→下拉式的颜色选择菜单→“真彩色（24 位）”→模式

②在“屏幕区域”方框内，拖动轨迹条至1024×768。

③“应用（A)”→“使用新的颜色而不重新启动计算机?”→“确定”→“显示属性”→WINDOWS将重新调整桌面大小→“确定”→“显示器设置”→“确定”。

1.5.3.2 网络设置

XDR－Win98网卡远程遥控系统需正确配置Win98的网络驱动程序，如果配置不正确，遥控系统将无法正常工作。安装时应准备好网卡驱动盘及Win98安装光盘以备使用。

(1）网卡的安装

把网卡用网卡驱动盘设置为即插即用模式。关闭计算机电源插入网卡，开启计算机电源，此时Win98能自动检测到网卡，并安装相应的网络驱动程序，按Win98提示的步骤操作即可。

(2）前台与遥控有关的网络驱动程序安装

“我的电脑”→“控制面板”
↓
“主网络登录方式”←“网络”→适配器（即插即用，微机启动时自动安装）
↓ ↓ ↓
“Microsoft登录”“添加”→客户→“添加”→
↓ ↓
“Microsoft打印共享”←“添加”服务“协议”→“添加”→“Microsoft”

(3）网络检查

网络检查流程如图1-72所示。

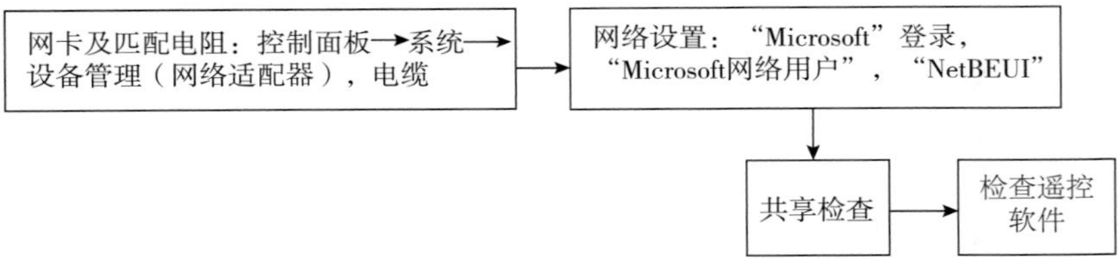

图1-72 网络检查流程图

(4）网络路径设置：XDR－WRDPS数据进服务器

① 常规数据存放路径设置：运行雷达单站，在本地实时采集窗口下点击：初始设置→原始数据存盘路径设置，在网络路径①后键入服务器路径。

② 立体数据存放路径设置：运行立体处理，在立体处理窗口下点击：设置→网络路径，键入服务器路径。

1.5.4 XDR软件安装

安装步骤：

(1）插入安装光盘，在桌面上双击“我的电脑”，在“我的电脑”中双击光盘盘符，进入光盘显示。

(2) 进入光盘后，双击SETUP.EXE，片刻后出现“INSTALL－US32”未注册信息，单击“确定”。

(3) 出现SETUP面板及“欢迎”对话框，单击“下一步”。

(4) 出现“目录”对话框，直接单击“下一步”。

(5) 出现“选项”对话框，“基本系统”必须选择，对于XDR单站、MODEM主站、MODEM终端、NET主站、NET终端分别选择各自选项即可，然后单击“下一步”。

(6) 出现“程序文件夹”对话框，单击“下一步”即可开始安装。

自动完成XDR软件安装，桌面上有相应图标，单击即可启动相应程序主菜单。同时，程序文件夹中有“XDR数字化雷达系统”。

(7) 安装完成后，在D盘上建立目录D：\WRDPS2000BAK，把C：\WRDPS2000目录下所有的文件备份D：\WRDPS2000BAK中，用于软件自检发现错误后的修复。

(8) WRDPS2000安装完成后，在C盘根目录下建立以下目录：

C：\WRDPS2000——系统文件目录

C：\WDAT——图像文件目录

C：\RADARDAT——PPI/RHI原始数据目录

C：\CAPPI——立体扫描原始文件目录

C：\CLUTDAT——强度标定标准地物数据存放路径

C：\VDISK——临时文件

存于C：\WDAT目录下的回波图像文件名规则：

12345678.9AB

① 型号P—PPI（平显），R—RHI（高显），C—CAPPI（等高平面位置显示），F—FOURCAPPI（四幅CAPPI显示），T—ETPPI（顶高平面位置显示），B—EBPPI（底高平面位置显示），M—COLUMAX（三维体最大投影），VIRHI（过圆心剖面），V—VCS（任意剖面）。

② 距离标记0～60 km，1～120 km，2～240 km，4～480 km。

③ 年的个位

④ 月0—9，A（十月），B（十一月），C（十二月）。

⑤ 5，6：日，7，8：时，9，A：分，B：秒的十位。

1.5.5 XDR软件检查图像文件格式

XDR2000图像文件采用标准的BMP格式，由以下几部分组成：BMP文件头＋BMP信息头＋BMP调色板＋图像文件正文＋XDR信息块（128字节）见表1-4，图像大小为676×476，文件长度为322，982字节。

BMP格式的详细材料请参阅有关BMP文档。

表 1-4　XDR 信息块说明

计数	0	1	2	3	4	5	6	7	8	9
数值	W		P	1	S	U	N		0	9
说明	Win	空白	型号	距离	星期			空白	月	
计数	10	11	12	13	14	15	16	17	18	19
数值	/	1	2	/	1	9	9	9	1	0
说明		日				年				起始时间
计数	20	21	22	23	24	25	26	27	28	29
数值	:	0	0	:	0	0	1	0	:	0
说明	起始时间						终止时间			
计数	30	31	32	33	34	35	36	37	38	39
数值	5	:	0	0						
说明	起始时间						终止时间			

1.5.5.1 原始数据文件格式

原始数据文件（123008 字节）由以下两部分组成：XDR 信息块（128 字节）＋原始数据正文（512 个方位库元，每个方位库元 240 个距离库元，每个库元占 1 字节，共 512×240＝122880 字节）。

从方位 0°开始到 360°，分成 512 个方位库元，每个方位库元 360°/512°，依次排列，每个方位库元占 240 字节。

1.5.5.2　XDR 主要软件清单

（1）实时采集和远程遥控程序文件清单见表 1-5。

表 1-5（a）　实时采集和远程遥控执行程序文件清单一览表

文件名称	标识符	说　明
本地实时采集	S _ C. EXE	雷达本站 PPI/RHI/CAPPI 采集，雷达监控，面板控制，天线控制初始化设置，相关的软件设置
定时采集	DS _ SAM. EXE	雷达本站定时采集，包含定时参数输入，定时采集
本地实时多窗采集	S _ CMUL. EXE	雷达本站 PPI/RHI 多窗口采集，雷达监控，面板控制，天线控制初始化设置，相关的软件设置
遥控主站	NDCS. EXE	远程遥控时，雷达本站的控制采集程序
遥控终端	NDCT. EXE	远程遥控时，远程终端的控制采集程序
杂波图采集	SCLUT. EXE	雷达本站杂波图采集置
遥控主站主菜单	MLSN. EXE	远程遥控时，雷达本站的主菜单
遥控终端主菜单	MLTN. EXE	远程遥控时，远程终端的主菜单
单站主菜单	MENU. EXE	单终端 XDR 的主菜单

续表

文件名称	标识符	说　明
单幅图非实时处理	IMAGEONE. EXE	单幅图像的非实时处理程序
多幅图非实时处理	IMAGEMUL. EXE	多幅图像的非实时处理程序
图像数据存盘	STORE. EXE	存储图像数据在 C：\ WDAT 中（约定，路径可修改）
原始数据存盘	STOREADT. EXE	存储原始数据在 C：\ RADARDAT 中（约定，路径可修改）
dBz 订正表	DBZ. EXE	生成 DBZ 订正表

表 1-5（b）　实时采集和远程遥控数据程序文件清单一览表

文件名称	标识符	说　明
天线控制初始化参数	ANTCTRL. DAT	人工设置的天线控制初始化参数
地曲补偿曲线	CUV. DAT	RHI 地曲补偿曲线
dBz 订正表	DBZ. DAT	DBZ 订正曲线
杂波图文件	CLUTTER. DAT	地物杂波的区域控制文件
软件设置文件	HQ. DAT	该文件保存相关的软件设置信息
软件设置文件	IRQ. DAT	该文件保存相关的软件设置信息
图像路径控制文件	WINPATH. DAT	内含图像存储的目的路径
原始数据路径文件	WINAPTH. DAT	内含原始数据存储的目的路径
立体扫描原始数据路径文件	CAPPIPTH. DAT	内含立体扫描原始数据存储的目的路径
标准地物信号存储路径文件	CLUTPTH. DAT	内含标准地物信号存储的目的路径
PPI 距离框文件	PCIR476. DAT	常规 PPI 距离框图像数据文件
PPI 距离框文件	PLINE476. DAT	常规 PPI 距离框图像数据文件
RHI 距离框文件	RLINE476. DAT	常规 RHI 距离框图像数据文件
PPI 距离框文件	PPICMUL. DAT	多窗口 PPI 距离框图像数据文件
PPI 距离框文件	PPILMUL. DAT	多窗口 PPI 距离框图像数据文件
RHI 距离框文件	RHILMUL. DAT	多窗口 RHI 距离框图像数据文件

（2）立体处理程序文件

① 立体处理程序文件清单见表 1-6。

表 1-6　立体处理程序文件清单一览表

文件名称	标识符	说　明
作业指挥	caDIRECT. EXE	该文件实现炮位管理和炮位指挥
设置组合图选项	Choice. exe	该文件实现组合图选项设置
组合图非实时显示	Discapp2. exe	该文件实现组合图非实时显示
主视图文件	Discaps1. exe	该文件实现了主界面，及主要功能
屏幕图像打印	Print. exe	该文件实现将屏幕图像打印出来
设置组合图子图像	Setcombi. exe	该文件实现将组合图构成子图像信息保存在文件

续表

文件名称	标识符	说　明
设置原始数据	Setpath. exe	该文件实现将原始数据信息保存在文件
两层模式参数设置	Settmode. exe	该文件实现修改两层模式参数
设置组合图使用用户	Setuser. exe	该文件实现将组合图使用用户信息保存在文件
Y 模式参数设置	Setymode. exe	该文件实现修改 Y 模式参数

② 立体处理数据文件清单见表 1-7。

表 1-7　立体处理数据文件清单一览表

文件名称	标识符	说　明
组合图选项	Choice. dat	该文件保存组合图选项设置
组合图构成	Combine. dat	该文件保存构成子图像信息
门限	Menxian. dat	该文件保存强度门限值
炮点	Pot. dat	该文件保存炮点信息
冰雹识别模式	Hailmode. dat	该文件保存冰雹识别模式
云雨模式	Water. dat	该文件保存在计算液态含水量时采用的云雨模式
雨强参数	Rain. dat	该文件保存在计算雨强时采用的参数值
Y 模式参数	Ymode. dat	该文件保存用 Y 模式对冰雹识别的参数
两层模式参数	Twomode. dat	该文件保存用两层模式对冰雹识别的参数
组合图使用用户	userinfo. dat	该文件保存组合图使用用户信息
地图	Map0. bmp /Map1. bmp /map2. bmp	该文件保存地图

校正 XDR 系统软件名和对应的软件长度流程，如图 1-73 所示。

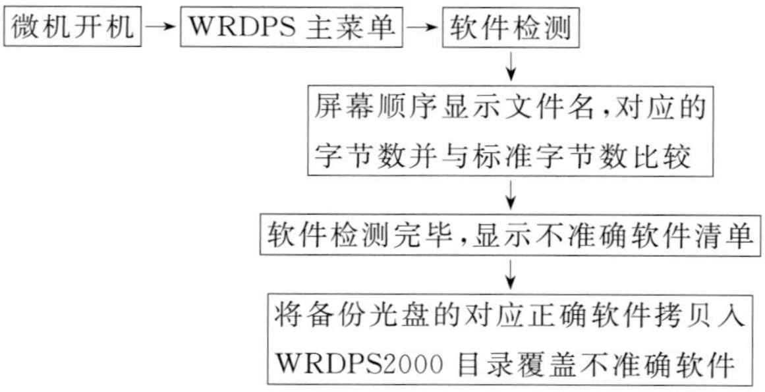

图 1-73　校正 XDR 系统软件名和对应的软件长度流程图

1.6　雷达操作

1.6.1　雷达开关机

（1）开机

开机步骤如图 1-74 所示。

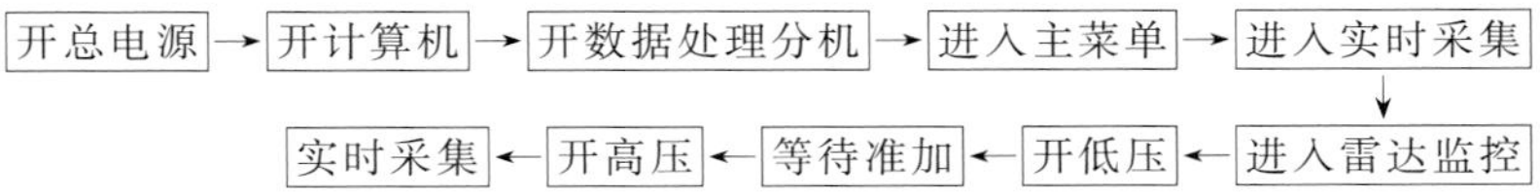

图 1-74 雷达开机步骤图

（2）关机

关机步骤如图 1-75 所示。

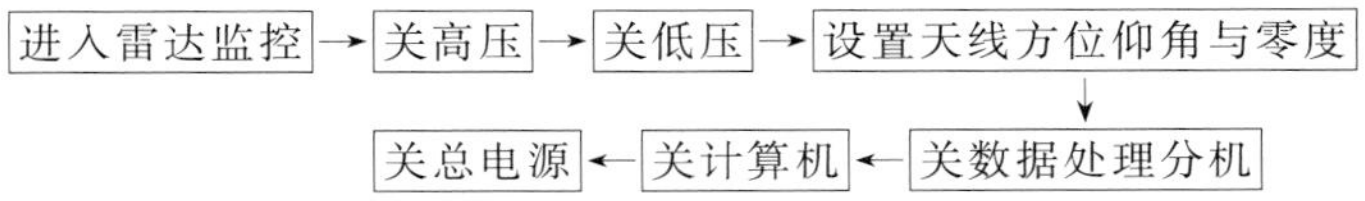

图 1-75 雷达关机步骤图

1.6.2 雷达观测

（1）常规 PPI/RHI 观测

常规 PPI/RHI 观测流程，见图 1-76 所示。

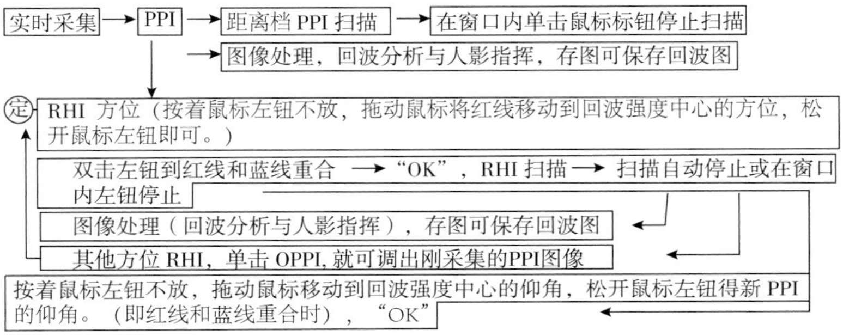

图 1-76 常规 PPI/RHI 采集观测流程图

（2）立体扫描

立体扫描观测流程，见图 1-77 所示。

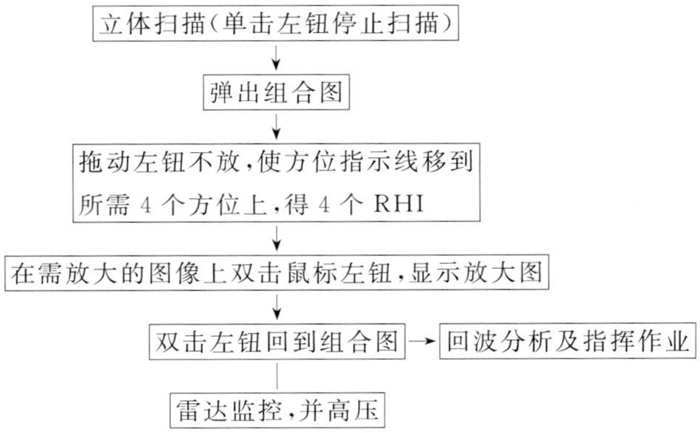

图 1-77 立体扫描观测流程图

1.6.3　雷达主要性能指标

系统主要性能指标见表 1-8。

表 1-8　系统主要性能指标一览表

项　目	主要指标
工作频率（MHz）	9370±30
脉冲重复频率（Hz）	400±50
脉宽（μs）	1±0.1
脉冲功率（kW）	＞90
平均功率（kW）	＞38
波瓣宽度（度）	方位 1.5°，俯仰 1.45°
接收机噪声系数（dB）	NF＝6.5
对数中放带宽（MHz）	1.5
对数中放带宽动态范围（dB）	80±1.5
天线控制精度均方差（度）	＜0.2°
整机消耗电源，单相 50Hz/220V 供电	＜1 kWA

1.6.4　雷达操作注意事项

（1）实时采集过程中，当高压打开后，屏幕左上角应为一绿灯，一旦此灯变红，说明雷达有故障，此时应停止采集，进入雷达监控，判断故障原因，并及时维修。

（2）进入 PPI. RH1 采集后，如果屏幕上无扫描线，应先关掉高压，重新启动计算机，进入实时采集，如果仍无扫描，则采集系统或接口板有问题，应及时维修。

（3）非实时操作时，在所有需选择多个图像文件的功能里，当出现打开文件对话框时，选择多个文件时，选择次序从后到前倒过来选择。如按位 ctrl 键，单击最后一个被选文件，再单击前一个被选文件，如此类推，直至第一个被选中。造成这种现象的原因是在 Win98 打开对话框中，文件选定的次序为你所单击文件的倒序。

1.7　常见故障及排除

1.7.1　发射机系统常见故障及排除方法

1.7.1.1　低压加不上

（1）可能原因

① 低压电源保险 FU4（2A）断。
② K6 继电器触点接触不良。
③ K1 继电器触点接触不良。
④ 无＋24 V 继电器电源，该电源由预调板输出。
（2）排除方法
① 更换 2 A 保险丝。
② 更换或调整 K6 继电器的接点。
③ 更换或调整 K1 继电器的接点。
④ 更换预调板。

1.7.1.2 高压加不上

（1）可能原因
① 延时未到，“准加”灯未亮。
②“触发”灯未亮，触发脉冲未送来或预调板损坏。
③ 继电器 K1、K3、K4、K6 触点接触不良。
④ 高压电源保险 FU2（5 A）断。
⑤ 闸流管不启辉。
⑥ 高压整流输出不正常，常伴有烧高压电源保险 FU2（5 A）。
⑦ 过载保护“故障”指示灯亮。
（2）排除方法
①“准加”灯亮后再开高压。
② 检查触发脉冲及电缆头，更换预调板。
③ 分别更换或调整 K1、K3、K4、K6 继电器。
④ 更换 5 A 的保险丝。
⑤ 检查闸流管灯丝亮否，闸流管帽是否接好。
⑥ 检查高压整流二极管。
⑦ 关掉“高压”，按“复位”键，“故障”指示灯熄后再开“高压”。

1.7.1.3 磁控管电流摆动大

（1）可能原因
有打火现象。
（2）排除方法
① 磁控管安装时，波导口是否对准凹处。
② 烧炼磁控管（延长预热时间）。
③ 检查闸流管帽（阳级）是否接触好。
④ 更换新的磁控管。
⑤ 清洁波导内壁，检查旋转关节。

1.7.1.4 磁控管电流减小

（1）可能原因

① 净化电源过压保护，输出电压太低。

② 磁控管低效。

（2）排除方法

① 关掉净化电源，重新启动。

② 更换新的磁控管。

1.7.1.5 无磁流

（1）可能原因

① 磁控管失效。

② 灯丝电压异常。

③ 高压未加上。

（2）排除方法

① 更换磁控管。

② 测灯丝电压（请先把高压放电）。

③ 参见前面“高压未加上”。

1.7.1.6 本地工作正常，遥控高低压加不上

（1）可能原因

① 发射机的“本/遥”开关没有放在“遥控”位置。

②“本/遥”继电器 K6 触点接触不良。

（2）排除方法

① 把“本/遥”开关放在“遥控”位置。

② 更换或调整 K6 继电器。

1.7.2 接收机系统常见故障及排除方法

1.7.2.1 ±12 V、±24 V 电源某个电压指示异常

（1）可能原因

低压电源板有问题。

（2）排除方法

换低压电源板或检查对应电源的三端稳压器。

1.7.2.2 信号晶流与自频调晶流无指示或晶流很小

（1）可能原因

①收发机内控制分机上的晶流开关未打开。

②对应晶流的晶体二极管低效烧坏。

③信号晶流与自频调晶流同时没有，可能是本振问题。

（2）排除方法

①打开晶流开关。

②换晶体，检查 RX－21 放电管引燃电流及引燃电压接线。

③查本振＋12 V 电压，用三用表测本振＋12 V 对地电阻及压控对地电阻，换本振。

1.7.2.3　灵敏度下降

（1）可能原因

① 各信号同轴电缆接插件接触不良。

② 混频器性能变坏。

③ 前中或对中性能变坏。

④ 自频调跟踪失误。

（2）排除方法

① 检查各电缆接头是否装接良好，同轴电缆 Q9 插座的针孔是否过大，引起接触不良。

② 检查信号晶流，若减速减小，用三用表 1 K 欧姆档检测混频晶体的正反向电阻，差值＜5 KΩ 则晶体性能变差，应予更换。若换下的信号混频晶体已坏，则应检查 RX－21 放电管的引燃电流是否在 65～120 μA 之间，否则应更换放电管。

③ 用示波器接对中输出，测茅草（噪声）信号，接上前中时，茅草信号约为 0.3 V，去掉前中时，茅草信号约为 0.1 V 左右，若茅草信号较过去（初装测试值）明显变低，则可更换对中。

④ 重新调整自频调跟踪状态（参见“自频调跟踪调整”）。

（3）自频调跟踪调整

① 用示波器测对中输出，用三用表直流电压档测本振压控电压，雷达天线仰角放低，对准地物方向，置面板“调频”电位器放中间位置，调自频调分机内的 RP1 电位器（只有一个），使三用表指示的压控电压为 4 V 左右，调电位器，电表较灵敏变化。

② 把自频调分机输入去掉（手动状态），开高压，调本振腔体镙钉，使地物回波最大。

③ 接上自频调分机输入插头（自动状态），可能出现三种情况：

一是三用表指示的压控电压基本不变，回波幅度基本不变，快速微调“调频”电位器，三用表指示的压控电压值偏移后能自动回到原值，回波幅度降低后也能自动回到原值，这说明自频调工作正常。二是压控电压偏移一定值，回波幅度降低，微调“调频”电位器，压控电压值偏移后能自动回到原值，回波幅度降低（增大）后也能自动回到原值，这说明自动跟踪正常，但中心频率偏移，这时调自频调分机内的电感磁芯（只有一个），使回波信号幅度最大即可。三是压控电压偏移到极限值（0 V 或＋12 V），或偏移值不稳定，这有可能是本振工作的谐振点不对，这时需把自频调重置手动状态（去掉输入），待压控电压指示恢复到原值 4 V 左右后，调本振腔体镙钉，出现另一个谐振点（总共只有两个谐振点，第一个谐振点与第二个谐振点的镙钉旋转角度不超过 180°）使回波信号幅度最大，再置自动状态（接上输入），如能跟踪，就按第②项把自频调调到最佳状态，如仍不能跟踪，则自频调分机有问题，更换自频调分机。

（4）自动跟踪调好后，去掉三用表，快速微调“调频”电位器，从示波器上看回波是否跟踪在最佳状态，否则需再调自频调分机内的电感磁芯，使回波信号幅度最大。

1.7.3 信号系统常见故障及排除方法

1.7.3.1 PPI 采样时有扫描线，无回波显示

（1）可能原因

① 发射机高压未开。

② 采样门限设置过大。

③ 信号同轴电缆接触不良。

④ 信号处理板插足接触不良。

⑤ 信号处理板坏。

（2）排除方法

① 开高压。

② 重设采样门限值，一般为 3 dBz。

③ 检查信号同轴电缆连线。

④ 用纯酒精清洁插板插足。

⑤ 更换信号处理板。

1.7.3.2 PPI 采样画面凌乱

（1）可能原因

① 数据处理分机没有初始化。

② 信号处理板插足接触不良。

③ 信号处理板坏。

（2）排除方法

① 微机返回主菜单后再重新进入 PPI 采集。

② 用酒精清洁插板插足。

1.7.3.3 PPI 采样时噪声点过多，回波强度误差过大

（1）可能原因

① 信号强度调整不当。

② 对中有问题。

（2）排除方法

① 按“数据处理分机信号强度标定方法”检查调整。

② 检查或更换对中。

1.7.3.4　实时采集时选择PPI采集后，天线转动屏幕无图像

（1）可能原因

① 信号处理板故障。

② 接口卡故障。

③ CMOS中“PnP and PCI Setup”中IRQ11被占用。

（2）排除方法

① 参见有关硬件手册。

② 更换接口卡。

③ 参阅主板说明书或XDR补充说明书。

1.7.3.5　实时采集作RHI扫描时仰角未抬升到最大即回零

（1）可能原因

IRQ文件中仰角上限过低。

（2）排除方法

参阅补充说明书重新设置IRQ文件中的RHI采集仰角上限。

1.7.3.6　超折射状态下，地物对消不正常

（1）可能原因

① 对中输出的地物回波跳动涨落过大。

② 信号处理板有问题。

（2）排除方法。

① 更换对中。

② 更换信号处理板。

1.7.3.7　实时采集时dBz订正结果不正确

（1）可能原因

① dBz订正表不正确。

② 信号处理板有问题。

（2）排除方法

① 在主菜单中选择“dBz订正”或在“C：\WRS”下打入命令“CdBz”，接着输入雷达常数C，重新生成正确的dBz订正表。

② 更换信号处理板。

1.7.3.8 实时采集时某一强度下回波无显示

(1) 可能原因

回波门限设置不正确。

(2) 排除方法

在主菜单中选择“门限输入”，输入门限为 1～3 dBz 即可。

1.7.3.9 实时采集时在地物对消状态下，杂波区外回波损失大

(1) 可能原因

① 杂波图区域发生变化。

② 方位角度错位。

(2) 排除方法

① 参阅“杂波图采集”，重新采集杂波图。

② 重新标定方位角度。

1.7.3.10 附：信号处理板信号强度标定方法

(1) 调“基准电位器 W2”，使茅草（噪声）信号的峰值为 0 V。

(2) 调“增益电位器 W3”，使回波饱和信号幅度为 5 V。

(3) 反复 (1)、(2) 步，使“基准”和“增益”都满足要求。

(4) 把天线仰角抬到 10°以上（没有地物回波），采 PPI，微调“基准”电位器 W2，使显示的噪声点恰好消失即可。信号处理板调整元件位置见图 1-78。

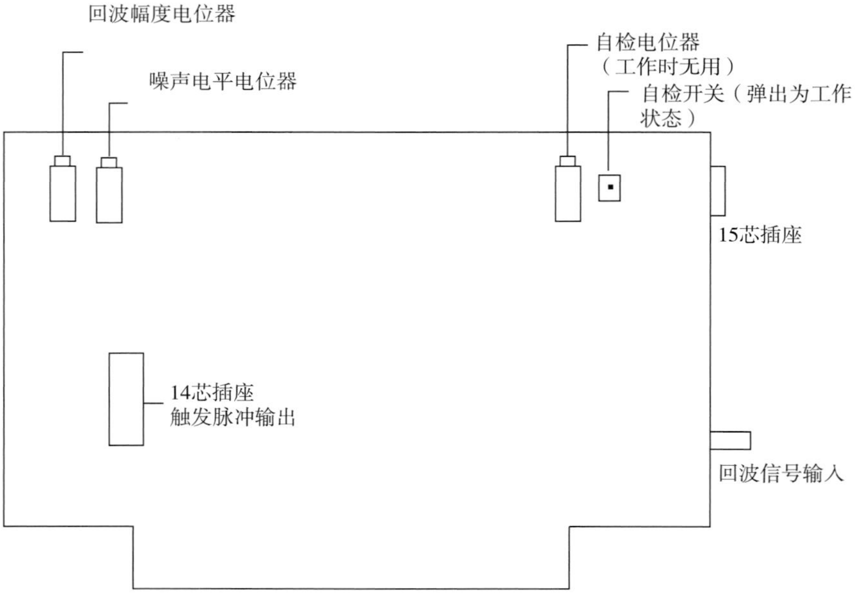

图 1-78 信号处理板调整元件位置图

1.7.4　天线控制系统常见故障及排除方法

1.7.4.1　400 Hz 电源无输出

（1）可能原因

① 无触发脉冲输入。

② 保险丝断。

③ 400 Hz 电源坏。

（2）排除方法

① 检查天线驱动分机 400 Hz 同步机电源开关是否打开？400 Hz 电源同步输入的电缆是否接触良好等。

② 更换保险丝。

③ 更换 400 Hz 电源。

1.7.4.2　400 Hz 电源输出电压低（正常 70～115 V）

（1）可能原因

① 无负载或不匹配。

② 400 Hz 电源故障。

（2）排除方法

① 检查电压输出电缆插头座，XDR 机柜到天线的 14＃电缆插头座是否接触良好。

② 更换 400 Hz 电源。

1.7.4.3　仰角显示码与天线实际仰角相差 36°

此时，一般还伴随有计算机控制仰角的失控——天线上下运动或追摆。

（1）可能原因

为了表示仰角 60°的范围，仰角码采用了进位技术。天线运行过快，汇流环、俯仰同步机接触不良、俯仰控制灵敏度过高造成剧烈追摆而产生干扰等均会造成进位错误，导致显示与实际仰角不符。

（2）排除方法

首先保证天线俯仰运行不能过快（约为 3°/s），汇流环、俯仰同步机等接触良好，俯仰控制灵敏度不能过高（以达到精度而不产生追摆为宜）；然后将天控分机面板上的俯仰手动控制开关置于“手动”状态；再转动俯仰手动速度调整旋钮，控制天线缓慢作俯仰运动，天线上下运行两个来回后即可自动纠正这种误差。最后转动俯仰手动速度调整旋钮到中间位置，让天线停止运动，再将天线控制分机面板上的俯仰手动控制开关置于“自动”状态，使天线控制运行于“自动”状态即可。

1.7.4.4 天线转动但方位俯仰显示码不变

天线不动但方位俯仰显示码乱动，或天线转动但方位俯仰显示码变化与天线转动无关。

(1) 可能原因

① 码采集系统输入信号电缆接触不良导致无同步机输入信号。

② 400Hz 电源无输出电压（或电压过低）。

③ 单片机系统受干扰而导致程序执行混乱。

④ 天线控制板板与插座接触不良。

⑤ 天线控制板板损坏。

(2) 排除方法

① 检查天线驱动分机各种电源插头是否插好；同步机电源开关是否打开；控制机柜到天线的 14＃电缆插头是否插好；以及天线上的方位俯仰同步机、汇流环是否完好等。

② 检查 WRDPS 前面板“检查”开关状态（弹开为正常工作状态）。检查 400 Hz 电源是否正常，有无输出；更换 400 Hz 电源板再试。

③ 擦试天线控制插脚及插座。

④ 更换天线控制板。

1.7.4.5 经常烧方位（或俯仰）天线控制放大板的保险丝

(1) 可能原因

① 天线控制系统调整不当，速度过快、灵敏度过高，使方位（或俯仰）产生严重追摆，致使功放过载。

② 电机或电缆（俯仰还包括汇流环）等有漏水或轻微炭化现象致使负载过重。

③ 天线运行阻力太大。

(2) 排除方法

① 重调天线控制系统。

调整方位（或俯仰）天线控制放大板的灵敏度调整电位器使控制增益和灵敏度降低（但要保证精度）。

② 用酒精清洗电机或电缆（俯仰还包括汇流环）等有漏水的部位，去除水分。

③ 清洗和润滑天线传动机构或更换残损部件，排除机械故障。

1.7.4.6 方位（或俯仰）天线控制放大板保险丝换上即烧

(1) 可能原因

① 电机或电缆（俯仰还包括汇流环）等有短路现象，或严重漏水造成炭化致使负载短路。

② 由于剧烈追摆产生强感生电动势、或负载过重等造成方位（或俯仰）天控放大板击穿损坏。

③ 无激磁电压，只加电枢电压时电机不转，电流剧增。

(2) 排除方法

① 排除电机或电缆（13#电缆 CZ13）（俯仰还包括汇流环）等短路故障，特别注意电机电极炭刷（磨损严重应更换）是否有碳粉，并用酒精或汽油清洗杂质、去除水分；电缆及插头、座等若有炭化短路现象应更换。

② 更换方位（或俯仰）天控放大板，重调天控系统。

③ 检查天线驱动分机上的激磁电源板的激磁整流桥堆是否损坏（对应指示灯灭则坏，应更换，注意极性正确）。

1.7.4.7　天线方位（或俯仰）正反转速度悬殊

(1) 可能原因

方位（或俯仰）天线控制放大板平衡没调好。

(2) 排除方法

调整方位（或俯仰）天控放大板的平衡电位器，使方位（或俯仰）正反转速度基本一致。

1.7.4.8　天线方位（或俯仰）单向运动

(1) 可能原因

① 无方位（或俯仰）码。

② 天线控制放大板损坏。

(2) 排除方法

① 检查码采集系统（手控时天线可正反向运动）。

② 更换天线控制放大板（手控时天线也只能单向运动）。

1.7.4.9　天线方位（或俯仰）定角和扫描速度过快或过慢

(1) 可能原因

天控系统调整不当。

(2) 排除方法

调整方位（或俯仰）天控放大板的平衡电位器和灵敏度电位器使天线方位或俯仰扫描速度适中。

1.7.4.10　天线方位（或俯仰）追摆次数过多或控制精度不够

(1) 可能原因

天控系统定角调整不当。

(2) 排除方法

调整方位（或俯仰）天控放大板的平衡电位器，使追摆≤3 次，精度达到±0.3°以内。

1.7.4.11 微机控制设置方位（或俯仰）不起作用

（1）可能原因

天控没切换到“自动”状态。

（2）排除方法

将终端信号处理——天控分机面板上的方位（俯仰）手动控制开关下拨，使天控系统切换到微机控制的自动状态。

1.7.4.12 手控自控均不起作用，天线方位（或俯仰）不转

（1）可能原因

① 方位（或俯仰）误差电缆没接或接触不良。

② 方位（或俯仰）天线控制放大板上的“检查/工作”开关在检查状态。

（2）排除方法

① 检查方位（或俯仰）误差电缆连接情况，检查其插头座接触是否良好。

② 调整方位（或俯仰）天线控制放大板上的“检查”电位器至偏移中间位置，方位（或俯仰）转动，说明天控放大板完好，将电位器调回中间位置，将天控放大板上的“检查/工作”开关设在工作状态即可。

1.7.4.13 俯仰在手控时正常但在微机控制时设置低角或高角时转个不停

（1）可能原因

① 仰角码水平标定不好，使天线在最低时仰角码到不了0°，或最高时仰角码到不了30°（或60°）；

② 天线俯仰扫描范围误差，使天线在最低时到不了0°，或最高时到不了30°（或60°）。

（2）排除方法

① 重新标定天线水平。

② 校准天线俯仰扫描范围：调整天线俯仰机构上与曲柄连接的调节杆，使天线在最低时为－1°～－2°，最高时为31°～32°（或61°～62°）。

1.7.4.14 采集CAPPI时，俯仰升到某一角度后画面冻结

（1）可能原因

俯仰控制精度不够，导致仰角升高阻力增大时不到位而使微机一直等待。

（2）排除方法

提高俯仰控制的增益和灵敏度，调整俯仰天控放大板的灵敏度，调整电位器使灵敏度达到要求（但要保证不产生追摆）。

1.7.4.15 天线偶尔出现追摆或精度降低

（1）可能原因

① 电源电压缓慢变化（在稳压器精度范围内）。

② 强风影响天线正常运行。

（2）排除方法

追摆问题严重时，可反时针调整方位（或俯仰）天线控制放大板的灵敏度，调整电位器使灵敏度降低；误差严重时可顺时针调整方位（或俯仰）天线控制放大板的灵敏度，调整电位器使灵敏度提高。问题不严重可继续使用。

1.7.4.16　刚开机时精度稍差而工作时间长时又出现轻微追摆

（1）可能原因

这是正常现象，因器件在测试不同时其性能稍有差异。

（2）排除方法

问题不严重时可继续使用。

追摆问题严重时，可反时针调整方位（或俯仰）天线控制放大板的灵敏度，调整电位器使灵敏度降低；误差严重时，可顺时针调整方位（或俯仰）天线控制放大板的灵敏度，调整电位器使灵敏度提高。

第 2 章　XR-08 型火箭发射装置

火箭发射装置是人工防雹、增雨（雪）作业的专用装备，主要由发射架和控制器构成。新疆使用火箭人工防雹、人工增雨（雪）作业始于 20 世纪 90 年代，国内的火箭发射装置始终是火箭弹和发射架匹配，即一弹一架。就作业技术而言，防雹作业因为目标云高、云强，宜采用 ϕ82 mm 型火箭弹（此弹射程远、射高高）。而人工增雨、增雪因为目标云低、云弱，多采用 ϕ66 mm 型火箭弹（此弹射程、射高适中）和 ϕ56 mm、ϕ57 mm 型火箭弹（此弹射程近、射高低）。如果在实施人工防雹作业时选择远、中、近的作业防御模式，就需要购置四套火箭发射装置。选择了发射 ϕ82 mm 型火箭弹的火箭发射装置，如果改用人工增雨、增雪作业势必造成作业成本的加大。选择发射 ϕ66 mm 型或 ϕ56 mm、ϕ57 mm 型火箭弹的火箭发射装置，如果改用人工防雹作业，那么其效果不好。因此，在一部火箭发射架上装载和发射 ϕ82 mm、ϕ66 mm、ϕ57 mm 型火箭弹，可以实现机动灵活的作业，最大限度地节约作业成本。

2005 年新疆人工影响天气办公室自主研发 XR-05 型火箭发射装置，2008 年进一步完善，改型后的 XR-08 型火箭发射装置，工作性能更加稳定。用一部火箭发射装置检测和发射不同型号火箭弹，诸如陕西中天火箭有限公司生产的 WR-98 型、WR-1D 型、中国人民解放军第三三零五工厂生产的 HJD-82A 型、内蒙古北方保安民爆器材有限公司生产的 RYI-6300 型和国营九三九四厂生产的 BL-1A 型，如图 2-1、2-2、2-3、2-4、2-5、2-6 所示。

图 2-1　发射架、火箭弹

图 2-2　发射 WR-98 型火箭弹

图 2-3　发射 HJD-82B 型火箭弹

图 2-4　发射 RYI-6300 型火箭弹

图 2-5　发射 BL-1A 型火箭弹

图 2-6　发射 WR-1D 型火箭弹

2.1　发射架

发射架是装载和定向发射火箭弹的机械装置。XR-08 型火箭发射架为流动式和固定式二合一的架体结构，可用于车载流动和地面固定方式作业，如图 2-7 所示。

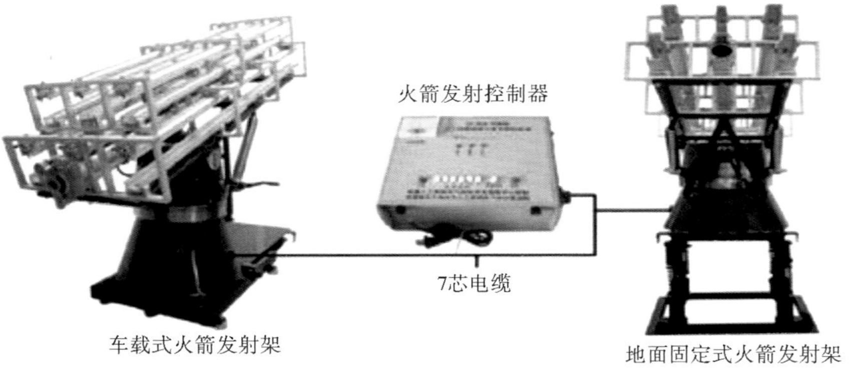

图 2-7　XR-08 型火箭发射架

2.1.1　技术要求

（1）满足各种场地、各种天气条件要求，能够安全、可靠完成火箭发射任务。

（2）结构简单，性能稳定，便于火箭的装载、测试和发射，适于非专业人员操作。

（3）材料使用通用件和标准件，具备抗氧化和防腐能力，便于生产、维修和保养。

（4）发射架能够匹配新弹型，提高火箭发射装置的通用性。

根据上述 4 点技术要求，XR-08 型火箭发射架的结构设计如图 2-8 所示。

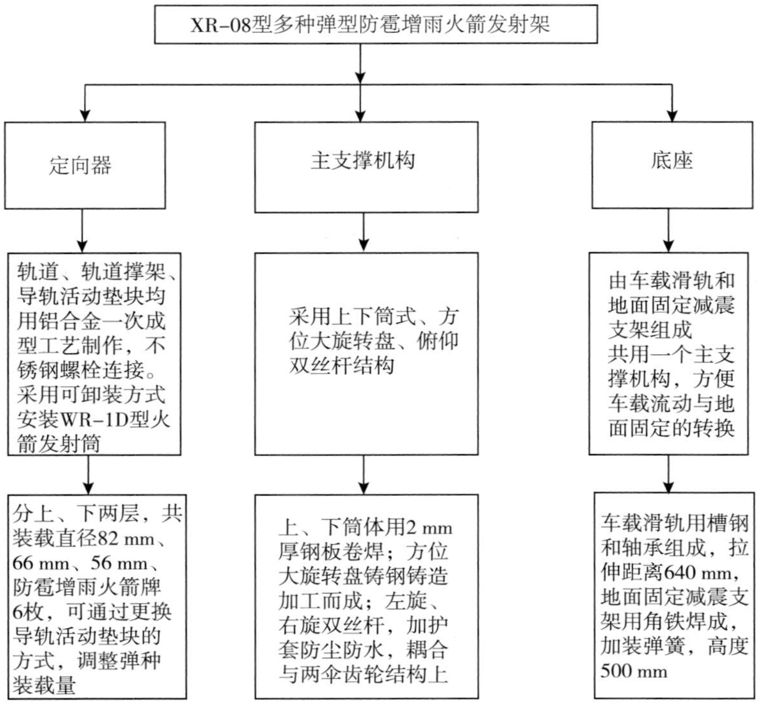

图 2-8　发射架结构设计框图

2.1.2　发射架结构

XR-08 型火箭发射架分为上、中、下和测试/点火线路四个单元，上单元是定向器；中单元是主支撑机构，由上筒体、下筒体、俯仰机构、方向机构、三角支撑架组成；下单元是底座，由地面固定减震支架或车载滑轨组成；测试/点火线路布设在上、中两个单元中，各单元由 3 个连接部位装配成整体。车载流动式火箭发射架结构设计如图 2-9 所示，实物如图 2-10 所示；地面固定式火箭发射架结构设计如图 2-11 所示，实物如图 2-12 所示。

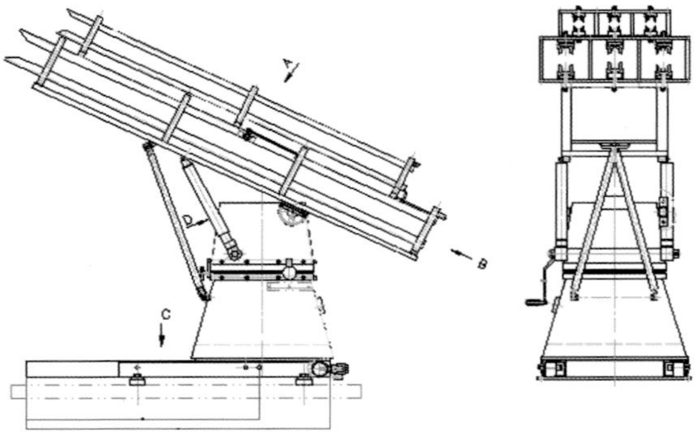

图 2-9　车载流动式火箭发射架结构设计图

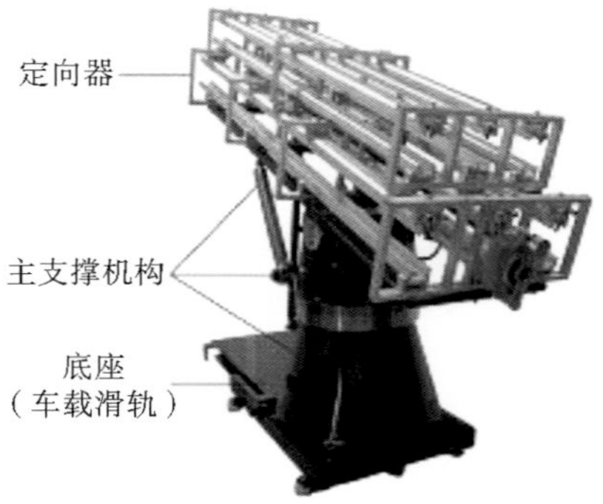

图 2-10　车载流动式火箭发射架

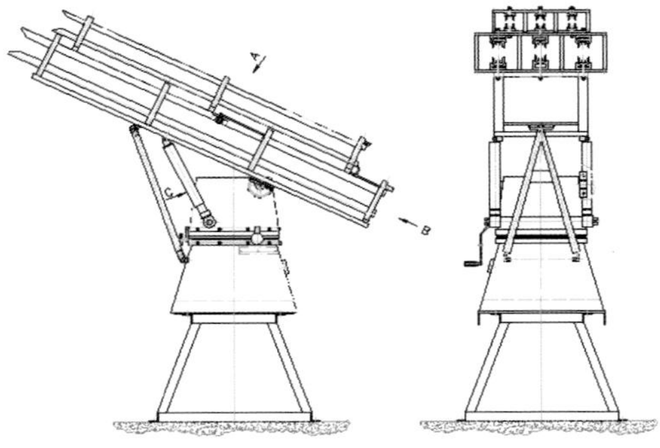

图 2-11　地面固定式火箭发射架结构设计图

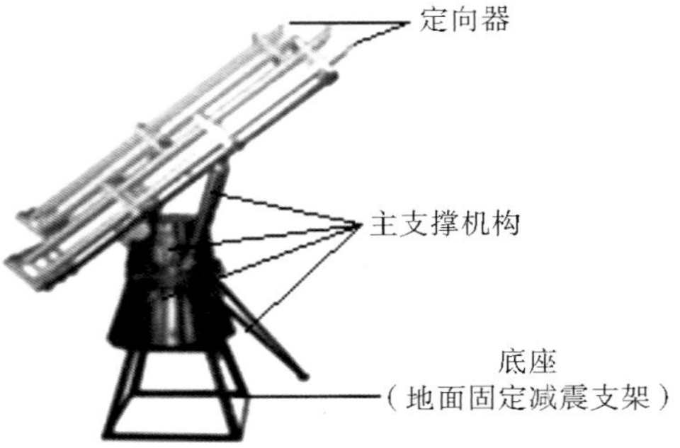

图 2-12　地面固定式火箭发射架

（1）定向器

定向器选用铝合金型材，质量轻、抗腐蚀。上筒体和下筒体采用 2 mm 厚钢板卷制而成，既美观、稳定又减轻了结构质量。方位机构可使定向器作 360°旋转，最大仰角可达 73°。

定向器由 4 个大导轨撑架，6 根 82 mm 导轨组成 3 个 ϕ82 mm 发射轨道；3 个小导轨撑架，4 根 66 mm 导轨组成 2 个 ϕ66 mm 发射轨道，2 根 56 mm 导轨组成 1 个 ϕ56 mm 发射轨道；3 对点火接线柱式点火装置（用于 BL-1A 型、WR-1D 型火箭弹点火），5 对触头式点火装置（用于 WR-98 型、HJD-82A 型、RYI-6300 型火箭弹点火）；1 根57 mm发射筒（安装在 82 mm 发射轨道中装载 WR-1D 型火箭弹）；24 个 82 mm 导轨活动垫块，12 个 66 mm 活动垫块导轨，6 个 56 mm 导轨活动垫块，1 个轨道托架，多个不锈钢螺栓连接等组成。结构设计如图 2-13 所示，实物如图 2-14 所示。

（2）主支撑机构

主支撑机构起到将定向器抬升到一定的高度，并使定向器作水平旋转和俯仰运动。主要由上筒体、俯仰机构、方位旋转盘、方位锁定手柄、下筒体、三角支撑架等组成，主支撑机构如图 2-15 所示。

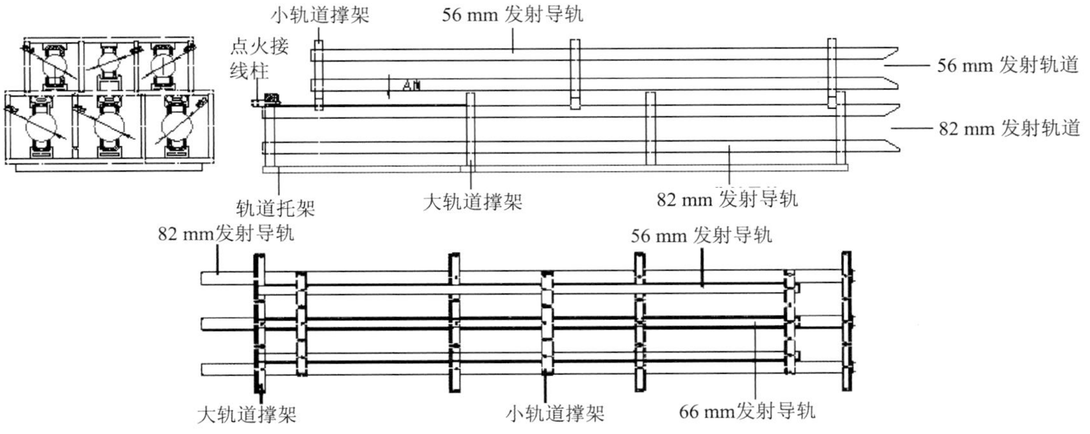

图 2-13　定向器结构设计图

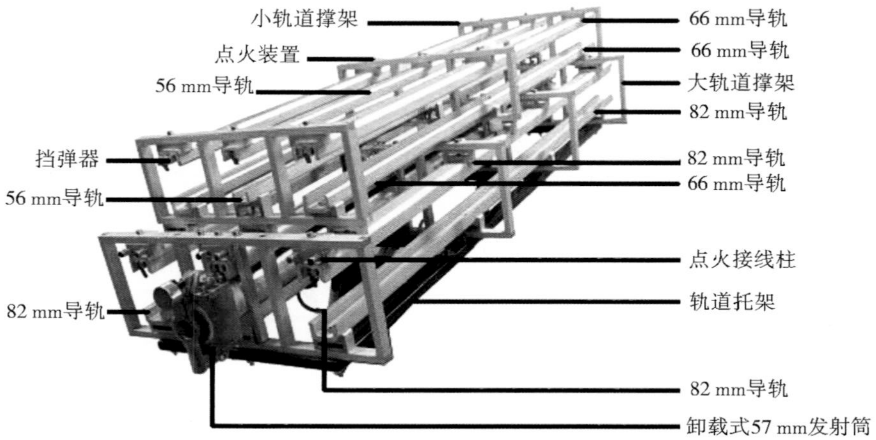

图 2-14　定向器结构图

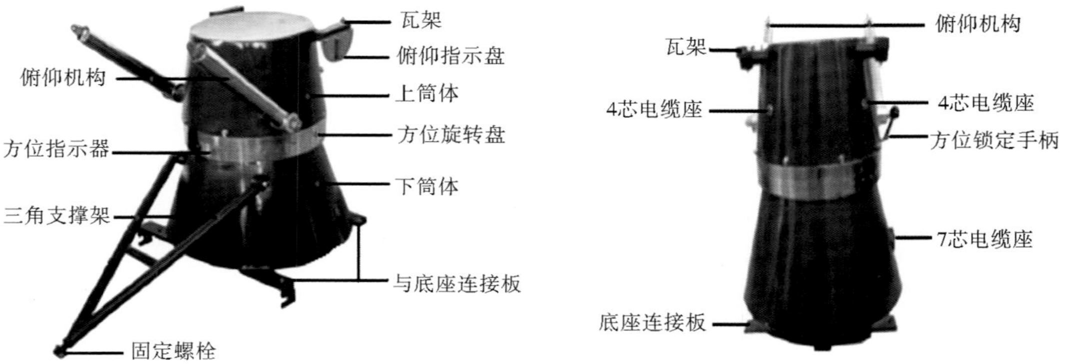

图 2-15　主支撑机构图

下筒体的下部安装在车载滑轨（车载流动式用）或地面固定支架（地面固定式用）上，上部用螺栓固定方位旋转盘不动盘，方位旋转盘的动盘用螺栓与上筒体相连，这样方位旋转盘就将上下筒体连接为一个整体。当定向器通过方位旋转盘指向一个位置后，扳动方位锁定手柄，定向器方位就被固定。方位旋转盘上部结构如图 2-16 所示，方位旋转盘与下筒体连接如图 2-17 所示。

考虑火箭发射时冲量较大，会对发射架部件造成损坏，故采用大旋转盘和俯仰双丝杆结构，提高了发射架的稳定性。

三角支撑架为车载发射架专用。车载发射架在行军状态时，三角支撑架与定向器行军状态固定板相连，保证了发射架定向器不随车辆的颠簸而移动。

（3）底座

车载发射架和固定发射架共用一个主支撑机构，底座有两种形式：

① 车载滑架

车载滑架用于车载发射架，由滑轨和滑轨托架组成，用槽钢、扁钢、轴承加工而成，拉伸距离 640 mm。发射架主支撑机构安装在滑轨上，作业前，松开锁定装置螺栓和滑轨托架两边的固定螺母，向后拉动发射架主支撑机构到位，滑轨移动使发射架定向器的尾部移出车厢外，锁紧滑轨托架两边的固定螺栓；作业后，松开滑轨托架两边的固定螺栓，向前推动发射架主支撑机构到位，旋紧锁定装置螺栓和滑轨托架两边的固定螺栓。实物如图 2-18 所示。

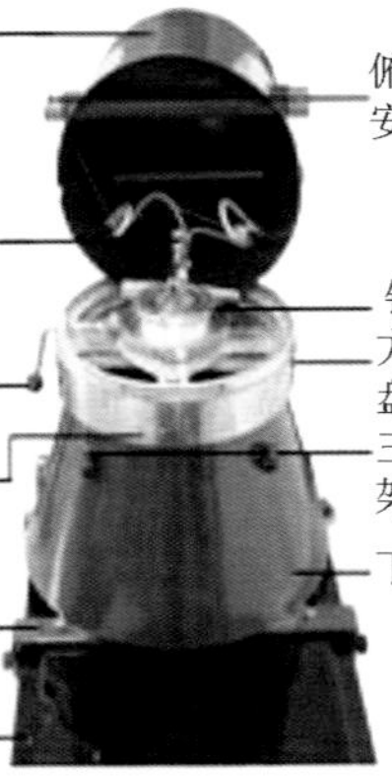

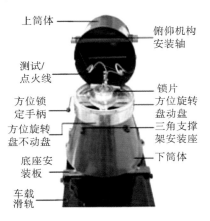

图 2-16　方位旋转盘上部图

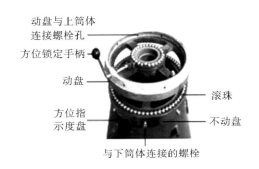

图 2-17　方位旋转盘与下筒体连接图

② 地面固定支架

地面固定支架用角钢和扁钢焊接，同时加装 8 个弹簧，起到减震作用。支架高度 500 mm，由上下两部分组成，下部用螺母固定在地面的混凝土上（在混凝土中按尺寸预置 4 个螺栓），上部安装发射架。下部弹簧缓冲向上的冲力，上部弹簧缓冲向下的压力，整体上减缓火箭发射时对发射架的冲击力，避免发射架部件损坏。地面固定减震支架实物如图 2-19 所示。

图 2-18　车载滑架结构设计图

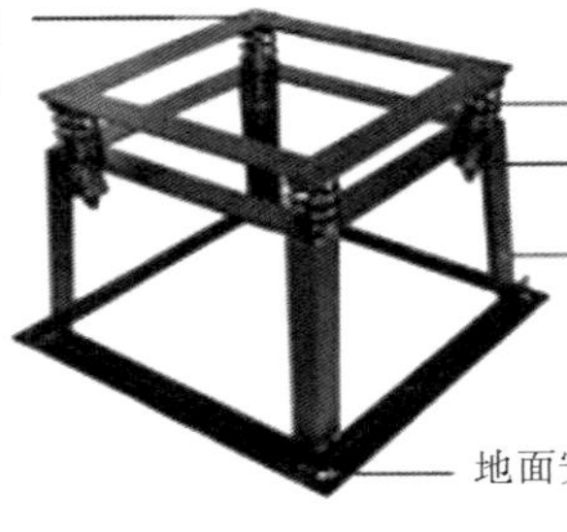

图 2-19　地面固定减震支架

（4）检测/点火线路

发射架线路用于火箭的通电检测和点火发射。由电缆、点火装置、导线、护线管、护线管座和电缆头、电缆座等组成。

发射架定向器的 6 根正极测试/点火线分两组接到上筒体的两个 4 芯插座上，下筒体的 7 芯插座通过电缆与发射控制器相连。测试/点火线路的原理电路如图 2-20 所示，发射架电路布设如图 2-21 所示。

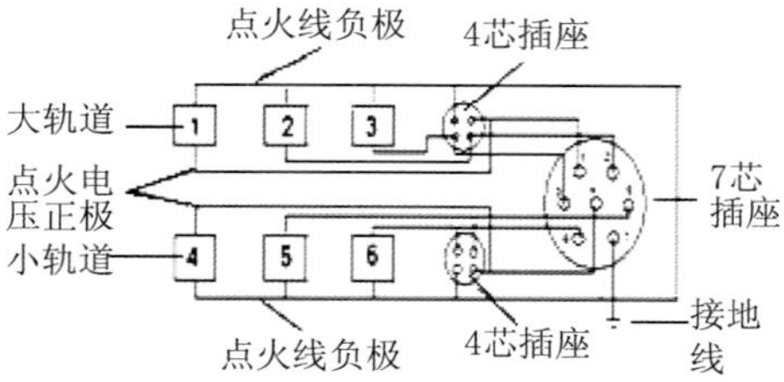

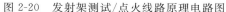

图 2-20　发射架测试/点火线路原理电路图

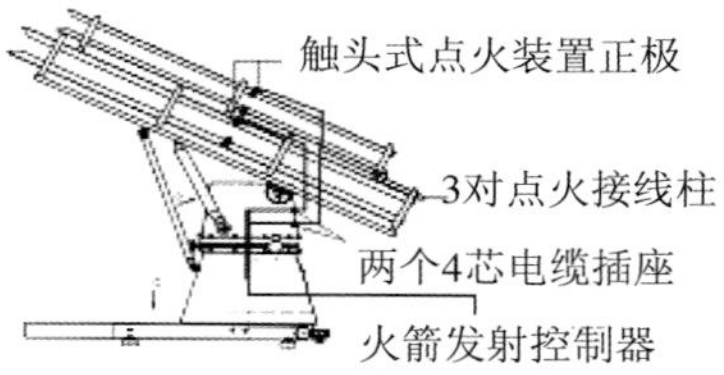

图 2-21　发射架电路布设示意图

定向器上的 6 根正极测试/点火线穿在护线管中，通过护线管座固定在轨道撑架上，并连接在上轨点火装置和点火接线柱的红色接线柱上，1 根负极测试/点火线连接在下轨点火装置和点火接线柱的黑色接线柱上。实际布线时，位置任意，形成发射架整体是一个负极（底线），下轨点火装置和点火接线柱的黑色接线柱与导轨相连。

2.1.3　发射架安装

（1）固定式火箭发射架的安装

用 GPS 定位系统确定"正北"，将发射架定向器的方位调到零度。根据固定支架的尺寸，在地面水泥平台中预埋好 4 个螺栓，将地面固定减震支架用螺母安装在水泥平台上，再将发射架安装在地面固定减震固定支架上。

（2）车载式火箭发射架的安装

把四个安装螺栓块按规定尺寸焊接在车箱底板的钢板上，将火箭架滑轨固定架用螺栓固定在上面，然后把发射架用螺栓固定在滑轨上。

2.1.4　发射架检查

（1）导轨包容圆柱直径检查

测量前检查导轨有无损坏、变形。测量时用 3 种不同规格的标准芯棒：①芯棒直径为 ϕ82.5（－0.1）mm、长度为 1200 mm；②芯棒直径为 ϕ66.5（－0.1）mm、长度为 1000 mm；③ϕ56.5（－0.1）mm、长度为 600 mm。对不同规格的导轨包容圆柱直径进行测量时，将芯棒从导轨上部放入，此时芯棒应稍许露出导轨，用塞尺对芯棒与导轨间隙进行测量，要求间隙在 0.2～0.5 mm 之间，向下缓慢放芯棒，注意不要碰伤导轨的点火触头。芯棒露出底端少许，按要求进行测量，如果间隙过大或过小，可用增、减垫片的方法进行调整。

（2）俯仰机构检查

转动摇把，丝杆转动平稳、灵活、无卡滞，升降自如，无异常响声，俯仰角调整范围 17.5°～70°。丝杆表面有锈蚀时，应及时除锈、保养。

（3）方位机构检查

方位机构转动应平稳、无卡滞；机构锁紧可靠、无松动，方位角调整范围 0°～360°。

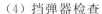

（4）挡弹器检查

挡弹器灵活、无卡滞、无变形，挡弹器工作可靠，前后间距能调整。

（5）点火触点检查

点火触点要求上下活动自如、无卡滞、无变形、表面无锈蚀。

（6）紧固螺栓检查

用于连接发射架各部件的螺栓装配到位，无松动、无缺失；焊点焊接牢靠、无脱焊；连杆、支撑、转动机构等部件要经常保养、防锈、涂油。

2.1.5 发射架工作原理

首先松开三角支架与定向器行军状态固定板的固定螺栓，将三角支架扳到底部位置（地面固定发射架无此操作），松开滑轨尾部与滑轨托架两侧的锁定螺栓，向后拉动滑轨至后车厢板外（地面固定发射架无以上操作），向后拉动方位锁定手柄，手推动定向器至作业方位（看方位指示度盘），手动摇动，俯仰摇把，选择需要的轨道装载火箭弹，向前推动方位锁定手柄锁住方位，看俯仰指示度盘，使定向器指向目标云，工作人员撤离到安全区域。作业完后，按上述反向操作，使发射架恢复到原始状态。整个工作流程如图 2-22 所示。

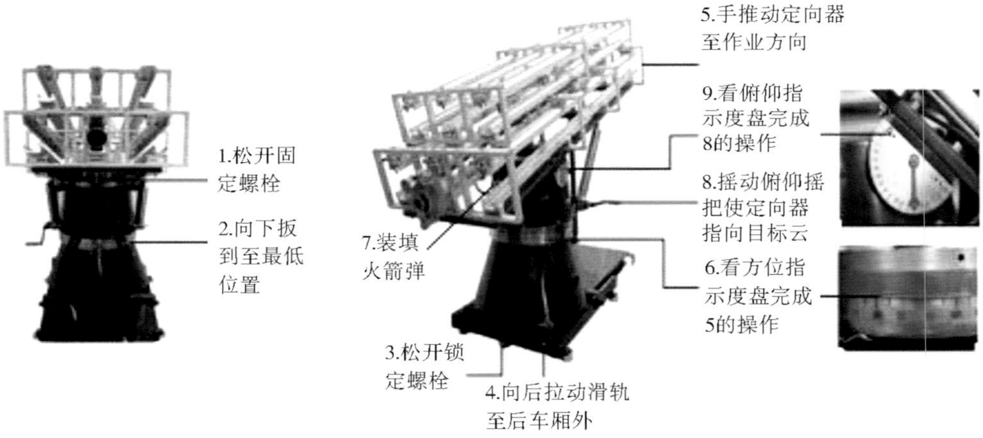

图 2-22 火箭发射架工作流程图

2.1.6 发射架受力分析

火箭从点火启动到发射出轨，由于膛压、滑动摩擦、推进剂向后喷火等，造成对发射架定向器的冲击，传递到发射架整体，最后落到汽车厢体（车载发射架）或减震装置（地面固定发射架）上。这些力作用在发射架，必定对发射架的稳定性产生影响。以下就 WR-98型火箭和 WR-1D 型火箭发射出轨时，作用在发射架上的力进行分析。

（1）火箭发射出轨时，发射架所受合力

根据速度和加速度公式：

$$S = V_0 + \frac{2}{2}at^2$$

$$V_t = V_0 + at$$

$$F = ma$$

① 对于 WR－98 型火箭弹

S＝1.74 m（箭轨长度）V_0＝0（初速度）

V_t＝40 m/s（离轨速度）m＝8.3 kg（全弹质量）

代入上述三式得：

T＝0.087（s）（火箭出轨或在轨中滑行时间）

A＝460（$m \cdot s^{-2}$）（火箭出轨时的加速度）

F_{98}≈3818（N）≈382 kg（火箭发射时产生的推力）

② 对于 WR－1D 型火箭弹

S＝1.74（箭轨长度）V_0＝0（初速度）

V_t＝70 m/s（离轨速度）m＝4.3 kg（全弹质量）

代入上述三式得：

t＝0.05（s）（火箭出轨或在轨中滑行时间）

a＝1400（$m \cdot s^{-2}$）（火箭出轨时的加速度）

F_{1D}≈6020（N）≈602 kg（火箭发射时产生的推力）

（2）在 60°发射火箭时，发射架所受的力

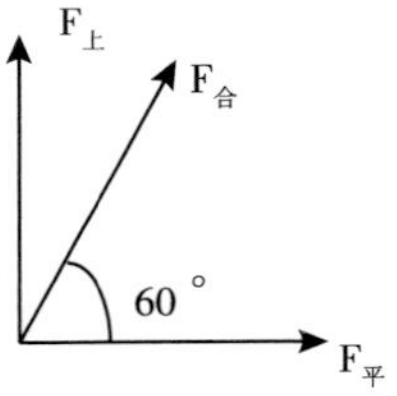

① 对于 WR－98 型火箭弹：

发射架所受垂直向上的力：

$F_{上98} = F \cdot \sin 60° \approx 3306$（N）≈331 kg

发射架所受水平方向的力：

$F_{平98} = F \cdot \cos 60° = 1909$（N）≈191 kg

② 对于 WR－1D 型火箭弹：

发射架所受垂直向上的力：

$F_{上1D} = F \cdot \sin 60° = 6020 \times 0.866 = 5213$（N）≈521 kg

发射架所受水平方向的力：

$F_{平1D} = F \cdot \cos 60° = 6020 \times 0.5 = 3010$（N）≈301 kg

（3）汽车厢体或减震装置所受到的力

根据作用力与反作用力定律，发射架定向器安装在上筒体转轴上，发射架整体所受的力按时间的不同在垂直方向和水平方向进行转换，这就是我们时常看到火箭发射出轨时，发射架定向器头部上昂、尾部下沉的现象。

① 车载流动式火箭发射架

火箭发射时，作用在发射架上的力，可以通过车体钢板和轮胎有效释放，不会对发射架造成损坏。

② 地面固定发射架

减震装置有上部压簧 4 个和下部压簧 4 个，通过弹力和扭力共同起到减震作用。

上部弹簧：

ϕ=12 mm（弹簧直径）

K=155（胡克系数）

S=4 mm（行程）

下部弹簧：

ϕ=10 mm（弹簧直径）

K=180（胡克系数）

S=3 mm（行程）

如上部弹簧和下部弹簧都压缩 10 mm，根据胡克定律：

每个上部弹簧产生的力：

$F_{上弹簧}=155\times10=1550$ kg $>$ 602 kg（F_{1D}合力）$>$ 521 kg（F_{1D}垂直向上的力）

每个下部弹簧产生的力：

$F_{下弹簧}=180\times10=1800$ kg $>$602 kg（F_{1D}合力）$>$ 521 kg（F_{1D}垂直向上的力）

根据计算：上、下部弹簧产生的力，完全可以承接火箭发射时由发射架传递到减震装置上的力，由此起到减震作用，防止发射架有些受力点损坏。

2.1.7　发射架常见故障分析与排除

2.1.7.1　摇把摇不动，定向器俯仰不升降

（1）可能原因

① 两俯仰机构的左丝杆和右丝杆，其中一个丝杆上的小锥齿销钉断了，使两俯仰机构中的左丝杆和右丝杆在摇动时失去一致性。

② 两俯仰机构的左丝杆和右丝杆，其中一个丝杆上的小伞锥齿的销齿轮齿牙被打掉，使两俯仰机构中的左丝杆和右丝杆在摇动时失去一致性。

③ 齿轮壳体内缺油或脏。

（2）排除方法

卸掉两俯仰机构中的一个左丝杆或右丝杆，如果此时能摇动，说明被卸掉的丝杆有问题；如果此时仍摇不动，说明没有被卸掉的丝杆有问题，如图 2-23 所示。

2.1.7.2　摇把能摇动，定向器俯仰不升降

（1）可能原因

固定转轴的大螺帽顶丝断了或脱落，大螺帽松动，使锥齿和齿轮咬合不上。

（2）排除方法

旋紧和调整好固定转轴的大螺帽，摇动摇把，定向器升降，重新安装顶丝，如图 2-24 所示。

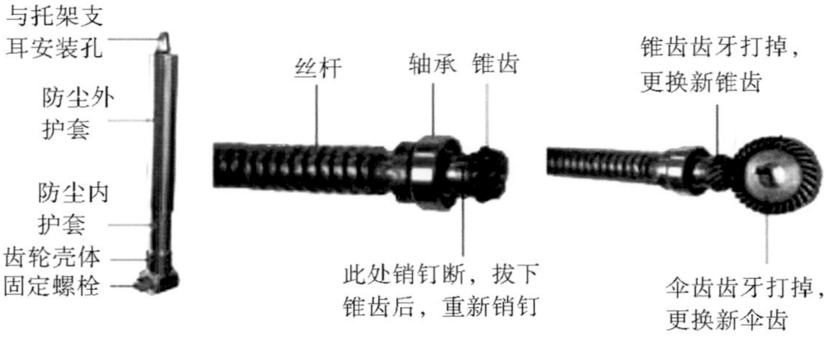

图 2-23　俯仰摇不动故障排除方法图

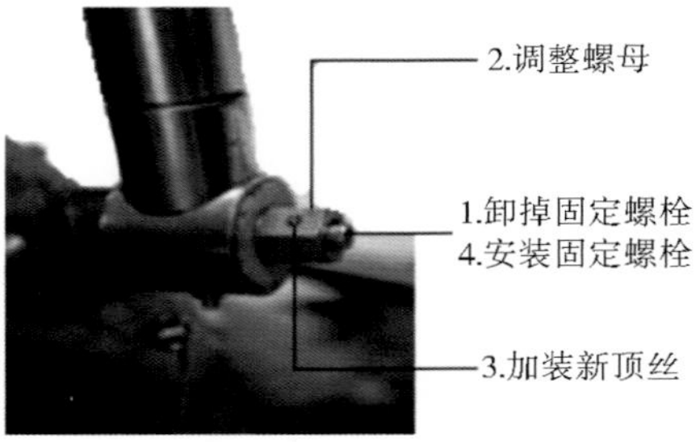

图 2-24　摇把能摇动，定向器俯仰不升降故障排除方法图

2.1.7.3　火箭弹装不进道轨内

（1）可能原因

① 固定导轨和导轨活动垫块螺栓松动了，使轨道的包容圆直径变小了，或上、下两导轨的中心线不重合（错位）。

② 定向器的导轨或导轨撑架受碰撞变形。

（2）排除方法

① 上紧该轨道的导轨和导轨活动垫块固定螺栓，并调整好上、下两导轨的中心线重合，如图 2-25 所示。

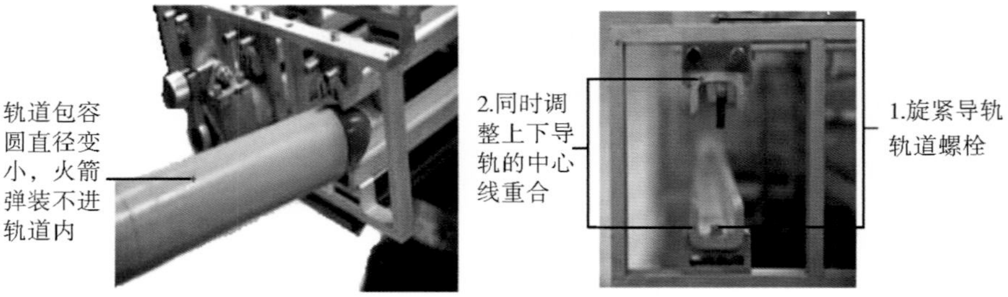

图 2-25　火箭弹装不进道轨内故障排除方法图

② 定向器的导轨或导轨撑架，受碰撞变形，更换损坏的导轨或导轨撑架。

2.1.7.4　点火装置的触头损坏

（1）可能原因

点火装置的触头，受火箭在轨道内高速摩擦碰断或变形。

（2）排除方法

更换点火装置（正极）触头方法，如图 2-26 所示，或者更换点火装置（正极）总成，方法如图 2-27 所示。更换点火装置（负极）触头或更换点火装置（负极）总成，方法同上。

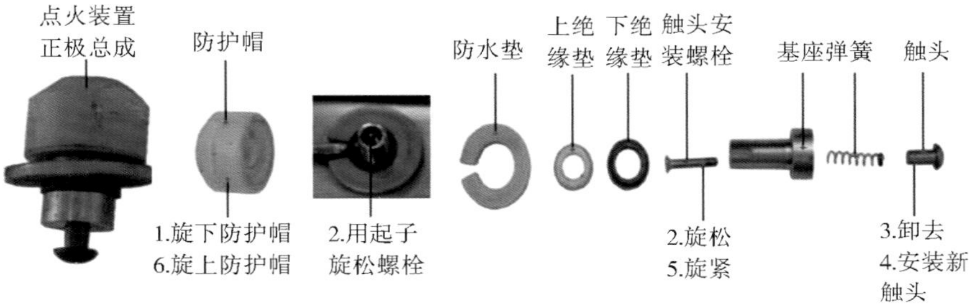

图 2-26　更换点火装置（正极）触头方法图

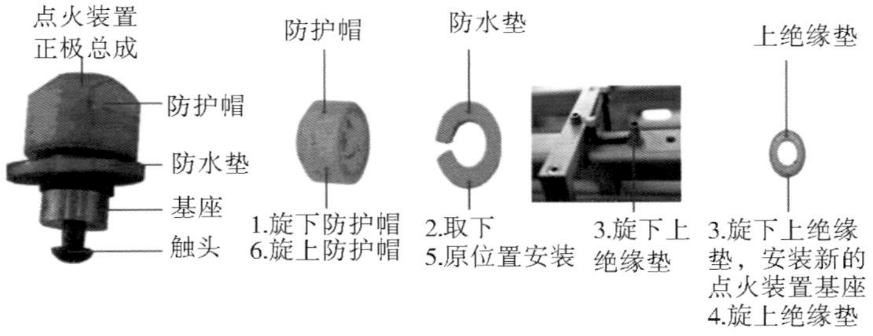

图 2-27　更换点火装置（正极）总成方法图

2.1.7.5　挡弹器总成舌头损坏

（1）可能原因

火箭发射时向后喷火，挡弹器舌头在此高温下，加上多次装弹使向后拉动的力太大，导致挡弹器舌头变形或碰断。这种情况的发生，疑是材质和操作不当的原因。

（2）排除方法

更换挡弹器总成舌头，如图 2-28 所示。更换挡弹器总成，如图 2-29 所示。

2.1.7.6　对应通道正极对地短路

（1）可能原因

① 火箭弹离轨时尾部火焰喷到定向器护线管上，导致管内线的绝缘胶皮被烧掉，铜

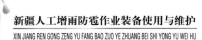

线与护线管接触，对地短路。此种原因最有可能。

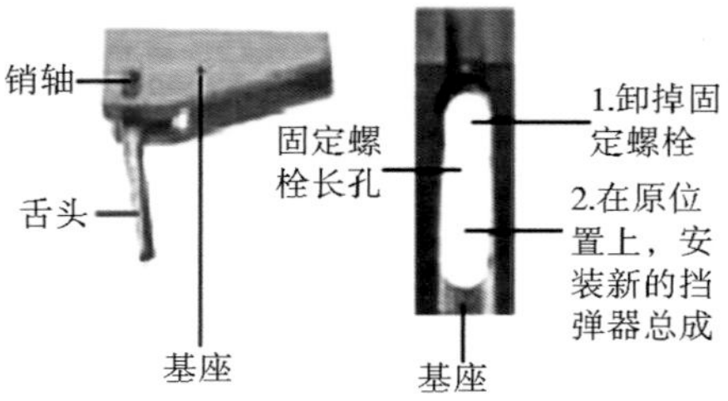

图 2-28　更换挡弹器总成舌头方法图

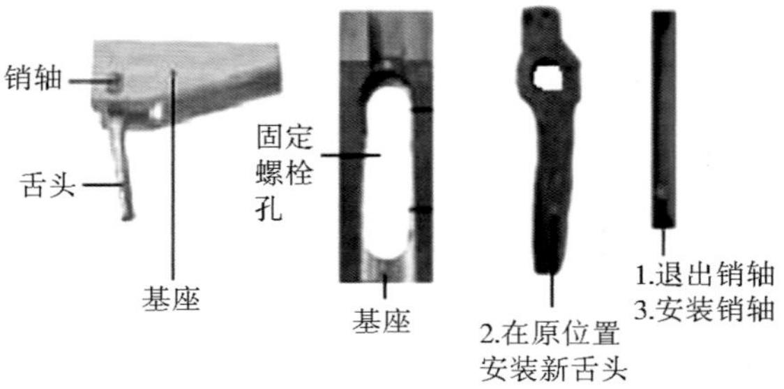

图 2-29　更换挡弹器总成方法图

② 主支撑内的线，由于摩擦掉绝缘胶皮，使铜线与主支撑的金属接触。

③ 7 芯电缆头内，正极线与电缆头壳体接触。

(2) 检测方法

① 定向器线路短路的测量

假设 1 轨道的正常指示灯亮，卸下主支撑与定向器连接的两个 4 芯电缆头。将电表调至于蜂鸣档，用红表笔接触该通道轨道上面的点火装置触头（正极），黑表笔接触架子任何部位（接地），如果万用电表蜂鸣响，则证明 1 轨道正极线接地了，如图 2-30 所示。何处接地，需要用分段测量的方法。

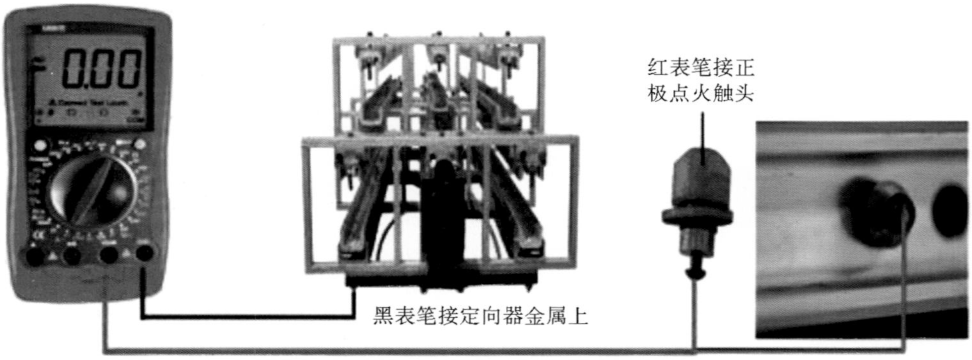

图 2-30　确定定向器线路短路测量图

② 主支撑线路短路的测量

假设 1 轨道的正常指示灯亮，卸下主支撑与发射控制器连接 7 芯电缆头。将万用表调至于蜂鸣器档，红表笔接上筒体 4 芯电缆座 1 号针，黑表笔接触筒体，如果电表发出声音，则证明从 4 芯座到筒体里这部分通道正极对地短路了，可检查这一部分路线，如不响，则证明这一部分电路正常，如图 2-31 所示。

③ 7 芯电缆线与电缆头壳体短路的测量

假设 1 轨道的正常指示灯亮，将万用表调至于蜂鸣器档，红表笔接触七芯电缆线插头的 1 号针孔，黑表笔接触 7 芯电缆头的外壳，如电表发出声响，则证明 1 轨道的正极线与电缆头的壳体接触了，可检查这一部分线路，如不响，证明这一部分线路是正常的，如图 2-32 所示。

筒体内1轨道短路测量

图 2-31　确定主支撑内线路短路测量图

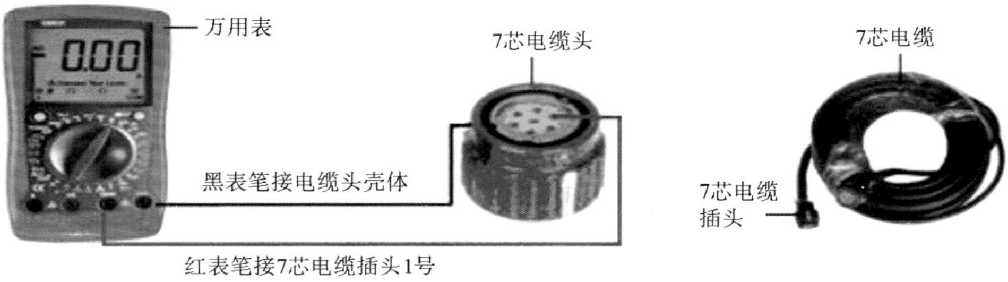
万用表
7芯电缆头
7芯电缆
黑表笔接电缆头壳体
7芯电缆
插头
红表笔接7芯电缆插头1号

图 2-32　7 芯电缆线与电缆头壳体短路测量图

（3）排除方法

用测量方法确定了主支撑线路短路，卸下上筒体与方位旋转盘，仔细排查；用测量方法确定了 7 芯电缆线与电缆头壳体短路，可卸开 7 芯电缆头仔细检查也不难排除；用测量方法确定了定向器线路短路，因为是常见故障，重点介绍排除方法，如图 2-33 所示。

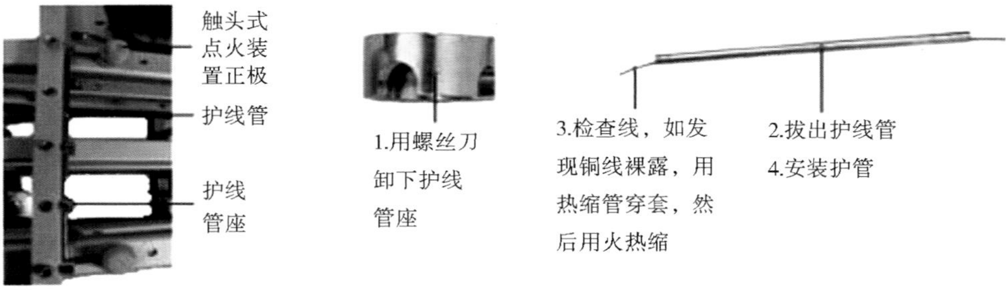
触头式
点火装
置正极
护线管
护线
管座
1.用螺丝刀
卸下护线
管座
3.检查线，如发
现铜线裸露，用
热缩管穿套，然
后用火热缩
2.拔出护线管
4.安装护管

图 2-33　定向器线路短路故障排除方法图

2.1.8　维护保养及注意事项

（1）作业前必须检查发射架各部位有无变形，是否灵活等。

（2）零部件无松动、缺失，导线、焊点无断（短）路。

（3）导轨无磕碰、变形。

（4）点火触头无锈蚀、伸缩自由。

（5）挡弹器转动灵活。

（6）俯仰角传动机构转动平稳、灵活，调整范围 17°～70°。

（7）方位角转动机构转动平稳、灵活，调整范围 0°～360°。

（8）每次作业后应擦干水渍、污物，用柴油擦洗箭轨，并在结合部位涂防锈油。

（9）车载架作业时，防止火箭喷射的火焰触及车厢、电缆。

（10）车载架在行车途中严禁超速行驶，避免碰撞，确保发射架轨道不变形。

（11）车载架必须固定发射架主体，保证运输过程中固定螺杆不松动，避免发射架倾覆。

2.2 发射控制器

发射控制器是发射装置的重要组成部分，作用是检测轨道回路阻值和提供火箭点火的电能量，满足火箭发射的技术要求。不同型号的发射装置所匹配的控制器略有差异，各部分工作原理基本相同。XR-08 型车载架和固定架共用一种火箭发射控制器，本节介绍的 XR-08 型发射控制器适用于陕西中天火箭有限公司生产的 WR-98 型、WR-1D 型、中国人民解放军第三三零五工厂生产的 HJD-82A 型、内蒙古北方保安民爆器材有限公司生产的 RYI-6300 型和国营九三九四厂生产的 BL-1A 型火箭弹的检测与点火。

2.2.1 发射控制器构成

（1）外部结构

发射控制器外部结构由外包装箱和内部机箱两部分组成，外包装箱采用铝皮板外壳包装，轻便、美观、耐用，内部是定型标准塑料机。整机实物如图 2-34 示，发射控制器如图 2-35 所示。

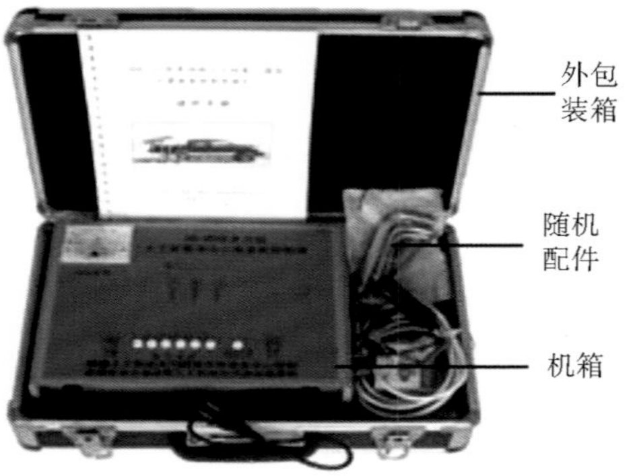

图 2-34　整机图

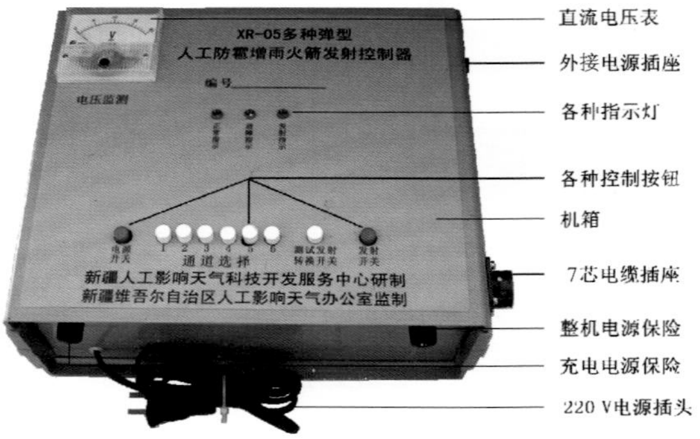

图 2-35　发射控制器

（2）内部结构

发射控制器主要由电源电路、充电电路、检测电路、指示电路、升压电路和点火电路六大部分组成，这些电路由主电路板、底电路板和指示板电路和一些附属电路实现。发控器共使用了 55 个电子元器件。其中电阻器 18 个、电容器 9 个、精密可调电阻器 1 个、二极管 3 个、三极管 1 个、集成运放 1 个、三端固定集成稳压器 1 个、DC/DC1 个、AC/DC 1 个、固态继电器 1 个、开关 4 个、接线柱 28 个、72 针排插座 1 个、高亮度指示灯 3 个、7 芯电缆座 1 个、外接电源插座 1 个、保险管座 2 个、保险管 2 个、风扇 1 个、电瓶 1 个、直流电压表头 1 个、交流电源线 1 根，发控器内部结构如图 2-36 所示。元器件如图 2-37 所示。

图 2-36　发射控制器内部结构图

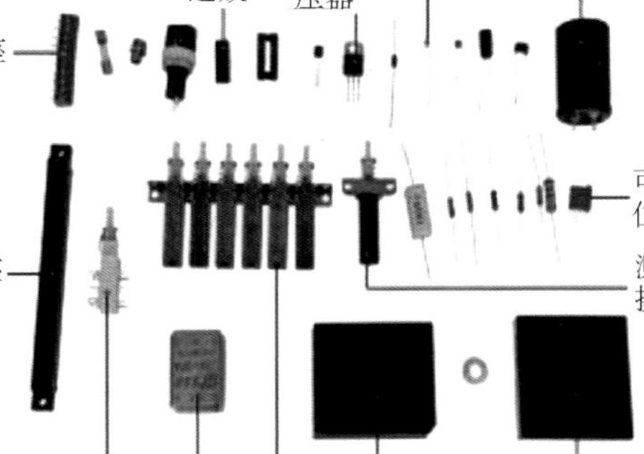

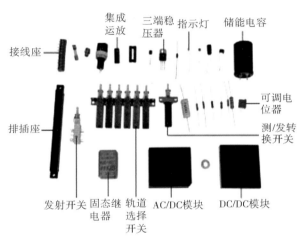

图 2-37　发射控制器元器件

① 主电路板

主电路板由运算放大器、通道选择开关、测/发转换开关、发射开关、三端固定稳压器、三极管、二极管、电阻、电容等组成，主要完成轨道选择、电路回路阻值检测、+5 V电源供电、点火发射等工作，如图 2-38 所示。

② 底电路板

底电路板即底板电路，由 AC/DC 模块（220V/15V）、DC/DC 模块（12V/48V）、固态继电器、储能电容、插板槽、电阻、电容等组成，主要完成交/直流转换、+12 V 电源供电、发射电源升压、发射电源储存、点火触发、与主板连接等工作，如图 2-39 所示。

③ 指示灯电路板

指示灯板由发射电源指示灯、故障指示灯、正常指示灯和接线座组成，主要完成发射电源、故障、正常状态的指示工作，如图 2-40 所示。

④ 附属电路元器件

附属电路由电瓶、保险管、保险管座、外接直流电源线、外接直流电源插座、直流电压表、7 芯电缆座等组成，主要完成交/直流供电、工作电压显示、电源保险等工作。附属电路器件如图 2-41 所示。同时给出发射控制器各元器件参数和用途见表 2-1。

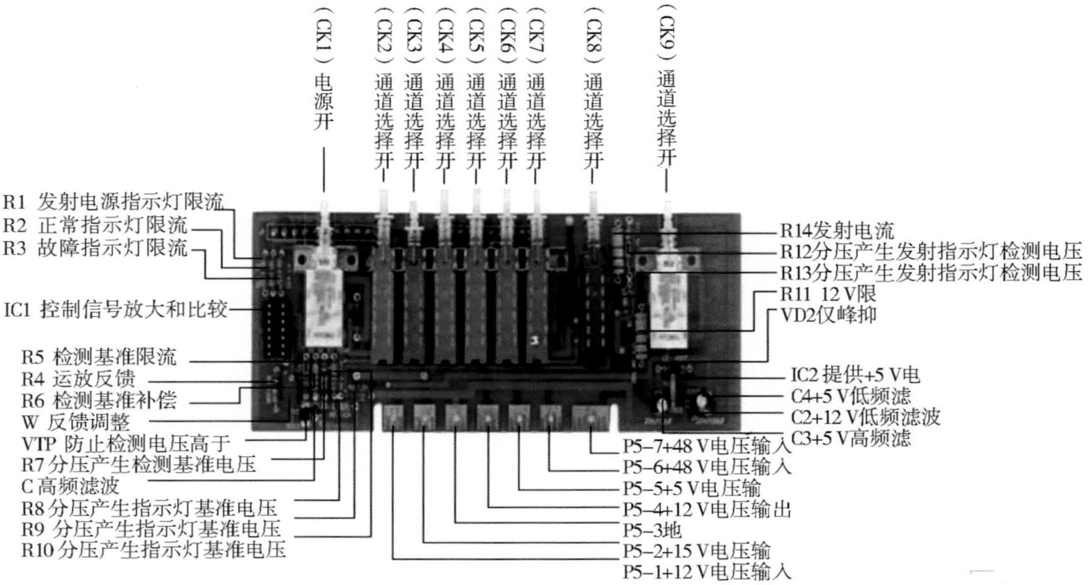

图 2-38　主电路板

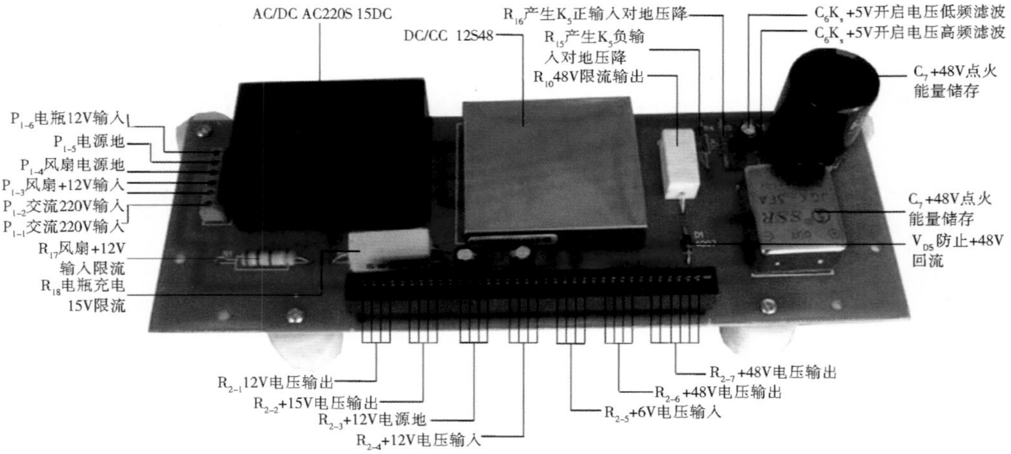

图 2-39　底电路板

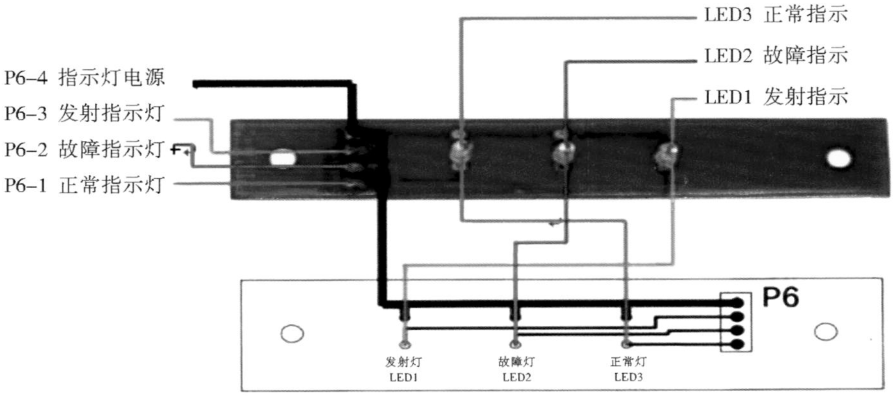

图 2-40　指示灯电路板

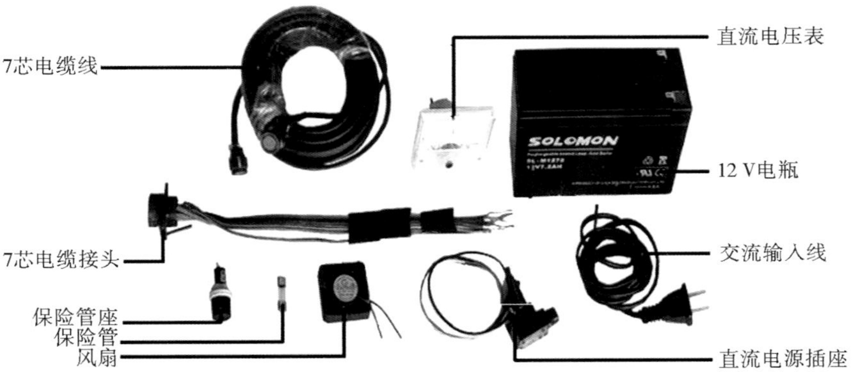

图 2-41　附属电路器件

表 2-1　发射控制器元器件参数和用途一览表

名称	文字符号	参数	用　途	名称	文字符号	参 数	用　途
电阻器	R_1	430 Ω	发射电源指示灯限流	电容器	C_6	0.1 μF	固态继电器 +5 V 开启电压高频滤波
电阻器	R_2	430 Ω	正常指示灯限流	电容器	C_7	4700 μF /63 V	+48 V 点火能量储存
电阻器	R_3	430 Ω	故障指示灯限流	电容器	C_8	100 μF/25 V	+15 V 输出低频滤波
电阻器	R_4	100 K	运放反馈	电容器	C_9	100 μF/25 V	+12 V 输出低频滤波
电阻器	R_5	8.2 K	检测基准限流	二极管	VD_1	4007	防止电瓶静态泄流

续表

名称	文字符号	参数	用途	名称	文字符号	参数	用途
电阻器	R_6	16 K	检测基准补偿	二极管	VD_2	4007	反峰抑制
电阻器	R_7	100 K	与 R_8 分压产生检测基准电压	二极管	VD_3	4007	防止 +48 V 回流
电阻器	R_8	100 K	与 R_7 分压产生检测基准电压	三极管	VT	C9013	防止检测电压高于 0.7 V
电阻器	R_9	1.2 K	与 R_{10} 分压产生指示灯基准电压	交一直流转换器	AC/DC	AC 220 S 15DC－10 W	提供 +15 V 充电电源
电阻器	R_{10}	8.2 K	与 R_9 分压产生指示灯基准电压	直一直流转换器	DC/DC	12 S48 25 W	提供 +48 V 点火电源
电阻器	R_{11}	100 Ω	12 V 电源限流	固态继电器	KS	JGX－3FA	将升压电路与点火电路隔离
电阻器	R_{12}	16 K	与 R_{13} 产生发射电源指示灯检测电压	运算放大器	IC_1	LM324	检测电路信号放大和比较
电阻器	R_{13}	100 K	与 R_{12} 产生发射电源指示灯检测电压	三端稳压器	IC_2	7805	提供+5 V 电源
电阻器	R_{14}	100 Ω	发射能量泄放	发射电源指示灯	VD_4	BT 系列	此灯亮表示已提供发射电压
电阻器	R_{15}	1 K	产生固态继电器负输入对地压降	故障指示灯	VD_5	BT 系列	此灯亮表示点火回路阻值超出正常值
电阻器	R_{16}	10 K	产生固态继电器正输入对地压降	正常指示灯	VD_6	BT 系列	此灯亮表示点火回路阻值正常
电阻器	R_{17}	100 Ω	风扇输入限流	电源开关	CK_1	250 V－6 A	开启或关闭发射控制器电源
电阻器	R_{18}	2 Ω	电瓶充电限流	通道选择开关	CK_2－CK_7	90 V－1 A	确定发射通道
电阻器	R_{19}	1Ω	+48 V 输出限流	测/发转换开关	CK_8	90 V－1 A	发射或检测选择
可调电阻器	W	5 K	运放反馈量调整	发射开关	CK_9	250 V－6 A	点火发射
电容器	C_1	47P	检测电路高频滤波	外接电源插座	J	25 V－3 A	外接 +12 V 电源输入
电容器	C_2	100 μF/25 V	+12 V 输入低频滤波	风扇	FT	12 V－0.12 A	充电时散热
电容器	C_3	0.1 μF	+5 V 输出高频滤波	电瓶	GB	12 V－7 AH	提供整机直流 12 V 电源
电容器	C_4	100 μF/25 V	+5 V 输出低频滤波	电压表头	PV	+20 V	充电或工作时电压指示
电容器	C_5	100 μF/25 V	固态继电器 +5 V 开启电压低频滤波	保险管	Fu	250 V－5 A	充电或工作时过流保护

2.2.2　发射控制器工作原理

发射控制器的电路图如图 2-42 所示，工作原理流程框图如图 2-43 所示，电路原理图与实物对应连线如图 2-44 所示，整机与实物对应连线如图 2-45 所示，各接线座电气特性见表 2-2。

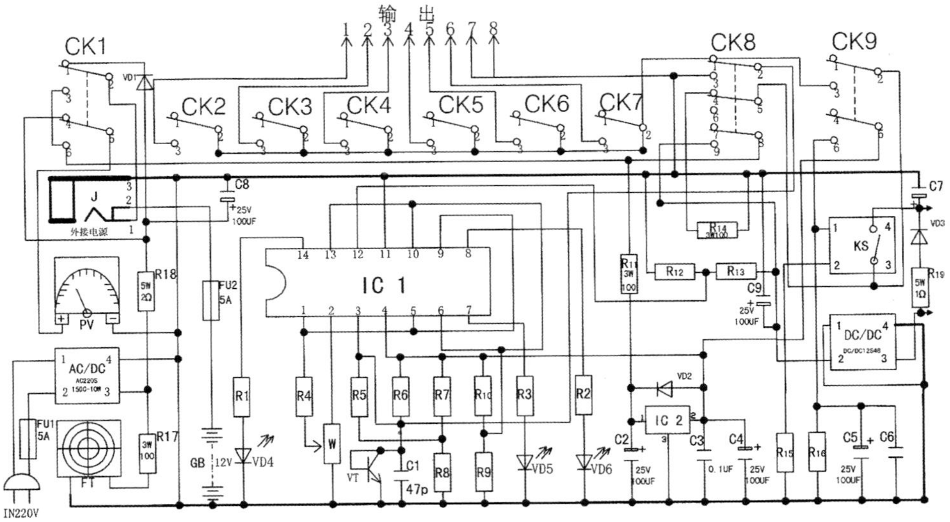

图 2-42　发射控制器电路图

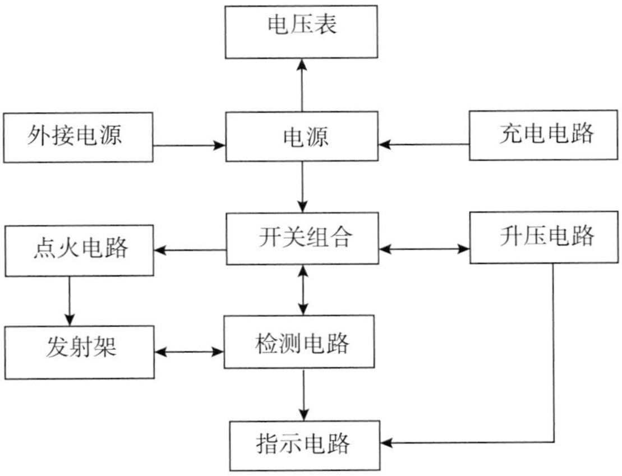

图 2-43　发射控制器工作原理流程框图

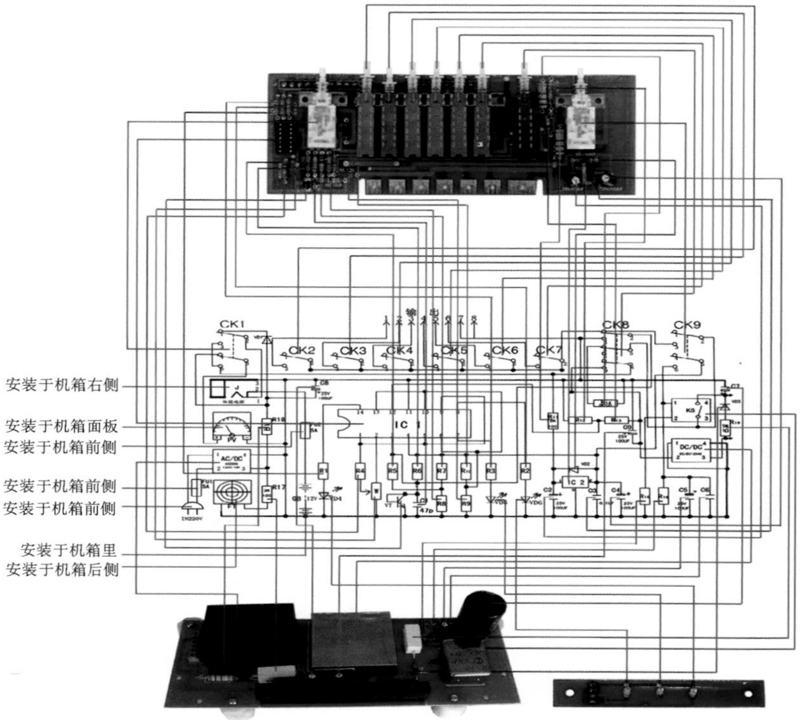

图 2-44　电路原理图与电路板实物对应连线图

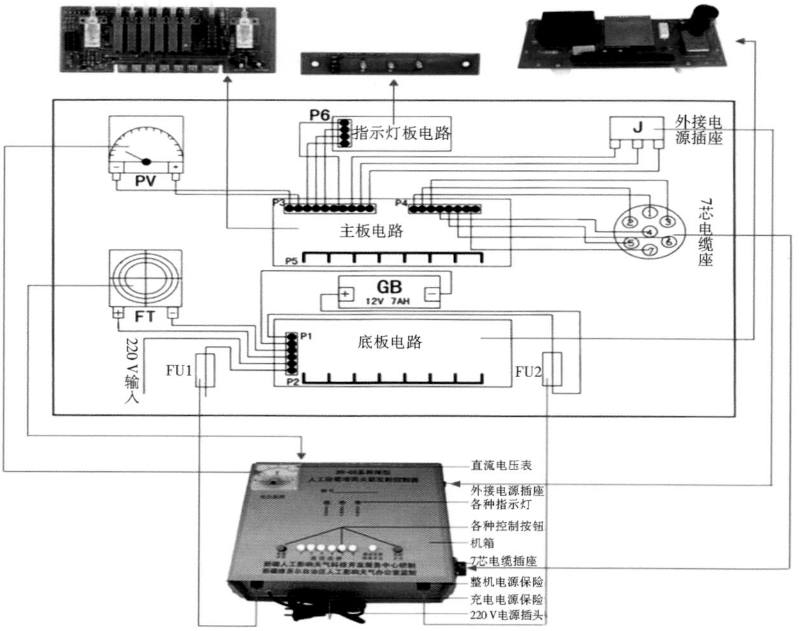

图 2-45　整机与实物对应连线图

表 2-2　各接线座电气特性一览表

名称＼排列号	1	2	3	4	5	6	7	8	9	10
P_1	交流～220 V 输入	交流～220 V 输入	风扇正极（12 V）	风扇负极（电源地）	电源地	电瓶正极（12 V）				
P_2	+12 V 电压输出	+15 V 电压输出	电源地	+12 V 电压输入	+5 V 电压输入	+48 V 电压输出	+48 V 电压输出			
P_3	电压表负极（电源地）	电压表正极	正常指示灯正极	故障指示灯正极	发射电源指示灯正极	电源地	电源地	外接电源地	外接＋12 V 电源输入	内置＋12 V 电源输入
P_4	7 芯电缆第 1 脚（1 轨道）	7 芯电缆第 2 脚（2 轨道）	7 芯电缆第 3 脚（3 轨道）	7 芯电缆第 4 脚（4 轨道）	7 芯电缆第 5 脚（5 轨道）	7 芯电缆第 6 脚（6 轨道）	7 芯电缆第 7 脚（电源地）	7 芯电缆第 7 脚（电源地）		
P_5	+12 V 电压输入	+15 V 电压输入	电源地	+12 V 电压输出	+5 V 电压输出	+48 V 电压输入	+48 V 电压输入			
P_6	正常指示灯正极	故障指示灯正极	发射电源指示灯正极	电源地						

按下发射控制器的电源开关，电瓶给整个发射控制器提供 12 V 电源，此时直流电压指针指示 12 V、故障指示灯（红色）亮，表示电源电路开始工作，负载大于 20 Ω；按下 6 个通道（轨道）选择琴键开关其中的 1 个，意为选择了该轨道，以 LM324 运算放大器为核心的检测电路工作，如果该轨道的回路阻值大于 20 Ω（轨道内没有装载火箭弹或轨道回路有问题），则故障指示灯继续亮原理，如果该轨道的回路阻值小于 20 Ω（轨道内已装载火箭弹或轨道回路无问题），这时故障指示灯（红色）灭，正常指示灯（绿色）亮；按下测/发转化开关，发射控制器检测电路工作转为以 DC/DC 为主的升压电路工作，发射电源指示灯（蓝色）亮，表示发射电压达到 48 V 时，可以点火发射了；按下发射开关，48 V 点火发射电压通过固态继电器、7 芯电缆、发射架电路输出到选中的轨道点火装置正极上，火箭弹发射离轨升空。

当直流电压指针指示 10 V 以下时，表示电瓶欠压，不能满足正常工作所需电压，此时可关闭电源开关，将交流输入插头插入 220 V 电源插座内，以 AC/DC 模块为主的充电电路工作，给电瓶充电。整个发射控制器工作原理，如图 2-46 所示。

2.2.3　发射控制器调试

（1）轨道回路阻值的调试（以轨道为例）

打开机箱电源开关，按下 1 通道选择开关，用钟表起子右旋可调电阻器，检查正常指示灯是否亮，如果不亮，听见“咔咔”的声音，说明电阻器右旋已到头。再反过来左旋螺钉，直到故障指示灯灭，正常指示灯亮为止。在故障指示灯灭和正常指示灯亮的临界点上，要向正常指示灯的方向旋一点。这样发射回路阻值正常范围就确定了，在 18 Ω 以下，正常指示灯亮是回路阻值允许的范围。换 18 Ω 电阻为 19 Ω，如果故障指示灯亮，说明发射回路阻值过大，在回路中有接触不良的情况。选择发射回路阻值最大值是 18 Ω 为正常值上限，依据电缆线粗细、电缆头座以及外线路状况和火箭弹内阻而定。当然也可选择其他阻值来模拟外线路回路电阻的上限值。

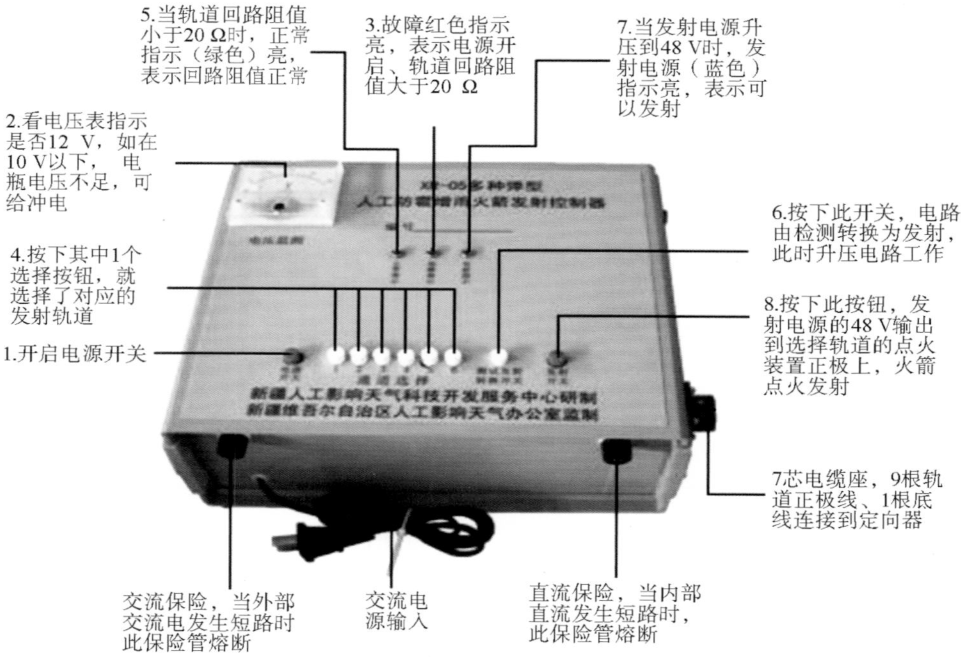

图 2-46　发射控制器的工作原理图

（2）点火发射的调试

在测试线上取掉 18 Ω 电阻，接 1 A 保险管。打开机箱电源选择 1 通道，此时正常指示灯亮。按下测发转换开关，发射电源指示灯亮，再按下发射开关，保险管内的保险丝被熔断，说明发射回路正常，发射电源能量可以点火发射火箭弹。

有关详细操作请查阅随机配备的技术手册。

2.2.4　主要技术参数测量

在进行主要技术参数测量前，方便参数对比，本节给出火箭发射控制器在不同状态下各节点电压的正常值，如图 2-47 所示。

（1）检测开路电压的测量

打开机箱电源，选择 1 通道，万用电表调到电压档，表笔正极接测试头第一脚的引出线，表笔负极接测试头第 7 脚的引出线（地线），如电表显示在 0.4～0.6 V 以内，说明检测电压正常，也可用电缆线连接发射架，在 1 通道的上、下两点火触头测量。

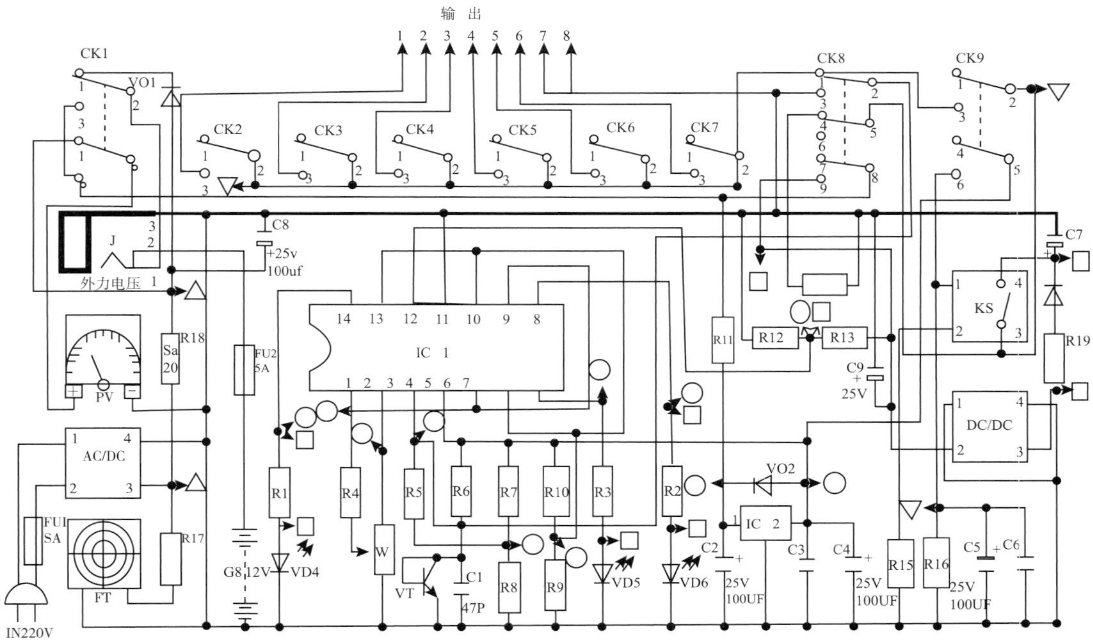

图 2-47　火箭发射控制器不同状态各节点电压值图

（2）检测电流的测量

测试线接 5 Ω 电阻器，万用电表选择电流档，表笔的正极接测试头第一脚的引出线，表笔负极接 5 Ω 电阻器的一头（5 Ω 电阻器的另一头与测试头第 7 脚的引出线相接触）。如电表指示＜1 mA，则说明检测电流正常。

（3）点火开路电压的测量

万用电表选电压档，表笔正极接测试头第 1 脚的引出线，表笔负极接测试头第 7 脚的引出线（地线），按下测发转换开关，再按下发射开关，如万用电表显示在 45～48 V 之间属正常。

（4）点火电流测量

电表选电流挡，测试线上接 5 Ω 电阻器，表笔的正极接测试头第一脚的引出线，表笔的负极接 5 Ω 电阻器，5 Ω 电阻器另一头与测试头第 7 脚的引出线相接触，按测发转换开关，再按发射开关，查看电表，如显示≥1 A，属正常。因为电容放电很快，电表显示较慢，所以此值要多测量几次才能确定。

（5）回路阻值检测精度测量

检测方法同发射控制器调试步骤中的步骤（5），在 18 Ω 状态下，正常指示灯亮，然后换成 19 Ω，如果故障指示灯亮，则说明检测精度≤1 Ω。

2.2.5 发射控制器电路分析与故障排除

2.2.5.1 测试电路分析

（1）电路结构

测试电路由 IC1（LM324 通用型四运算放大器）R4、W、R5、R6、R7、R8、C1、VT（C9013）、CK8、CK2～CK7 等元器件组成。测试基准由 R7、R8 分压所得，分两路输出，1 路经 R5 限流、R6 补偿到 I C1-3，另 1 路经 CK8-2、CK8-1 到 CK2～CK7-2、-3 的其中之一开关到 7 芯电缆 1—6 号线而进入发射架的 7 芯电缆插座，如图 2-48 所示。再由 7 芯电缆插座分成两路，其中 1 路（1、2、3 号线）接到发射架上筒体右面 4 芯插座的 1、2、3 引脚上，通过导线分别与大导轨的 1、2、3 通道的点火触头＋极相连；另 1 路（4、5、6 号线）接到发射架筒上体左面 4 芯插座的 1、2、3 引脚上，通过导线分别接到小导轨的 1、2、3 通道的接线柱＋极上。7 号线是地线，与发射架各轨道地相通。

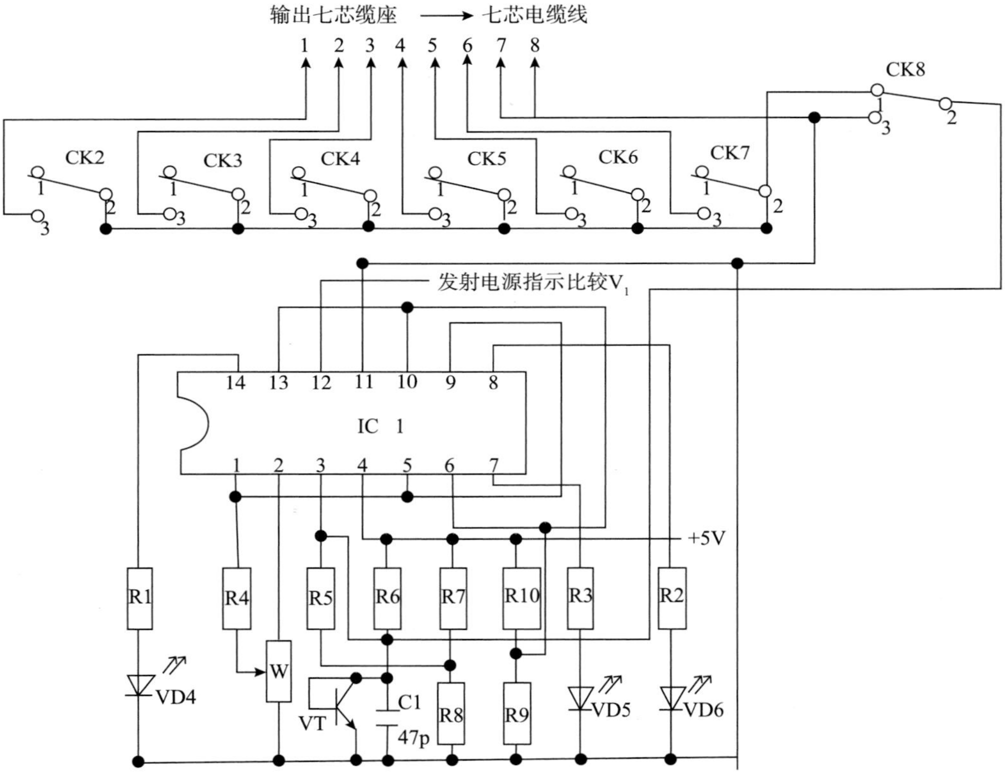

图 2-48 发射控制器测试电路图

（2）工作原理

IC1（LM324）是通用型四运算放大器，管脚排列如图 2-49 所示。内部工作原理如图 2-50 所示，主要技术参数见表 2-3。

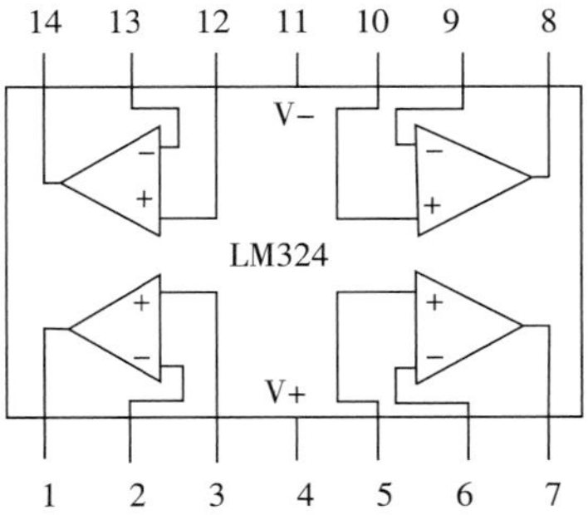

图 2-49　LM324 引脚排列图

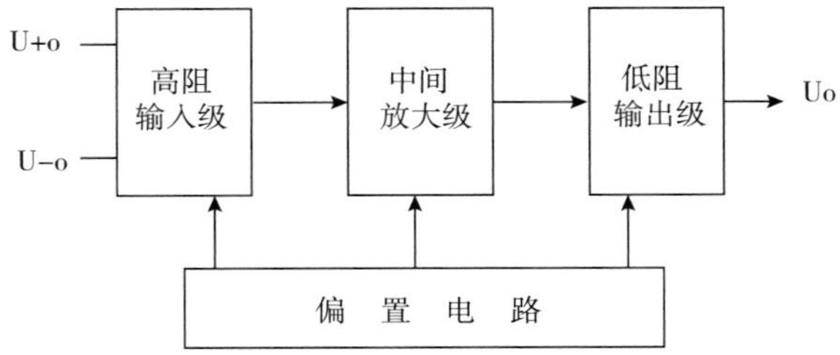

图 2-50　LM324 工作流程框图

表 2-3　LM324 主要技术参数

型号	电源电压	单位增益带宽	允许功耗	输入失调电压	输入失调电流
LM324	单电源 3～30 V 双电源±1.5～15 V	1 MHz	570 mW	2 mV	5 mA

在本电路中 LM324 第 1 运算的 1、2、3 脚接成电压反向放大器形式，第 2、第 3、第 4 运算的 5、6、7、8、9、10、12、13、14 脚接成电压比较器形式。5 V 电经 R_7、R_8 分压（$\frac{R_8}{R_7+R_8}\times 5$ V）产生的测试基准电压输出至 IC1 的第 3 脚和发射架某一通导点火触头的＋极上。若外电路未接负载或负载过高时（高阻状态），这种平衡状况没有被打破，维持 IC1 第 1 脚输出高电平，此时，Vi（IC1 第 1 脚输出电压也是 IC1 第 5 脚、第 9 脚的输入电压）＞V 参考（R9、R10 分压产生的参考电压），V 参考分别加到 IC1 的第 6 脚、第 10 脚和第 13 脚），第 2 比较器的第 5 脚 Vi＞第 6 脚 V 参考，第 7 脚输出高电平，维持 VD5（故障指示灯）亮，第 3 比较器的第 9 脚 Vi＜第 10 脚 V 参考，第 8 脚输出低电压，维持 VD6（正常指示灯）灭。这里需要注意的是，第 2 比较器是正向接法，第 3 比较器是反向接法，在输入参考电压相同时，只有一个比较器输出高电平，另一个比较器输出低电平，这也是故障灯亮，正常灯灭，或正常灯亮、故障灯灭的原因。当外电路接负载且负载低于一定值时（低阻状态），所产生的现象与高阻状态恰恰相反。

VT（C9013）是晶体三极管，将发射极 C 和基极 b 接到一起连至 IC1 的第 3 脚 。当外电路干扰或本电路工作不正常时，防止测试电压高于 0.7 V，保证了检测的安全性。

通道的选择由 CK2、CK3、CK4、CK5、CK6、CK7 一组自锁式六选一琴键开关实现，按下其中一个开关，便确定了相应的待测试轨道，通过电缆线连接至各轨道上。各轨道＋、一极之间用测试线连接（相当于外电路接负载）构成回路。如果回路电阻值在规定范围内小于或等于 18 Ω，IC1 第 3 脚为低电平，则 IC1 的第 1 脚、第 7 脚输出低电平，VD5 灭（故障指示灯）；IC1 第 8 脚输出高电平，VD6 亮（正常指示灯）。如果测试线未接，相当于没有外电路负载，呈高阻状态。IC1 第 3 脚为高电平，则 IC1 第 7 脚输出高电平，VD5 亮（故障指示灯），IC1 第 8 脚输出低电平，VD6 灭（正常指示灯）。

选择发射回路阻值最大值 18 Ω 为正常值的上限，依据电缆线粗细、电缆头座以及外线路状况和火箭弹内阻而定，也可选择其他阻值来模拟外线路回路电阻的上限值。一般而言，线路阻值在 5 Ω 以内，火箭弹并联内阻在 3 Ω 以内，故设定在 18 Ω 以内为正常，高于 18 Ω 是故障。

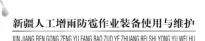

（3）故障及原因

① VT（C9013）损坏

9013 在测试电路中起保护作用，当测试电压高于 0.7 V，9013 导通，限制此电压高于 0.7 V。当 9013 被击穿损坏时，相当于测试电压直接对地短路，造成 IC1 第 3 脚输入呈低阻状况，导致正常指示灯在任何情况下都是亮的。

检测方法：

静态测量，将万用电表至于蜂鸣器档，红表笔接 9013C 级，黑表笔接地，如果万用表里蜂鸣器响，则证明 9013 击穿损坏，用新品 9013 更换，如没有备用的 9013 可直接取掉此器件，以后找 9013 更换。如电表不发出声音，则证明 9013 是好的，故障可能是其他原因造成的。如图 2-51 所示。

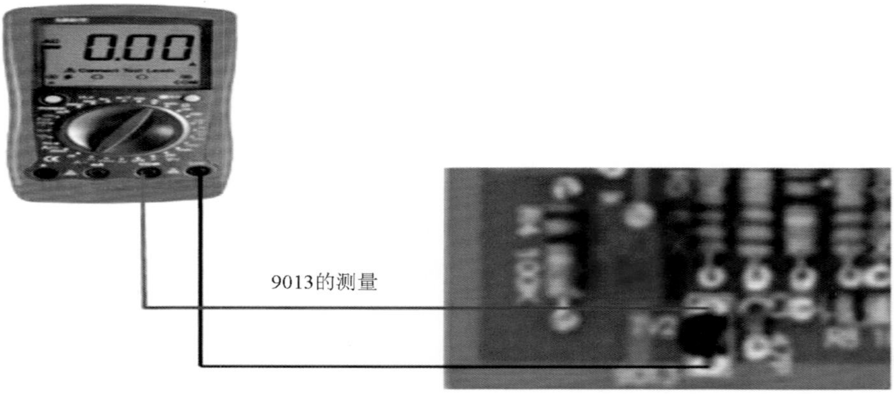

图 2-51　9013 测量图

② 对应通道正极对地短路

开机后，分别按下六个通道选择开关，如果其中 1 个轨道正常指示灯亮，则证明这个轨道线的正极对地短路。

检测方法：

机箱里 1 轨道（假设 1 轨道对地短路）测量：打开机箱盖，将万用电表调至于蜂鸣器档，用红表笔接机箱 7 芯电缆座的一号针，黑表笔接 7 芯电缆座的七号针，如电表蜂鸣器响，则证明机箱内部一通道正极对地短路，如不响则证明这一段线路是好的。如图 2-52 所示。

③ 测发转换开关损坏

测发转换开关弹开时一脚与二脚通属正常，按下时二脚与三脚通属正常，如果弹开时二脚与三脚通，则证明转换开关已损坏，检测信号直接短路。

检测方法：

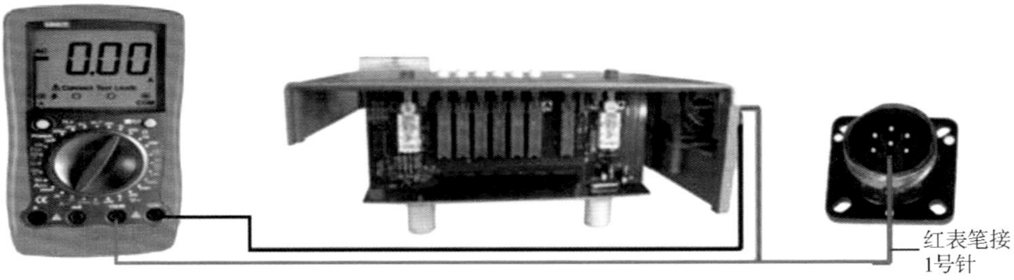

图 2-52　机箱内部对地短路测量

将万用电表拨至蜂鸣器档，测发转换开关弹开，红表笔接测发转换开关左上第一脚，黑表笔接测发转换开关左上第二脚，如果蜂鸣器不响，则正常。在这种状态下，将红表笔接测发转换开关第三脚，黑表笔不动，如果蜂鸣器响，证明测发转换开关二脚与三脚粘连，属于开关损坏需更换，如图 2-53 所示。

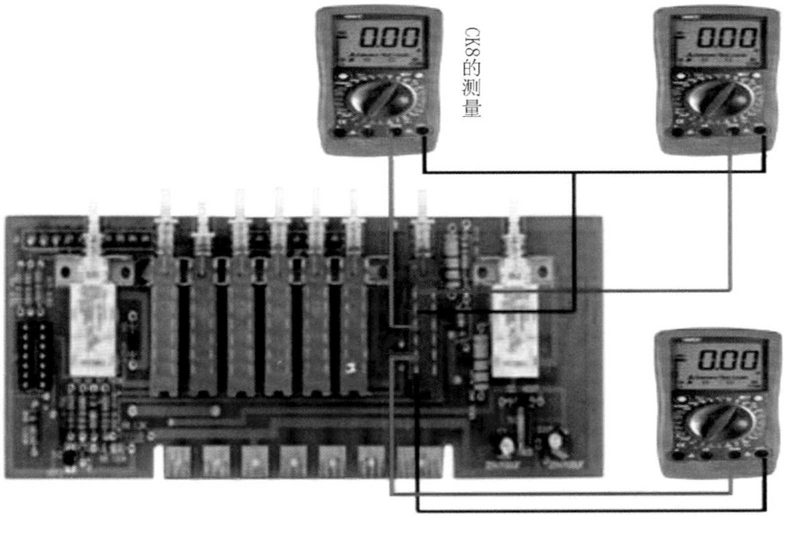

图 2-53　测/发转换测量图

④ 加载后正常或故障指示灯，显示逻辑不对

W 或 IC（LM324）损坏，在一通道对地 18 Ω，无论怎么调整 W，故障指示灯一直亮。

检测方法：

W 损坏检测，不开机，拨万用电表电阻档（2 M），红表笔接 LM324 第二脚，黑表笔接地线，用小起子旋转 W 的旋转螺钉，观察电表显示阻值变化，如果阻值有变化（或增大或减小）证明 W 是好的，如果显示阻值不变化，则证明 W 已损坏。

IC（LM324）损坏检测，LM324 在电路中起信号放大和比较作用的，当它工作不稳定或损坏时，会导致各种指示灯不亮或指示灯亮灭状态不合逻辑。

在开机状态下，将万用电表拨至直流电压档（20 V），红表笔接 LM324 第 7 脚，黑表笔接地，旋转 W 的调整螺钉，观察电表显示电压的变化，如果电压有变化，或增大或减小，证明 LM324 是好的，如果显示的电压值无变化，则证明 LM324 损坏需更换。运算放大器 LM324 和可调电位器（W）测量如图 2-54 所示。

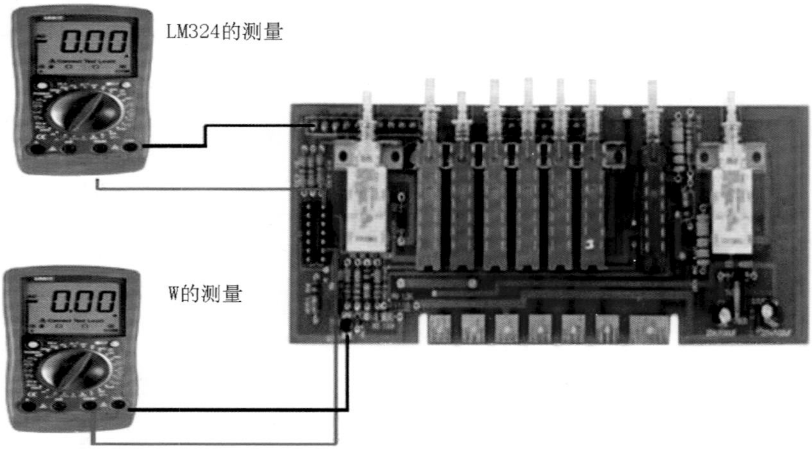

图 2-54　运算放大器 LM324、可调电位器（W）测量图

2.2.5.2　升压电路分析

（1）电路结构

升压电路由 CK8、DC/DC 直/直转换器、R12、R13、R19、VD3、VD4 和 C7 组成。当 CK8 测/发转换开关按下时，CK8 第 8 脚、第 9 脚的 12 V 电压两分路输出，其中 1 路经 P5－4、P2－4 至 DC/DC 第 2 脚，DC/DC 第 3 脚产生 48 V 直流电，经 R19、VD3 给 C7 给电；另 1 路由 R12、R13 产生的分压到 IC1 第 12 脚，如图 2-55 所示。

（2）工作原理

本电路的核心器件是 DC/DC（DC/DC12S48－25 W）直/直转换器，它将 12 V 直流电升压至 48 V 直流电输出。DC/DC12S48－25 W 直流升压型转换器的引脚排列如图 2-56 所示。工作原理如图 2-57 所示。主要技术参数见表 2-4。

对于 DC/DC12S48－25 W 直/直转换器，只要满足其输入、输出技术参数，就可以正常工作。由表 2-4 看出，DC/DC 的输入电压是＋10 V～＋18 V，如果输入电压低于10 V 或高于 18 V 则 DC/DC 不能正常工作或完不成电压的转换；DC/DC 的额定输出功率是 25 W，它表示了带负载的能力，如果负载过大，拉动电流超过 0.52 A，则 DC/DC 产生过流保护造成不能正常工作，严重时会损坏 DC/DC。

其他元件的作用：CK8 是将 12 V 输至 DC/DC 第 2 脚，R19 输出限流，此电阻过小，使充电电流加大，影响 DC/DC 工作；如果过大，则使充电时间变长，故其阻值要合适。VD3 防止充电电流回流，C7 存贮电能，R12、R13 将 12 V 分压 $\frac{R_{12}}{R_{12}+R_{12}}\times 12$，加至 IC1

的第 12 脚与 IC1 的第 13 脚的基准电压进行比较，IC1 的第 14 脚输出高电平，VD4（发射电源指示灯）亮，意为已产生了 48 V 发射电压。

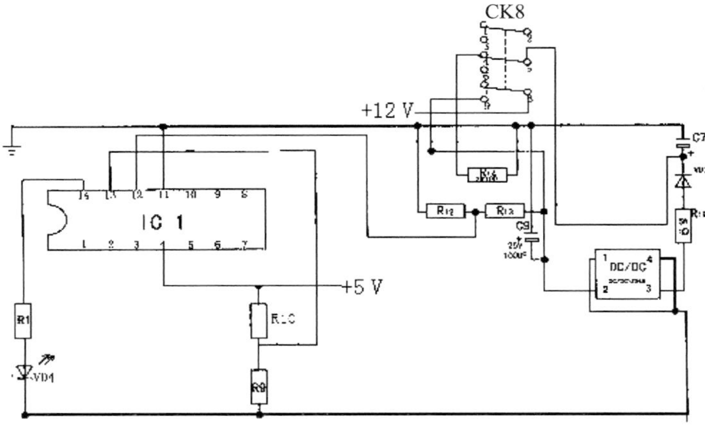

图 2-55　发射控制器升压电路原理图

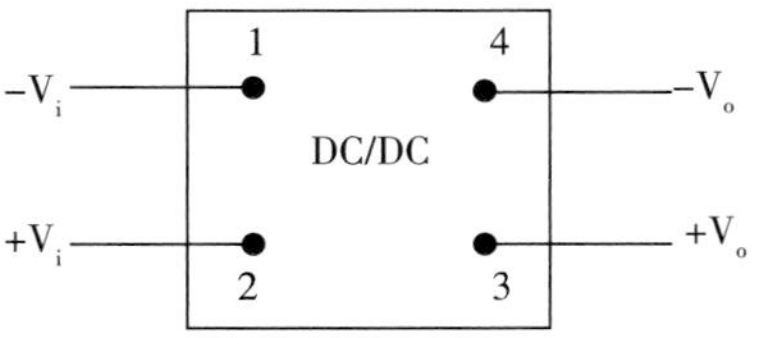

图 2-56　DC/DC 引脚排列图

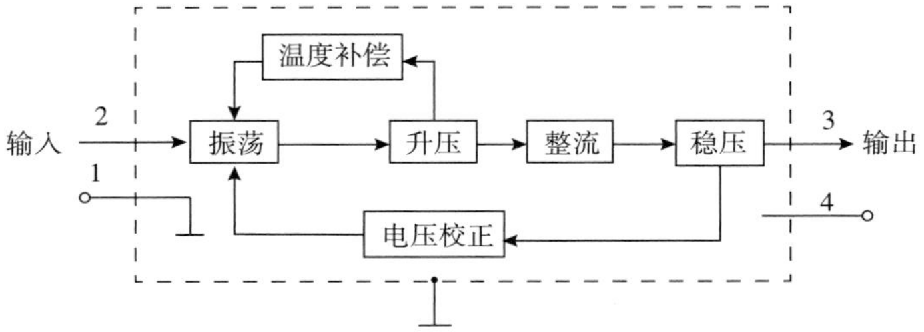

图 2-57　DC/DC 工作原理图

表 2-4　DC/DC 12S48 升压型转换器主要技术参数

型 号	输入电压范围（VDC）	输出电压（VDC）	输出电流（A）	输出电压精度	效率	温度系数
DC/DC12S48	+10～18 V	+48	0.52	±1%	88%	±0.02% V/℃

（3）故障及原因

① CK8 损坏。

② DC/DC 损坏，第 3 脚无+48 V 电压输出。

③ VD3 损坏，虽有+48 V 电压，其他电路都正常，但有可能不能发射火箭。

④ C7 损坏，因为火箭发射的电能量来源于 C7 提供，若 C7 被击穿，仅靠 DC/DC 无法满足火箭发射所需电能量。

⑤ 没有 48 V 发射电压。

检测方法：

CK8 是测发转换开关，如 CK8 损坏，12 V 电压无法加至 DC/DC 第 2 脚。拨电表于蜂鸣器档按下此开关，红表笔接左第五脚，黑表笔接左第六脚，如果电表发出声音，则证明开关是好的。如果电表不发声音，则证明此开关有问题，CK8 损坏后＋12 V 加不到 DC/DC 的输入端，就无法在输出端产生＋48 V 电压。如图 2-58 所示。

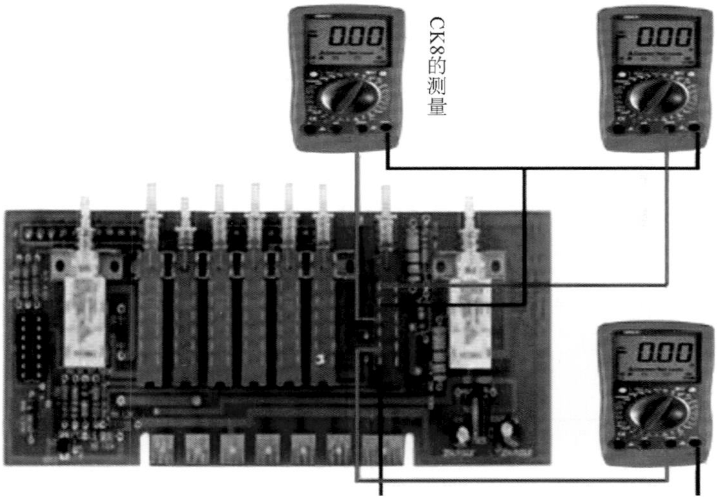

图 2-58　测/发转换测量图

DC/DC 输入端检测，用红表笔接 P2—4 插槽，黑表笔接地，如果电表显示有 12 V 电压，证明 12 V 电压输入至 DC/DC 的第二脚输入端，电表显示的电压必须在 10～12 V 之间，如果小于 10 V，DC/DC 不工作，无法转换成 48 V 电压，小于 10 V 电压可能是电瓶欠电所致，需给电瓶充电。DC/DC 输出检测，用连接线接主板和底板，打开机箱电源，拨万用电表至直流电压档（200 V），用红表笔接 R19 下端脚，黑表笔接地，如果电表显示有＋48 V 电压，证明 DC/DC 是好的，如果小于 40 V 以下，则证明 DC/DC 损坏。

VD3 的检测，如果 VD3 的损坏会导致＋48 V 电压不能输入至发射电路，打开机箱电源，用连接线连主板和底板，按下测发转换开关，将万用电表至于直流电压档（200 V），红表笔接 VD3 下端，黑表笔接地，如电表显示有＋48 V 电压，则证明 VD3 是好的，如没有电压，则证明 VD3 损坏，需更换。

C7 的检测，火箭发射的电能量由 C7 提供，若 C7 被击穿，仅靠 DC/DC 无法满足火箭发射所需的电能量。C7 爆裂，用肉眼观察 C7 爆裂，可更换。用力拨 C7，如松动，则证明 C7 脱焊。关机不连接主板和底板，拨万用表至于蜂鸣器档，红表笔接 VD3 的下端，黑表笔接地，如果蜂鸣器不响，则证明 C7 是好的，如果蜂鸣器响，则证明 C7 被击穿。＋12 V输入、＋48 V 输出、C7 电容击穿、DV3 二极管测量如图 2-59 所示。

2.2.5.3　发射电路分析

(1) 电路结构

发射电路由 CK9、KS、R15、R16、C5、C6 等组成。当 CK9 按下时，CK9 的第 5 脚、第 6 脚的＋5 V 电压加至 KS 第 1 脚，使 KS 的第 3 脚与第 4 脚相通，C7 上的＋48 V 电压通过 KS 第 3 脚、第 4 脚输至 CK9 的第 2 脚、第 3 脚，再经 CK8 第 1 脚、CK2～CK7

其中一开关的第 2 脚、第 3 脚输到 7 芯电缆线（1～6 号）上，进入发射架下筒体的 7 芯插座，最后接到各通道点火触头的＋极上，如图 2-60 所示。

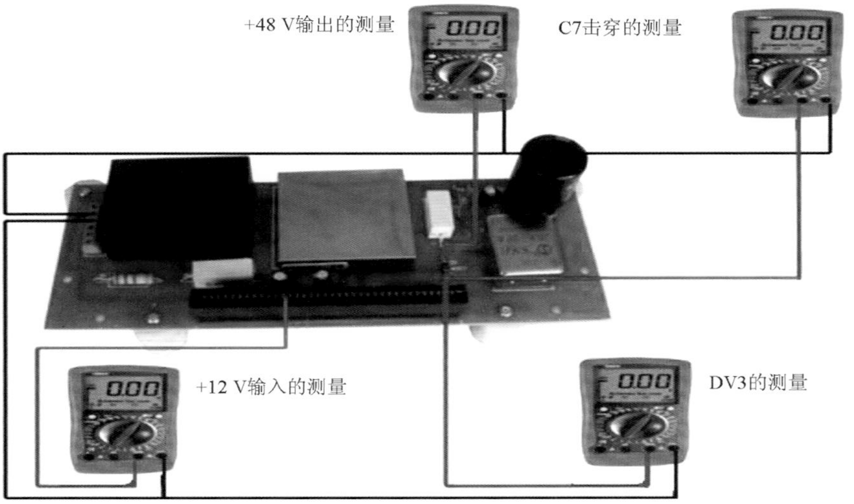

图 2-59　＋12 V 输入、＋48 V 输出、C7 电容击穿、DV3 二极管测量图

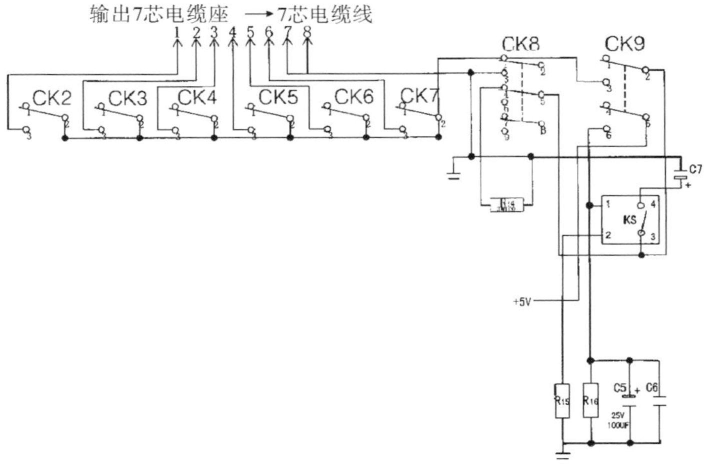

图 2-60　发射控制器发射电路图

另外，KS 的第 3 脚经 P2～6、P5～6 与 CK8 的第 5 脚相连，CK8 在测试状态时，CK8 的第 5 脚与 CK8 的第 4 脚和 R14 相连，可使 C7 上残存的电流通过 R14 泄放掉；CK8 在发射状态时，CK8 的第 5 脚与第 4 脚断路。各轨道正负极之间，通过火箭弹的两个点火片连接构成回路。

（2）工作原理

KS（JGX－3FA）固态继电器是本电路的核心器件，在使用 KS 时要保证输入、输出电气特性在规定的范围内。它的作用是将 C7 上的电能量通过 CK9 可靠的输送至发射架。

KS 的管脚排列如图 2-61 所示。内部工作原理如图 2-62 所示。主要技术参数见表 2-5。

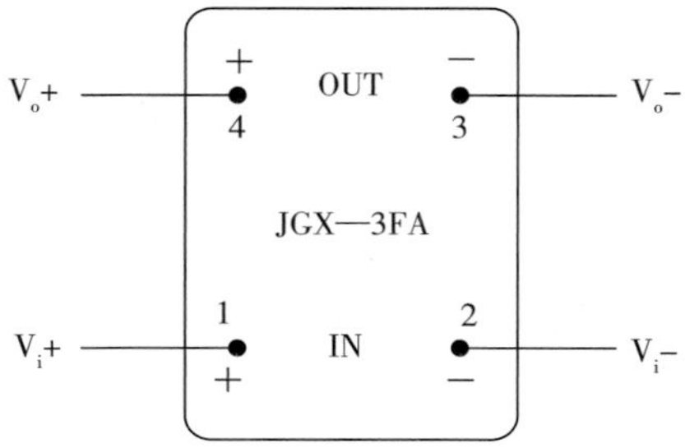

图 2-61　JGX－3FA 引脚排列图

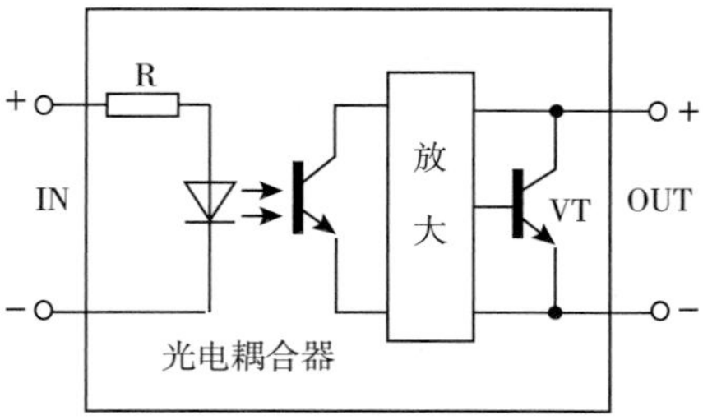

图 2-62　固态继电器工作原理框图

表 2-5　JGX－3FA 固态继电器的主要技术参数表

型号	输入电压范围（V）	输入电流（5 V）（mA）	接通电压（V）	关断电压（V）	输出电压（V）	输出电流（A）	功率损耗（W/A）	接通时间（ms）
JGX－3FA	3.2～14	20	3.2（最小）	1.5（最大）	110 V（最大）	3（最大）	1.5	10（最大）

当发射开关（CK9）按下时，CK9 的第 2 脚与第 3 脚相连，第 5 脚与第 6 脚相连。CK9 第 5 脚上的＋5 V 电压，通过 CK9 第 6 脚输至 KS 的第 1 脚，此＋5 V 电压作为 KS 的开启（接通）电压，同时也加到 C5 上，由于 C5 上的电压不能突变，维持很短的时间，才使继电器接通（第 3 脚与第 4 脚相连），此时 CK9 的第 1 脚与第 2 脚已完全接实，使 C7 上的高电压、大电流顺利通过，消除了开关抖动和触点积碳的缺点。

其他元件作用：R15 产生 KS 负输入端对地压降，R16 产生 KS 正输入端对地压降，C5 低频滤波，C6 高频滤波。

（3）故障及原因

火箭发不出：

① 1 通道线路断。

② CK9 损坏。

③ KS 损坏。

④ ＋5VKS 开启电压没有或过低。

检测方法：

通道线路断时的检测，假设 1 轨道火箭发射不出去，将万用表置于蜂鸣器档，红表笔接发射架通道上点火触头，黑表笔接机箱（打开机箱盖）CK2 左第 3 脚，如果蜂鸣器响，证明线路是好的，如不响，则证明这部分线路有问题，可用分段测量的方法检测。如图 2-63所示。

用红表笔接 CK2 左第 3 脚，黑表笔接 CK9 左第 3 脚，如蜂鸣器响，则证明这一部分线路是好的，如不响，则证明这部分线路有问题。

CK9 的检测，拨万用电表置于蜂鸣器档，红表笔接 CK9 左第 2 脚，黑表笔接 CK9 左第 3 脚，CK9 弹开时蜂鸣器应不响，当按下 CK9 蜂鸣器应响，如不响，则证明 CK9

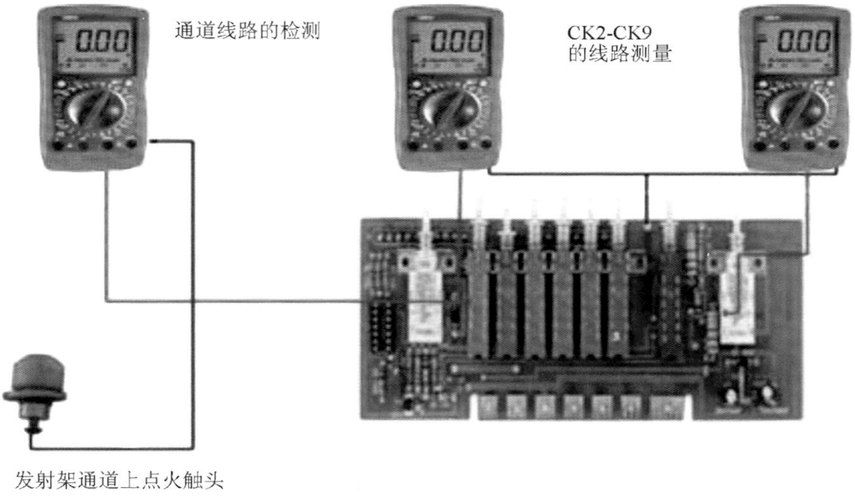

图 2-63 轨道选择开关、发射开关测量图

损坏。

KS 的检测，第 3 脚和第 4 脚无法接通，+48 V 电送不出去。开机，用连接线连接主板和底板，拨万用电表于直流电压档（200 V），红表笔接 P2～35 插槽，黑表笔接地，按下测发转换开关，在按下发射开关，如果电压显示有+48 V 电压，则证明 KS 是好的，如显示没有+48 V 电压，则证明 KS 损坏，如图 2-64 所示。

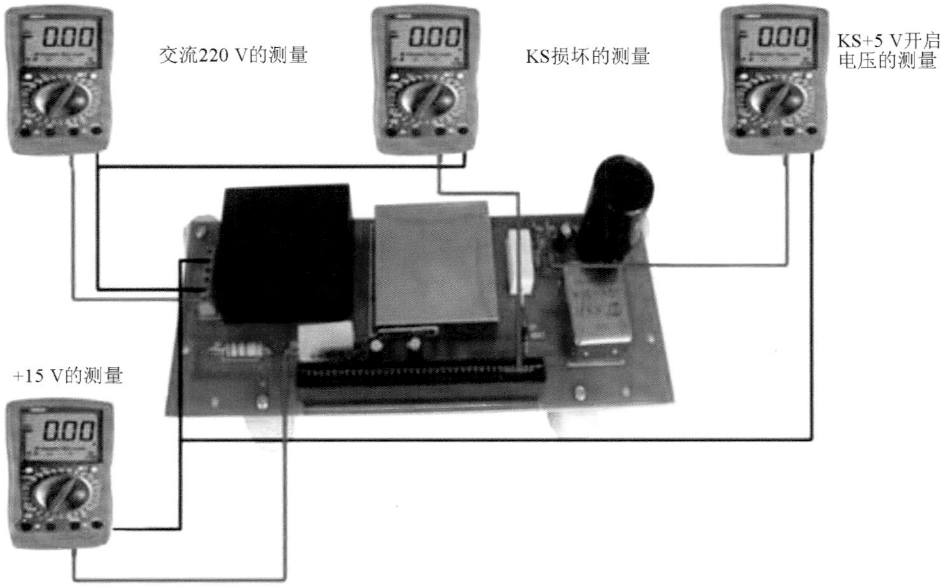

图 2-64 +15 V 输出、交流 220 V 输入、固态继电器损坏及开启电压测量图

+5VKS 开启电压检测，开启（接通）电压没有或过低，使 KS 无法工作开机，用连

接线连接主板底板，拨万用电表于直流电压档（20 V），红表笔接 R16 的下端第一脚，黑表笔接地，按发射开关，如果电表显示有＋5 V 电压，则＋5 V 输入正常，如没有，可检查 CK9 开关，R16、C5、C6 损坏。

2.2.5.4 充电电路分析

(1) 电路结构

充电电路由交流 220 V 输入连接线和插头、Fu1、AC/DC、R18、VD1、CK1、J、JFu2、GB 组成。220 V 交流电通过插头进入机箱，1 路经 P1～5 接到 AC/DC 第 1 脚，另 1 路经 Fu1 到 P1～6 至 AC/DC 第 2 脚。AC/DC 第 3 脚输出＋15 V 直流电，其中 1 路由 R17 至风扇正极，另 1 路则通过 R18 到 P2～2 和 P5～2，经 VD1、CK1 的第 1 脚和第 2 脚，相连于 J 的第 1 脚，再经 P5～1、P2～1、Fu2 与电瓶正极相连。如图 2-65 所示。

(2) 工作原理

充电电路的核心器件是 AC/DC（AC220S15D－10 W）交/直转换器；它将市电交流 220 V 转换成＋15 V 直流输出，给电瓶（12 V7 AH）充电。AC220S15DC－10 W 的引脚排列如图 2-66 所示。内部工作原理如图 2-67 所示。主要技术参数见表 2-6。

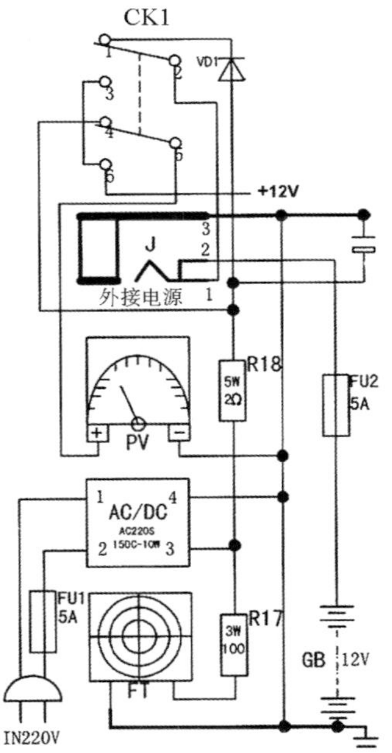

图 2-65 发射控制器充电电路图

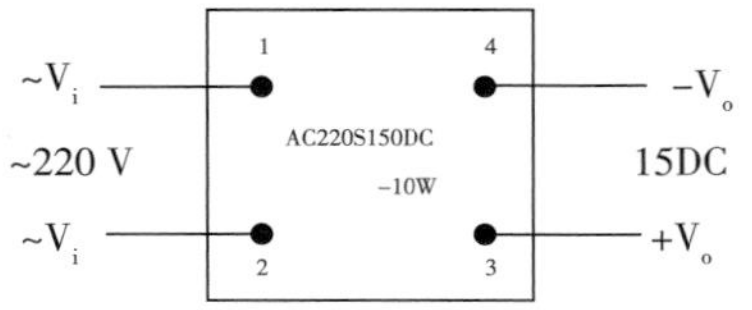

图 2-66 AC220S15D－10W 引脚图

当市电 220 V 接入 AC/DC 第 1 脚和第 2 脚时，AC/DC 第 3 脚就有＋15 V 电压输出，由于 AC/DC 工作时会发热，故输出 1 路到风扇正极，使风扇转动，散去机箱里的热量。另 1 路直接给电瓶充电，电压表显示电压在 13～14 V 时，表示电瓶已充好，可拔掉交流电接入插头。

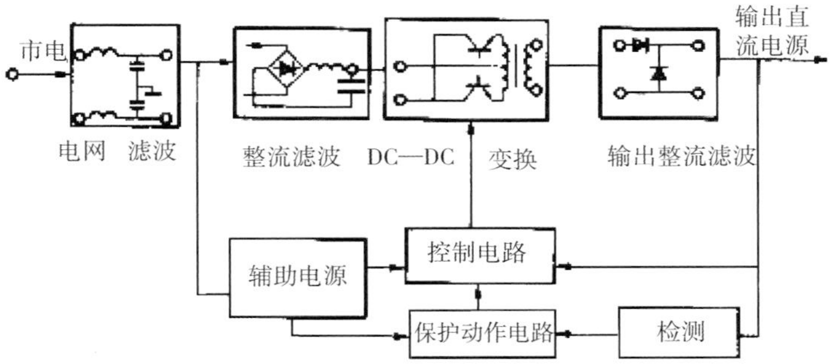

图 2-67　AC/DC 内部工作原理框图

表 2-6　AC220S15DC—10W 主要技术参数表

型号	输入电压范围（ACV）	输出电压（DCV）	输出电压精度	输出电流（A）	短路保护	效率	温度系数
AC220S 15DC—10W	180—250	15	±1%（最大）	1.5	连续可恢复	75%	±0.02% V/℃

R17 是风扇限流电阻器。R18 是充电限流电阻器。VD1 防止电瓶静态电流通过其他电路泄放。

（3）故障及原因

① 没有交流电源。

② AC/DC 损坏。当第 1 脚和第 2 脚接入市电后，没有＋15 V 输出。

③ VD1 被击穿，电瓶电通过其他线路泄放。

④ 电瓶损坏。

检测方法：

打开机箱盖，插上交流电源，调万用电表于交流电压档（1000 V），红表笔接 P1～1 下第 1 脚，黑表笔接 P1～2 下第 2 脚，如果电表显示有 220 V 电压，则证明交流 220 V 已输入，无电压显示则无 220 V 电压，说明这一部分电路有问题，检测保险管有无损坏，检测交流插头是否插好。如图 2-68 所示。

＋15 V 测量：打开机箱，插上交流电，拨万用表至交流电压档（20 V），红表笔接 R18 左端第一脚，黑表笔接地，如电表显示有＋15 V 电压，则证明 AC/DC 模块是好的，如果电表显示没有＋15 V 电压，则证明 AC/DC 模块损坏，需更换。

VD1 的测量：VD1 损坏产生两种后果，其一被击穿短路，造成电瓶不工作时电流延其他电路泄放；其二被击穿断路，造成给电瓶充不上电。打开机箱盖，至万用表电阻档（20 K），用红表笔接 DV1 下端第一脚，黑表笔接 DV1 上端第一脚，如果显示阻值在 500～700 Ω，则证明 VD1 是好的，如果显示阻值＞1000 Ω 或＜100 Ω，则证明 VD1 损坏，需更换。如图 2-69 所示。

电瓶的测量，发射控制器整机工作＋12 V 电压是由电瓶提供的，无电瓶配电，则整机无法工作。拨万用电表直流电压档（20 V），用红表笔接电瓶正极，黑表笔接电瓶负极，如果显示 12 V，则证明电瓶电压正常。如果显示电压在 9 V 以下，则证明电瓶欠压，需要充电。如充电＋12 小时，电瓶电压达不到＋12 V，则证明电瓶损坏。电瓶的测量如图 2-70 所示。

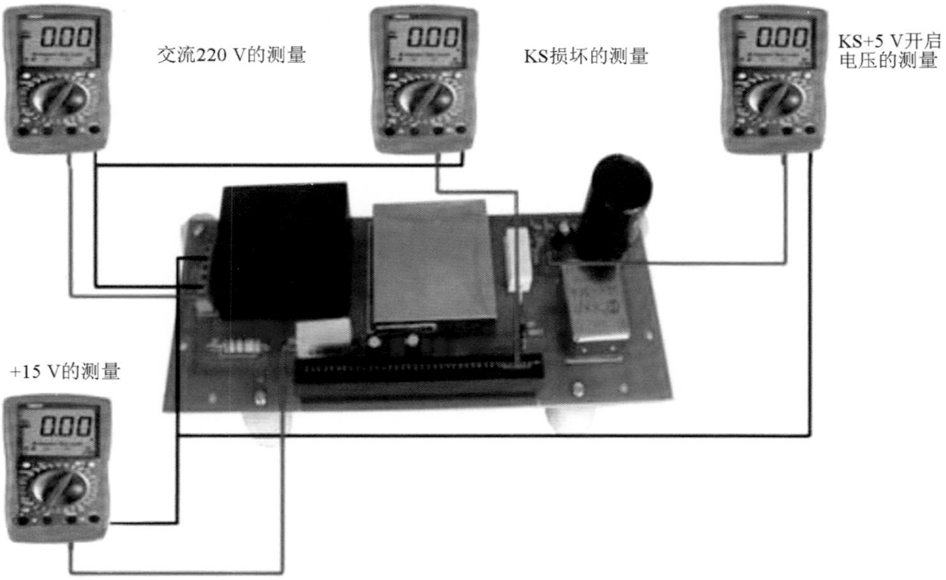

图 2-68　＋15 V 输出测量图

图 2-69　VD1 测量图

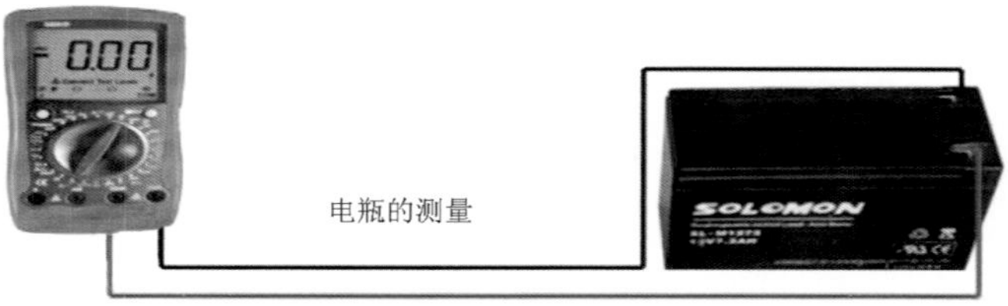

图 2-70　电瓶测量图

2.2.5.5　电源电路分析

(1) 电路结构

电源电路由 GB、IC2、J、和 CK1 组成。GB（电瓶 +12 V）电源经 Fu2、P2～1、P5～1到 P3～10，通过 J 回到 P3～9，再由 CK1 第 2 脚、第 3 脚和第 6 脚分成 2 路，1 路到 CK8 第 8 脚、第 9 脚经 P5～4、P2～4 输至 DC/DC 第 2 脚，另 1 路经 R11 到 IC2 第 1 脚。IC2 第 2 脚输出 +5 V 直流电，1 路到 IC1 第 4 脚使其工作，另 1 路经 CK9 第 6 脚，通过 P5～5、P2～5 到 KS 的第 1 脚，作固态继电器开启电压。外接电源通过 J 的第 1 脚接入至 CK1 的第 2 脚。如图 2-71 所示。

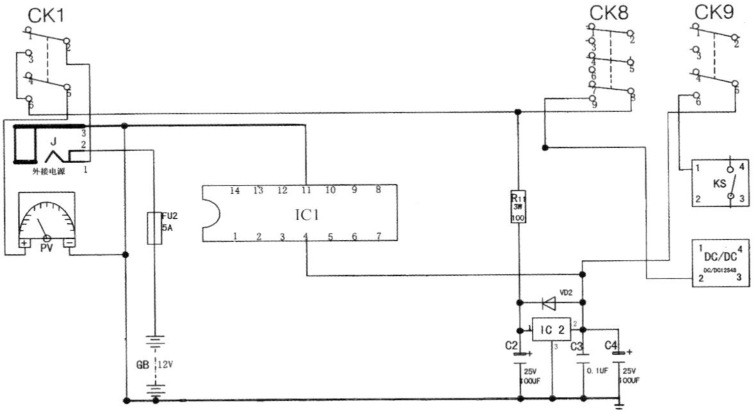

图 2-71　发射控制器电源电路

(2) 工作原理

整机用电由 GB（12V7AH）电瓶提供，如图 2-72 所示。当按下电源开关 CK1 时，电瓶 +12 V 电进入发射控制器，1 路由 IC2（7805）转换成 +5 V 电，另 1 路通过 CK8 输入到 DC/DC 转换成 +48 V 电。

IC2（7805）是三端固定集成稳压器，引脚排列如图 2-73 所示，内部工作原理如图 2-74所示，主要技术参数见表 2-7。

图 2-72　12V7AH 电瓶

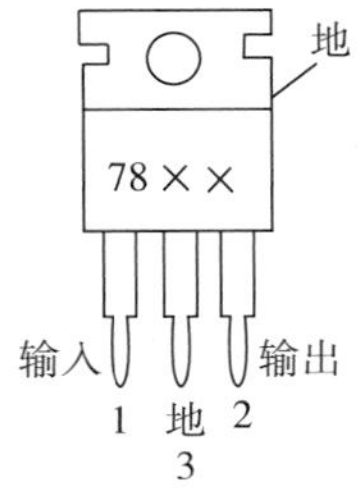

图 2-73　7805 引脚排列图

7805 的使用要特别注意最小输出压差和最大输入电压，否则不能正常工作。7805 输出电流有三种，100 mA、500 mA 和 1.5 A，可根据负载的大小，选择适合的输出电流。另外，R11 是+12 V 限流电阻，C2 为 7805 输入低频滤波，C3 为 7805 输出高频滤波，C4 为 7805 输出低频滤波，VD2 是反峰保护，J 是音频双声道插座。

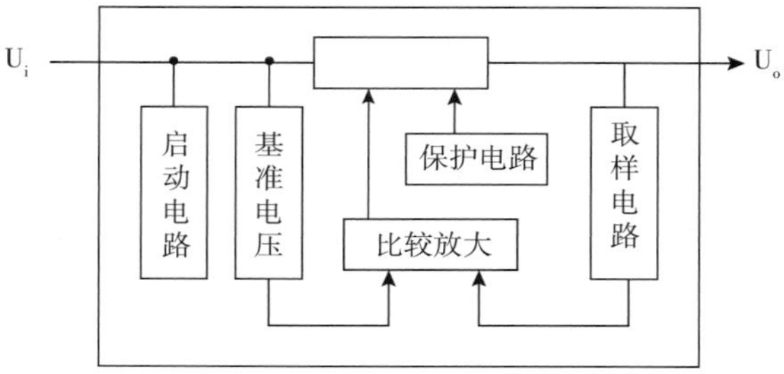

图 2-74 工作原理图

表 2-7 LM7805 主要技术参数表

型号	输出电压 VO（V）	输出电流 IO（A）	最小输入输出压差（V）	最大输入电压 Vi（V）	最大功耗（W）
LM7805	5	1.5	2.5	35	15（加散热板）

（3）故障及原因

① 没有+12 V 电压，电瓶损坏或 FU2 烧断或 J 接触不良。

② 没有+5 V 电压，IC2 7805 损坏或 C3、C4 击穿。

检测方法：

若没有+12 V 电压，其实是没电瓶电压，测量方法同上。

7805 为 LM324 和 KS 提供+5 V 电源，如损坏，LM324 和 KS 不工作，导致整个发控器异常。打开机箱盖，不开机，拨万用电表至蜂鸣器档，红表笔接 VD2 右边第 1 脚，黑表笔接地，如蜂鸣器不响，证明 7805 和 C3、C4 没击穿。如蜂鸣器响则证明三者中有一个被击穿，对地短路了，这时切断 C3、C4 再测量，如蜂鸣器响，则证明 7805 击穿，需更换。如蜂鸣器不响，则证明 7805 没被击穿，C3、C4 其中一个被击穿，焊接好 C3 再测，如蜂鸣器不响，证明 C3 是好的，C4 被击穿，需更换 C4。排除上述故障后，用连接线连接主板底板，打开电源开关，将万用电表至于电压档（20 V），用红表笔接 VD2 右边第 1 脚，黑表笔将接地，如电表显示+5 V 电压，则证明正常，如电表量电压高于+5 V 或低于+5 V，则证明 7805 三端性能不好，需更换。如图 2-75 所示。

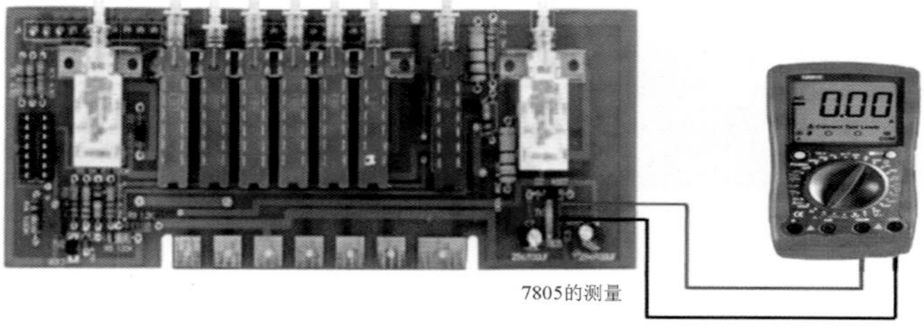

图 2-75 7805 三端稳压器测量图

J 的测量，打开机箱盖，不开机，拨万用电表至蜂鸣器档，红表笔接 P3～10 脚，黑表笔接 CK1 左边第 2 脚，如蜂鸣器响，则证明 J（外接电源插座）接触良好。如蜂鸣器不响，则证明 J 接触不良或损坏，需更换。如图 2-76 所示。

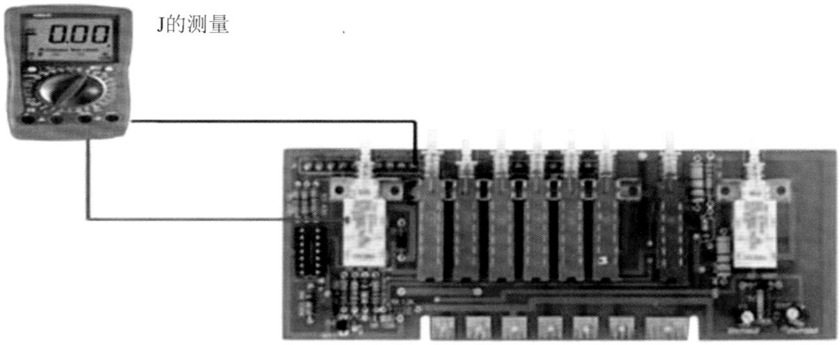

图 2-76　外接电源插座测量图

2.2.6　发射控制器使用注意事项

（1）发射控制器虽安装于外包装箱内，但仍需轻拿轻放，妥善保存。

（2）发控器是火箭发射的专用设备，不用时可上锁，专人保管，注意安全，严防丢失。

（3）在雨天作业时，需用伞或雨布、雨衣等物盖住机箱，严防雨水漏进机箱。

（4）每次作业后，可给电瓶充电，电压表显示在 13～14 V 之间时，表示已充好。平时不用时，每月给电瓶充电一次，这样可延长电瓶的使用寿命。

（5）电池盒里的电池用时可装上，不用时可卸下，以防电池漏液腐蚀电极。

（6）当发射控制器出现故障时，应及时与自治区人工影响天气办公室联系或将实物送到人工影响天气办公室检修，严禁他人私自拆装或检修，否则后果自负。

（7）该发射控制器已获批国家实用新型专利，专利号：ZL 2006 2 0200858.3。使用该设备的人或单位有技术保密和专利保护意识，严禁将该设备和有关技术资料转送或借给他人。

2.3　操作与注意事项

2.3.1　固定式发射装置操作

（1）解开并脱去发射架炮衣，松开主箱体上方位固定旋钮，转动定向器，检查方位旋转是否正常。

（2）摇动俯仰摇把，检查俯仰上下转动是否正常。

(3) 接好发射架及发射控制器之间的连接电缆。

(4) 打开发射控制器电源开关，指示电压为 12 V 左右，此时发射控制器处于测试状态。选择相应通道，接通通道上下点火触头，若正常指示灯亮，可以用来发射火箭弹。

(5) 发射电源检查，按下发射开关，测试导线上的保险管被烧断，说明点火电路正常。

(6) 测试各通道若正常，关闭电源。将发射架定向器的俯仰摇至最低，便于装填火箭弹。

(7) 发射架必须接地释放静电，将火箭弹的两点火铜片间的短路线取掉，检查两个点火铜片是否清洁，如不清洁需用砂纸打磨，保证导电性能良好，火箭弹上架。

(8) 装填火箭弹前确认控制器处于关闭状态，人员必须站在发射架侧后方，将火箭弹弹头顺着轨道方向从轨道尾部装入轨道内。发射 BL－1 型（9394 厂）火箭弹时，必须将火箭弹尾部的两根点火线拉直，分别插入两个点火接线柱内（接线不分正、负极）。

(9) 带弹测试，打开电源开关，此时发控器处于带弹测试状态，若有故障可关闭电源开关，将火箭弹从轨道内取出，用手按一按轨道点火触头弹性是否正常，再将点火触头和火箭弹上两铜片轻轻擦拭干净，再装弹，开机测试，若故障指示灯依然亮，则说明火箭弹有问题。

(10) 上弹后测试通道正常，接到发射命令，可按下测/发转换开关，正常指示灯、发射电源指示灯都亮，再按下发射开关，火箭弹即可发射出去。

(11) 若需继续作业，可重复前面几个步骤。在火箭连续发射时，间隔时间不得低于 5 秒。

(12) 作业结束后，关闭电源开关，将发射架方位对准正北，仰角放置最低，旋紧方位锁定螺钉，拆下电缆线。

(13) 擦拭火箭架，穿上架衣。

2.3.2 车载式发射装置操作

(1) 用 GPS 定位火箭车的位置，然后确定“正北”方位，使发射架定向器的方位指示到零度。

(2) 解开并脱去发射架炮衣。

(3) 松开 3 个滑轨固定螺栓，将发射架主体拉动后移到位，旋紧滑轨固定螺栓。松开行军状态三角支架螺栓。

(4) 松开上筒体方位固定旋钮，转动定向器，检查方位旋转是否正常。

(5) 摇动俯仰摇把，检查俯仰上下转动是否正常。

(6) 接好发射架及发射控制器之间的连接电缆。

(7) 打开控制器电源开关，指示电压应在 12 V 左右，处于测试状态。选择相应通道，接通其通道上、下点火触头，若正常指示灯亮，可以发射火箭弹，依次检查各通道内阻。

(8) 检测通道，选任意通道接通该通道上、下点火触头，打开发射控制器电源开关，正常指示灯亮，按下测/发转换开关，发射电源指示灯亮，发射控制器处于发射状态，按下发射开关，测试导线上的保险管被烧断，说明点火电路正常。

(9) 若测试各通道均正常，关闭电源。将发射架定向器仰角摇至最低，便于装填火箭弹。

(10) 火箭弹上架：首先工作人员需两手触地或手扶发射架定向器（发射架必须接地）释放身上的静电，将该火箭弹的两点火铜片间的短路线取掉，检查两个点火铜片是否清洁，如不清洁需用砂纸打磨，保证导电性能良好。

(11) 装填火箭弹前确认控制器处于关闭状态，人员必须站在发射架侧后方，将火箭弹弹头顺着轨道方向从轨道尾部装入轨道内，前后活动自如，确保火箭弹点火铜片与发射架轨道点火触头接触良好。发射BL－1型火箭时，必须将火箭尾部的两根点火线拉直，分别插入两个点火接线柱内。

(12) 带弹测试：手动发射架定位到作业的方位和仰角，然后旋紧方位锁定螺钉，人员全部撤离到两侧安全区或隐蔽在驾驶室内。开电源开关，此时发射控制器处于带弹测试状态，若有故障可关闭电源开关，将火箭弹从轨道内取出，用手按一按轨道点火触头弹性是否正常，再将点火触头和火箭弹上两铜片轻轻擦拭干净，装弹、测试，若故障指示灯依然亮，则说明火箭弹有问题，不能使用。注意此时发射通道阻值必须正常，可用测试导线进行检测。

(13) 上弹后测试通道正常，接到发射命令，可按下测/发转换开关，正常指示灯、发射电源指示灯都亮，再按下发射开关，火箭弹即可发射出去。

(14) 若需继续作业，可重复前面几个步骤。在火箭弹连续发射时，间隔时间＞5秒。

(15) 作业结束后，关闭电源开关，将发射架方位对准正北，仰角放置最低，用三角支撑架将发射定向器固定在行进状态锁定装置上，旋紧方位锁定螺钉，拆下电缆线。

(16) 松开两个滑轨固定螺栓，将发射架滑轨向前推动到滑轨托架内，然后再旋紧3个滑轨固定螺栓。

(17) 擦干净火箭架，穿上架衣。

2.3.3　操作注意事项

(1) 作业人员未经上岗培训，不得从事火箭作业系统的操作。

(2) 作业人员操作前应仔细阅读火箭作业系统使用说明书。

(3) 测量火箭弹电阻需用专用仪表，严禁用万用表测量火箭弹的电阻。

(4) 火箭弹发射必须在空域申请得到批准后在指定的时间、方位内发射。

(5) 填弹时应将火箭弹轻轻地在导轨内滑动，检查火箭弹在导轨内是否有卡滞现象。

(6) 每次作业前必须检查发射架各部位的紧固件是否紧固。

(7) 定向器内包圆直径，已由厂家调整好，切勿随意松动。

(8) 发射架上各活动机构应每月加油数次。

(9) 发射架吊装时，着力点应放在火箭架支承体上，严禁发射架导轨受力。

（10）在装弹时一定要关闭发射控制器电源。

（11）不发射火箭弹时，不要开启发射电源。

（12）火箭弹上架后必须有人在发射控制器旁职守。

（13）装填弹时，作业人员应在通道侧方进行装弹，严禁在通道正后方进行装弹。

（14）发射两枚或两枚以上火箭弹，应间隔应＞5 秒。

（15）在发射方向上不得有障碍物，如高压线、树木、建筑等。

（16）严禁无关人员围观，操作人员密切注意火箭弹飞行情况，谨防残骸下落伤人，随时注意空中动态，发现飞机或听到飞机声应停止作业。

（17）宣传教育附近群众，捡到未爆炸自毁的火箭弹应送交当地人工影响天气或公安部门处理，严禁敲打、拆卸、焚烧或改作其他用途。

（18）严禁擅自拆卸火箭弹。火箭弹残体应停留 15 分钟后方可接触，哑弹残骸及不发火的火箭弹应妥善保管，由专业人员进行处理。

（19）发射控制器不宜曝晒或雨淋，要防止进水、碰撞或坠地。

（20）非专业人员严禁随意拆卸发射控制器。

（21）作业时，防止火箭喷射的火焰触及车厢、发控器及电缆。

2.3.4 发射架和控制器的维护保养要求

（1）每次作业后应擦干水渍、污物，除去锈迹后用柴油擦洗导轨及插线盒，火箭架表面无漆部位应涂军用 2 号防护油（GJB 2049－94），活动部位应涂军用多功能通用润滑脂（TBB 1220－2002）。

（2）发射架在装卸运输过程中防止撞击、重压，防止导轨变形及零件脱落。

（3）发射架吊装时，着力点应放在回转支承体上，严禁发射架导轨受力。

（4）发射控制器连续开机工作时间不应超过 1 小时；发射控制器长期不使用时，应检查总电源开关是否关闭，将电池盒内的干电池取出，以防电池漏液损坏元器件；若使用电瓶，需要定期为电瓶充放电，以防电瓶损坏，一般 1～2 个月充电一次，充电时间不宜过长，一般 7～10 个小时左右，充电时应关闭总电源开关（YD－1、2）。

（5）雨天作业时防止雨水渗入，雨淋过的发射控制器严禁开启电源开关，待控制器内部水分蒸发干后，方可开启电源检查。

（6）火箭发射控制器（含电缆）在不使用时应存放室内，贮存温度：－20～＋50 ℃，相对湿度为＜80％。

（7）不要频繁按发射按键或者长时间按住不放。

（8）运输和贮存时按键、开关和接口处于自然状态，禁止碰撞和挤压按键、开关和接口。

（9）使用交流电的电源电压为（220±20％）V。

2.4 发射装置审验规程

人工影响天气是一项涉及安全的科技工作。使用的火箭作业系统从安全、效果上考虑，要求性能稳定、可靠，各项技术指标必须保持在规定的标准范围内，方可投入使用，以确保在实施人工影响天气作业过程中能发挥出安全、高效的作用。

2.4.1　适用范围

本规程规定了 XR-08 型系列火箭发射装置年审检测的项目、内容和具体要求。XR-08 型系列包括 NS 系列产品增雨防雹火箭作业系统，其年检检测或维修后的检测依照本规程执行。

2.4.2　检测主要项目及内容

（1）发射控制器

① 操作按键、开关灵活无卡滞，通道接口完整无损伤；

② 控制器处于正常工作状态、各种指示灯无异常；

③ 点火电压、检测电流满足指标要求。

（2）发射架

① 零部件无缺损，导线焊点接触紧密无锈蚀；

② 俯仰、方位转动机构操作灵活，锁紧机构无松动；

③ 点火线路通畅，性能符合设计要求。

（3）发射控制系统的检测方法

① 测试电压检查

打开电源开关，控制器处于测试状态。选择相应通道，将万用电表“＋ －”表笔与发射架对应通道的上下点火触头相接，表档拨到直流 2 V 档位，此时万用电表显示电压值应在 0.7 V 左右。

② 测试电流检查

打开电源开关，控制器处于测试状态。选择相应通道，将配置的专用测试线一端接到发射架对应通道点火触头的“＋”极，另一端接到万用表“＋”表笔，万用表“－”表笔与点火触头的“－”极相接，万用表上红笔放在 mA 档，表档拨到直流 2 mA 档位，此时万用表显示电流值应$<$1 mA。

③ 发射电压检查

打开电源开关，按下测/发转换按钮，控制器处于发射状态，发射电源指示灯亮。选择相应通道，将万用电表“＋ －”表笔与发射架对应通道的上下点火触头相接，表档拨到直流 200 V 档位，按下发射按钮，此时万用表显示电压值应$\geqslant$45 V。

④ 发射电流检查

打开电源开关，按下测/发转换按钮，控制器处于发射状态，发射电源指示灯亮。将配置的专用测试线一端接到发射架对应通道点火触头的“＋”极，另一端接到万用表“＋”表笔，万用表“－”表笔与点火触头的“－”极相接，万用表上红笔放在 A 档，表档拨到直流 200 mA 档位，按下发射按钮，此时万用表显示电流值应在 1 A 左右。

⑤ 各通道线路检查

打开电源开关，控制器处于测试状态。选择相应通道，将配置的专用测试线两端分别接到发射架对应通道的上下点火触头上，若正常指示灯亮，表示该通道线路正常可以使用。若故障指示灯亮则，说明该通道系统有问题，需进一步检查排除故障。依次对所有通道进行检查。

⑥ 开关按钮操作检查

依次检查各种开关及按钮，应无卡滞、复位正常。

⑦ 状态切换检查

测/发转换开关弹起时，发控器处于测试状态，正常指示灯或故障指示灯亮。测/发转换开关压下时，发控器处于发射状态，正常指示灯或故障指示灯及发射电源指示灯亮。

⑧ 发射检查

将配发的测试线两端分别接到发射架相应通道上、下触头处，开启电源，按下相应通道按钮，正常灯亮，按下测试/发射转换按钮，发射电源灯、正常灯均亮，按下发射按钮，测试线上的保险管被点燃烧断，发射系统正常。

⑨ 供电及充电电路检查

供电电路检查：打开电源开关，常或故障灯正亮，电压表指示应在 12 V 左右，若低于 12 V 应对电并充电（按说明书要求进行）。

外接电源电路检查：在配置的电池盒内装入八节 1 号电池，将电池盒上的插头插入控制器插座，打开电源开关，电压表有显示、正常或故障灯正亮，外接电源电路正常。

充电电路检查：关闭电源开关，将控制器上交流 220 V 电源插头，插入 220 V 市电插座上，控制器上电压表显示充电电压值（12～15 V），充电电路正常。

（4）发射架的检验方法

① 导轨包容圆柱直径检查

测量前应检查导轨有无损坏、变形。测量时，用三种不同规格的标准芯棒对不同规格的导轨包容圆柱直径进行检查。芯棒直径、长度分别为（1）ϕ82.5～0.1 mm、长度为 1200 mm；（2）ϕ66.5 ～0.1 mm、长度为 1000 mm；（3）ϕ56.5～0.1 mm、长度为 600 mm。测量时，将芯棒从导轨上部放入，此时芯棒应稍许露出导轨，用塞尺对芯棒与导轨间隙进行测量，要求间隙在 0.2～0.5 mm 之间。接下来，向下缓慢放芯棒，注意不要碰伤导轨上点火触头。芯棒露出底端少许，按要求进行测量，如果间隙过大或过小，可用增、减垫片的方法进行调整。

② 俯仰机构检验

转动摇把，丝杆转动平稳、灵活、无卡滞，升降自如，工作时无异常响声，俯仰角调整范围 17.5°～70°。丝杆表面有锈蚀时，应及时除锈、保养。

③ 方位机构检查

发射架方位机构转动应平稳、无卡滞；机构锁紧可靠、无松动；方位角调整范围0°～360°。

④ 挡弹器检查

挡弹器要求灵活、无卡滞、无变形，前后间距能调整，挡弹可靠。

⑤ 点火触点检查

点火触点要求上下活动自如、无卡滞、无变形、表面无锈蚀。

⑥ 紧固装置检查

用于连接发射架各部件的螺栓、螺钉装配到位，无松动、无缺失；焊点要焊接牢靠、无脱焊；连杆、支撑、转动机构等部件要经常保养、防锈、涂油。

(5) 填报检测项目表及指标要求，各检测项目符合技术指标要求后方可投入作业使用。

检测内容等按表 2-8 填写。

表 2-8　发射装置检测项目及技术指标要求一览表

序号	产品名称	检测项目	要　求	检测工具	检测方法
1	发射控制器	性能检测	①检测电压＜； ②点火电压≥；	万用表	调到电压档测量
			③检测电流（Ω负载）＜； ④点火电流（Ω负载）≥；	万用表	调到电流档测量
			⑤电阻检测准确度 Ω	标准 9 Ω. 10 Ω. 11 Ω 电阻	对此验证
		功能检验	⑤电源及充电功能正常； ⑥各通道指示正常； ⑦开关旋钮操作灵活； ⑧状态切换正常；	按说明书执行	实际操作
			⑨发射检验。	专用测试线	接入导轨发火检验
2	发射架	性能检测	①导轨包容圆柱直径 ϕ83.0 ～0.2 mm； ϕ67.0 ～0.2 mm； ϕ57.0 ～0.2 mm；	标准芯棒 ϕ82.5～0.1 mm×1200 mm； ϕ66.5～0.1 mm×1000 mm； ϕ56.5～0.1 mm×600 mm；	芯棒放入导轨
			②导轨与芯棒间隙 0.2～0.5 mm；	塞尺	以 0.2～0.5 塞片调整
			③各通道电阻≤4 Ω；(触点短接)	万用表	调到电阻档测量
		功能检测	④俯仰机构转动灵活，锁紧机构牢固可靠； ⑤方位机构转动灵活，锁紧机构牢固可靠； ⑥挡弹器运转灵活； ⑦点火触点滑动自如。	按说明书要求	实际操作
		外观	⑧零部件无缺损，线路焊点无锈蚀。 ⑨紧固装置牢固、可靠。	实物	实际验证
附加说明		①检测时间、人员由组织单位确定； ②检测记录交给受检单位和检测单位存档； ③年检纪录交给受检单位、检测单位和生产单位存档；			

（6）填写检测结果

检测结果按表 2-9 填写。

表 2-9 发射装置检测记录及评价

序号	产品名称	检测项目	技术指标要求	检测记录	结论（合格与否）
1	发射控制器	性能检测	①检测电压＜0.7 V ②检测电流（5 Ω 负载）＜1 mA； ③点火电压≥45 V； ④点火电流（5 Ω 负载）≥1 A；		
		功能检验	⑤电源及充电功能正常； ⑥各通道指示正常； ⑦开关旋钮操作灵活； ⑧状态切换正常； ⑨发射检验。		
2	发射架	性能检测	①导轨包容圆柱直径 ϕ83.0 ～0.2 mm； ϕ67.0 ～0.2 mm； ϕ57.0 ～0.2 mm； ②导轨与芯棒间隙 0.2～0.5 mm； ③各通道电阻≤4Ω；（触点短接）		
		功能检验	④俯仰机构转动灵活，锁紧机构牢固可靠； ⑤方位机构转动灵活，锁紧机构牢固可靠； ⑥挡弹器运转灵活； ⑦点火触点滑动自如；		
		外观	⑧零部件无缺损，线路焊点无锈蚀。 ⑨紧固装置牢固。		
检测评价			检测人 记录人 评价者		

2.5 规格和技术指标

2.5.1 发射架规格

XR-08 型火箭发射架架体规格见表 2-10。

表 2-10　XR-08 型火箭发射架架体规格

数据 名称	重量（kg）	长（mm）	宽（mm）	高（mm）
发射架	160	1740	569	1730（17.5°） 2380（75°）
滑 轨	35	1192	580	95
箱 体	70	下底直径 545	上底直径 320	620
大轨道组合	37	1740	569	223
小轨道组合	13	1445	423	140
地面固定基架	10	640	640	490

2.5.2　发射控制器规格

XR-08 型火箭发射控制器规格见表 2-11。

表 2-11　XR-08 型火箭发射控制外型数据

数据 名称	重量（kg）	长（mm）	宽（mm）	高（mm）
发射控制器	2.5	276	228	95
包装箱	3.5	460	330	155

2.5.3　发射装置技术指标

火箭发射装置主要技术指标见表 2-12。

表 2-12　多种弹型人工增雨防雹火箭发射装置主要技术指标一览表

项　　目	性 能 技 术 指 标
箭轨长度	大 1740、小 1445 mm
导轨包容圆直径	大 83±0.2、中 67±0.2、小 57±0.2（mm）
高低射角	17°～75°
方向射角	0°～360°
各通道电阻	18～5 Ω
装载弹量	ϕ82（mm）3 枚、ϕ66（mm）1 枚、ϕ56（mm）1 枚，合计 6 枚。可调
工作电压	5～12 V
检测开路电压	＜0.7 V
检测电流（5 Ω 负载）	＜1 mA
回路阻值检测精度	≤1 Ω
点火开路电压	≥45 V

续表

项　　目	性 能 技 术 指 标
点火电流（5 Ω 负载）	≥1 A
点火成功率	99%
作业方式	车载流动、地面固定
点火通道数	6 个
工作温度	−40～+50 ℃
滑轨拉伸距离	640 mm
工作湿度	<95%，无凝露
整机质量	160 kg

2.6　综合故障分析与排除

（1）上、下点火触头氧化，使点火触头不能与火箭弹点火片良性接触

用细砂纸轻擦上下点火触头的头部，把触头上面一层的锈膜和脏膜清除掉，保证触点的导电性能良好。排除如图 2-77 所示。

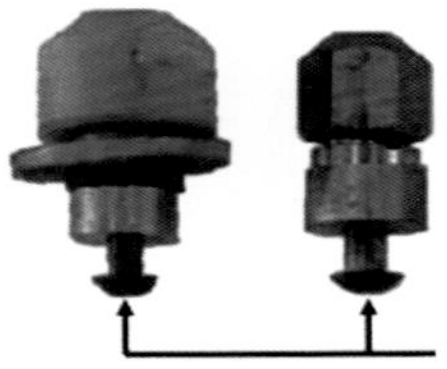

图 2-77　上、下点火触头氧化故障排除图

（2）该通道下触头与地线接触不良

将下触头帽用扳手卸下，取下下触头，用细砂纸将安装触头帽的导轨孔处和触头帽边缘擦磨干净，再安装上，将电表置于蜂鸣器档，红表笔接触头，黑表笔接架体，如电表蜂鸣器响，则证明下触头与地线接触良好。排除方法如图 2-78 所示。

图2-78　下触头与地线接触不良故障排除图

（3）该通道上触头短路

首先确定该通道上点火触头短路，还是触头连接线短路。

① 点火触头短路的确定

旋下上触头防护帽，剪断连接线，将电表至于蜂鸣器档，红表笔接触头，黑表笔接架

体，如蜂鸣器不响，则证明该通道点火触头与地线没有导通，如蜂鸣器响，则证明该通道点火触头与地线导通，这时卸下点火触头认真检查，点火触头与地线接触的原因有两个，其一触头内进水，其二绝缘垫损坏或击穿。如进水了，可将水清除干净，如绝缘垫损坏，需更换绝缘垫。

② 火箭通道点火触头线路短路的确定

某一通道点火线短路，应着重检查定向器线路（桶体线路、电缆、机箱线路应问题不大），因为该线有可能磨损与穿线铜管接触，火烧高温将该线绝缘层烧掉与穿线铜管或其他部位接地。检查时，将连接于该通道的 4 芯电缆头从上桶体卸下，拨万用电表至于蜂鸣器档，红表笔（假如一通道短路）插入电缆插头一号插孔，黑表接定向器，如蜂鸣器不响，则证明这段线路没问题，如蜂鸣器响，则证明这段线路有问题，可将该通道的穿线管卸开，确定具体部位，换线或加绝缘套排除。

（4）该通道上触头断路

某一通道点火线的断路，重点还是定向器线路，造成的原因有两个，其一是点火触头与连接线的焊接处断开；其二是 4 芯电缆头与连接线的焊接处断开。可先将该点火触头的防护帽旋下，检查连接是否断开；卸开 4 芯电缆头，检查连接线。做上述工作前，先进行测量，确定某一段线路有问题后，再进行排除，检查方法同前述。

（5）＋48 V 发射电压不能加到该通道上点火触头

排除上述几个问题后，火箭弹依然发不出去，问题就只有＋48 V 电压没有加到该通道点火触头上，检测与排除的方法与前面讲到的升压电路和发射电路一样，此处省略。

测试不能完成时，先从短路和断路方面检查和维修，在测试完成情况下，从＋48 V 电压方面入手解决。可将万用表至于电压档（200 V），红表笔接该通道上点火触头，黑表笔接定向器，打开机箱电源，按下测发转换开关，再按下发射开关，电表显示有无＋48 V 电压，如有，证明线路没问题，电压已加该通道点火触头上，可能的原因是发射电流小，再检查 C7，如无＋48 V 电压，可检查升压电路和发射电路。

2.7 火箭弹故障处理

（1）哑弹

故障现象：火箭弹发射不出去。

故障原因：由点火系统失效致使火箭发动机和火箭播撒系统瞎火的火箭弹。

处理方法：

① 火箭短路或断路。处理方法：关闭发射控制器电源，等待 5 分钟后换弹。

火箭弹从发射架上退出后须作短路处理。释放静电后，将铜带缠绕在导电片上，用胶带纸贴紧，保证铜带与导电片可靠接触，做好标记并上报有关部门处理。

② 导电环与触头接触不良。处理方法：关闭发射控制器电源，等待 5 分钟后，将火箭弹卸下，将火箭弹上导电环（接触簧片）及点火触头擦拭干净，再将火箭弹装入导轨中，继续测试或发射。

③ 电源电压不足。处理方法：更换电池，使之达到额定要求或采用外接电源。

④ 线路及控制器故障。处理方法：等待 5 分钟后，按电路分析方法找出故障并排除。

（2）炸架

故障现象：火箭弹滞留在发射架上，产生爆炸的现象，如图 2-79 所示。

图 2-79 火箭弹在发射架上自炸和弹头残骸

故障原因：火箭弹发动机不工作，火箭未发射出去，但其自毁装置电路已点燃，箭体产生爆炸自毁，造成发射架导轨损坏。此种现象在 BL 系列火箭弹上发现较多，但其他型号火箭弹也有发生。

处理方法：关闭发控器电源，15 分钟后再接近发射架，检查火箭弹爆炸及发射架受损情况，上报有关部门处理。该导轨请勿继续使用，可与厂家联系修理事宜。

（3）留架燃烧

故障现象：火箭弹滞留在发射架上，焰剂产生燃烧的现象。

故障原因：火箭弹发动机不工作，火箭未发射出去，但其播撒装置电路已工作，催化剂开始燃烧播撒，放出大量烟雾。

处理方法：待火箭焰火熄灭 15 分钟后，再走进现场，退出火箭弹残骸，检查发射架零部件，点火线路有无损坏，若有损坏需及时修复，并上报有关部门处理。

（4）跳弹

故障现象：点火后，火箭弹跳出架外，沿地面飞行或原地窜动。

故障原因：火箭弹发动机故障

处理方法：注意隐蔽，待发动机停止运动 15 分钟后或听到爆声后，找回残骸分析。本批火箭弹停止使用，并及时上报。

2.8 火箭作业事故案例

高炮、火箭等火器装备，具有一定的危险性。随着各地对人工影响天气工作投入的不断增加，作业规模不断扩大，特别是高炮、火箭增雨防雹作业发展迅速，作业量和作业次数同时增大，发生作业事故的隐患和可能性增多，特别是近年来因作业引起的人员伤亡和财产损失事故时有发生，为了杜绝责任事故，强化安全管理工作，本章给出近年作业时发生的人工影响天气事故案例，希望各地应引以为戒，作业时严格执行有关安全生产的规定和规程，认真总结经验教训，减少意外事故发生。

（1）案例一

2001 年 12 月×省×市增雨防雹火箭落入市区事故

2001 年 12 月 5 日，×省×市在距市区直线距离约 8 千米处实施火箭人工增雪时，两枚火箭发射后发生降落伞脱落故障，残骸落入一医学院，其一落入一病房，轻微划伤一住院病人的脸部、手腕，在社会上造成极大影响。此次事故的原因，一为火箭本身质量问题；二为设置作业地点和发射方位、仰角时，未严格按照规定，考虑到 55°仰角发射时如降落伞故障最大水平射程为 9 千米，应避开市区方向。

此外，2000 年 7 月 20 日，×省×市×县在实施人工防雹作业时，一发 3305 厂生产的人雨弹落在县城环城路上爆炸，造成一人死亡、两人重伤、两人轻伤，部分建筑物损坏的后果。事故原因与上述事故相同，与没有按照安全射界图作业有直接的因果关系。

（2）案例二

2006 年×县进行火箭人工增雨作业演练过程中疏忽大意造成火箭尾焰烧伤一工作人员

2006 年×月×日上午，×县气象局副局长 XXX、干部 YYY 等同志在进行火箭人工增雨作业演习过程中，YYY 同志由于一时疏忽，误将原先已卸下的实弹当作教练弹装进发射架通道内。而此时正在为其他同志示范如何使用操作控制器的 XXX 同志，因疏忽大意，在按下发射按钮前没有注意到 YYY 同志装火箭弹，并且站在火箭弹尾翼的后方没有撤离，导致发生 YYY 被火箭发射时产生的火焰冲击烧伤事件。伤员及时送医院治疗，后康复上班。

事故原因分析：

① 演练组织存在问题，操作演练时未按照实际作业规定操作步骤的进行。

② 工作人员疏忽大意。

（3）案例三

群众锯割人工影响天气火箭引发爆炸致人伤亡

前几年，各地发生过数起爆炸自毁式的人工影响天气火箭发生故障，落地后被群众捡到，不顾箭体上印的危险警告，好奇或想把火箭改成工具，对弹体进行锯割引起爆炸，将自己或家人炸伤，这当中有老人也有小孩，还有一少数民族少年，其中两人送医后因各种原因导致伤情加重身亡，也有的留下了终身残疾。

事故原因分析：

① 早年生产的人工影响天气火箭弹，未显著标示出危险勿动、发现后请报告气象或公安部门等警示文字和危险爆炸物品图标，近年生产的火箭均增加了警示文字、图标；

② 火箭弹体上虽有警示文字、图标，但群众不识字，或不顾箭体上印的危险警告，好奇或想把火箭改成工具，擅自处理；

③ 与当地未严格落实作业公告制度有直接关系。气象部门没有通过广泛公告，尽到

自己应负的告知义务，对作业区群众宣传教育不力，致使群众不知道发现故障火箭如何处理，也不知道其存在很大的爆炸危险及其可能造成的严重后果，

所以，要全面建立作业公告制度并泛宣传，让广大群众都知道发现落地的故障弹药应立即保护现场，及时报告气象部门进行处理，以及擅自搬动、私藏处理的危险后果，通过加大宣传教育力度，避免再发生类似惨剧。

（4）案例四

2008 年 8 月 2 日 XX 省人雨弹落入一开发区爆炸致多人受伤

8 月 2 日 18 时 03 分许，一枚人雨弹在××省××市一开发区×社区中达路中段落地爆炸，导致 7 名群众受伤。据查，该人雨弹系距离爆炸点约 9.4 千米的×炮站发射。该炮站 8 月 2 日 18 时许开展人工防雹作业时，人雨弹弹丸在空中未炸，落地发生爆炸引起。

事故原因分析：

① 受制造技术、成本限制，2009 年之前的三七高炮人雨弹信瞎火率≤3%。如引信瞎火人雨弹空中未炸就会以较快速度（300～400 m/s）落向地面，若落地点为坚硬地面（如铁板、石头、水泥地面）就会发生强烈的物理撞击，弹头内的黑铝炸药在强烈的撞击下有可能发生爆炸。2009 年 152 厂、3305 厂开发的新型人雨弹信瞎火率已降低到≤0.3%，并在部分地区试用。安全性能虽然提高，但仍存在瞎火的可能。

② 该作业点使用了不规范的安全射界图，仅以炮站为中心在 5 km 半径内标注了射界图，没有 5 km 之外的地面重要目标分布情况。作业发射方向没能避开落地爆炸点所在的开发区。

（5）案例五

2004 年 5 月 23 日增雨防雹火箭弹在发射架上爆炸

2004 年 5 月 23 日×省×市组织开展一场大范围的流动增雨作业，在作业中，发生一起人工影响天气作业火箭弹在架上爆炸的情况。作业前炮手严格按照操作规范进行各项准备工作，装入×厂火箭弹上发射架，按下开关，火箭弹未动，约过 6～7 秒钟后听到“啪”的炸声，火箭弹在发射架上已被爆炸，约 2～3 分钟后前去查看，发射架上层炸毁，下层变形，中间通道及撑架变形，无法修理已造成双层通道报废。在距发射架车约 3 m 处捡到被炸损的发射架残件和火箭弹后半部（前半部炸飞），无人员伤亡。

（6）案例六

2007 年 1 月 2 日×省×市增雨防雹火箭弹在发射轨道上爆炸

2007 年 1 月 2 日×省×市上午 13 时 40 分，实施地面火箭人工增雪作业，在做完无弹检测和带弹检测均正常的情况下按下发射按钮后，一枚×厂生产的火箭弹在轨道上爆炸。弹体残骸在距发射架前方 50 m 左右的地方落地后燃烧大约 5 秒，5 分钟后对其进行检查，在火箭弹燃烧的地方找到两段大约 25 cm 长的残骸，发射轨道被炸变形，无人员伤亡。

根据对现场勘查以及和同型号其他火箭弹发射情况的对比，发现这枚火箭弹在按下发射按钮后没有向后喷射烟雾就发生了爆炸，判断这次事故是火箭弹的质量问题造成的。

（7）案例七

2008 年 5 月 25 日×省×市增雨防雹火箭弹掉弹事故

2008 年 5 月 25 日，凌晨 07 时 42 分，×省×市人工影响天气作业人员在作业点进行人工增雨作业，其中一枚××厂生产的增雨火箭弹，生产日期：200604，失效日期：201004，在发射时，弹壳留在火箭架附近 2 m 处，其他部分升空，在距离发射点 100 m 处突然降落，施放出浅红色和白色烟剂，作业人员按照操作规程，等烟剂结束 20 分钟后进入火箭弹降落点取回火箭弹残骸，检查人员、车辆、发射架全部安全。

（8）案例八

2008 年 6 月 17 日×省×市增雨防雹火箭弹坠落事故

2008 年 6 月 17 日下午，×省×市在实施人工防雹作业，有一枚未播撒完的×厂生产的火箭弹在正常有效使用期内，并按正常操作程序进行作业，发射后火箭弹落入×县×村民家厨房门内，并发生爆炸，炸坏其家厨房门，同时在房内左侧炸一个 30 cm 的一个坑，造成一定财产损失。

当日现场调查时发现故障弹序号已无法确认，但从作业时间和作业方向来推断可能是从×市发射过来的，为了尽快处理和妥善安抚受损村民，与其签署了处理协议书并进行了现金赔偿和安抚。

（9）案例九

2008 年 8 月 11 日×省县增雨防雹火箭弹掉弹

2008 年 08 月 11 日在距×县城西方 10 千米处，向 WSW 方向发射一枚×厂生产火箭弹，14 时 42 分发射升空约 70 m 左右开伞，弹体前端掉入距发射点 200 m 河谷树林带中，作业人员立即前往事故点灭火，由于灭火及时未造成损失。

该弹生产日期为 2007 年 5 月 15 日失效日期为 2010 年 5 月 15 日。作业按规定程序进行，操作无误。

（10）案例十

2009 年 2 月 5 日 07 时 40 分，在×县人工增雪作业时，两枚火箭弹发生故障。出现发射后落地爆炸现象，因在无人居住区作业，无伤亡报告。

2 月 11 日 12 时 40 分，该县在作业时，发射一枚火箭后，弹体落于距火箭车 3 m 处，弹头飞出，不知去向。

（11）案例十一

2009 年 3 月 19 日×省×县增雨防雹火箭弹炸损发射架

2009 年 3 月 19 日 15 时，作业人员在进行增雨作业，使用×厂生产的增雨防雹火箭弹，在火箭弹安装完毕，点击发射开关后，火箭仍停留在发射架上，未发射出去，稍后弹体中部开始冒出轻微的白烟，随后烟雾越来越浓，黄白相间，浓烟将承载火箭的皮卡车大部分覆盖，随后浓烟减小，渐渐散去，如图 2-80 所示。

在确定无危险后，作业人员上前查看，火箭架上未发射出的火箭弹火药已燃烧完毕，催化剂也播洒一空，并弹出两个着陆降落伞。

2009 年 4 月 16 日 17 时，该县在实施增雨作业时，又发生同样情况。经确认，作业人员操作程序规范，发射故障系火箭弹质量原因所造成，经作业人员检查，火箭发射架的一个弹道已经被烧损，不能进行正常作业。

图 2-80　火箭弹在发射架燃烧图

（12）案例十二

2009 年 5 月 25 日×省×县×炮点在进行防雹作业时，发射×工厂生产的火箭弹一枚，发射后在棉花地里开伞，如图 2-81 所示。

图 2-81　火箭弹在棉花地开伞图

（13）案例十三

2009 年 6 月 18 日×省×县在实施流动火箭车防雹作业时，一枚×厂生产的火箭弹在发射架上燃烧完留下壳体。

（14）案例十四

2009 年 6 月 26 日，×省×县流动火箭在进行人工防雹作业时，×厂生产一枚火箭弹发生掉弹，发射药全部从后部掉出，壳体不知去向。

（15）案例十五

2009 年 6 月 26 日，×省×县流动火箭在人工防雹作业，一枚×厂生产的火箭弹，在火箭架上发生开伞，造成二通道变形，如图 2-82 所示。

图 2-82　火箭架因火箭弹未出轨开伞变形图

(16) 案例十六

6 月 26 日×省×县×炮点，在人工防雹作业时，一枚×厂生产的火箭弹，发射时在发射架三通道留架播撒后开伞，造成火箭发射架的轨道撑架上、下断裂，如图 2-83 所示。

图 2-83　火箭架撑架断裂图

(17) 案例十七

2009 年 7 月 1 日 14：20—14：30，在×县农场进行了人工增雨作业，共发射 3 枚火箭弹。其中一枚×厂生产的火箭弹在飞行至离地面 800 m 左右开伞，残骸已找到，未造成人员伤亡或财产损失。

第 3 章　65 式 37 mm 高射机关炮

65 式 37 mm 高射机关炮（简称双 37 高炮），构造简单，操作轻便，射速快，火力猛，在方向射界内无限制转动，在高低射界内任意起落，能自动连续地装填发射，是人工影响天气重要作业装备之一。实物如图 3-1 所示。

图 3-1　65 式双 37 高炮图

新疆人工影响天气在 20 世纪 60 年代末期开始使用 37 高炮进行人工防雹增雨作业，80—90 年代 37 高炮进入高速发展期。虽然 90 年代后期引进了新的火箭发射装置，但由于双 37 高炮的弹丸具有爆炸冲击波和碘化银催化剂的双重效果，此技术仍被广泛应用于新疆人工影响天气作业当中。

3.1　结构原理

37 高炮主要由自动机、反后座装置、瞄准机和炮车四大部分构成。

3.1.1　自动机

自动机用来保证高炮的连续发射，是高炮的核心部分。由炮身、炮闩、装填机、复进机、驻退机和摇架构成。其原理是第一次发射由人工进行装填发射，发射时在火药气体作用下，产生后座，自动完成开闩、抽筒等动作，并在反后座装置作用下，在一定距离上停止后座；在复进机的作用下，使后座部分复进，自动完成压弹、输弹、关闩、击发等动作；然后又在火药气体作用下，产生后座。只要不断供弹并控制发射踏钣，高炮就能连续发射。

3.1.1.1　炮身

炮身用于在发射时赋予弹丸一定的初速、旋速和飞行方向。安装在摇架上，由身管、防火帽、炮尾等构成。

（1）身管

身管是个组合件，由防火帽、炮管、复进机组成。身管外部前端有连接防火帽的左旋螺纹，中部有连接复进机的连接凸部，后部有卡锁槽和抽筒子缺口。身管以连接凸部与炮尾凸部相啮合，使身管与炮尾不能前后移动，当炮尾上的卡锁卡入卡锁槽内时，身管便不能转动。

身管内部称炮膛，炮膛分药室部、坡膛部和膛线部。药室部用于容纳药筒，其标准长度为 216 mm。坡膛部用于连接药室部和膛线部。膛线部有 16 条等齐右旋膛线，发射时，弹丸上的弹带嵌入膛线，使弹丸做旋转运动，以保持其飞行稳定性。结构如图 3-2 所示。

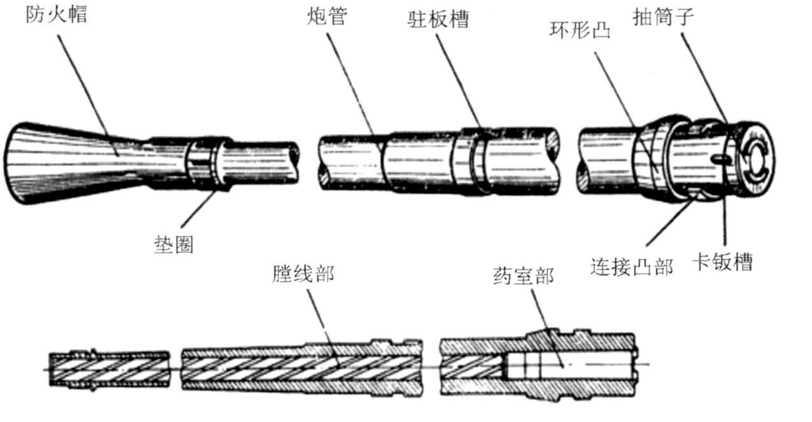

图 3-2　身管结构图

（2）防火帽

防火帽用于发射时减小炮口火焰和声响对炮手的影响。为防止射击中自动旋松，以左旋螺纹拧在身管前端，并用垫圈固定。前端有四条刻线，用于在检查瞄准线时嵌贴十字线。

（3）炮尾

炮尾通过两侧的滑槽安装在摇架箱体内的滑道上，当炮身后座与复进时可起导向作用。外侧有冲杆、卡锁、开关轴孔、输弹机连接耳和活塞杆连接环，冲杆用于后座时冲击后座标尺的游标，批出炮身的后座量，卡锁用来固定身管，使身管不能转动。内部有连接凸部，与身管的连接凸部相吻合。后部有闩体室和挡板，用于容纳闩体向上的行程。结构如图 3-3 所示。

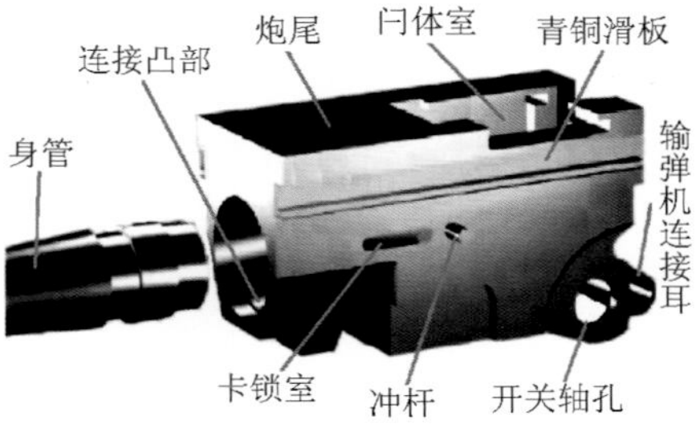

图 3-3　炮尾结构图

3.1.1.2　炮闩

炮闩由闭锁装置、击发装置、开关闩装置和抽筒装置构成。起到关闩、闭锁炮膛、击发、开闩和抽出药筒的作用。结构如图 3-4 所示。

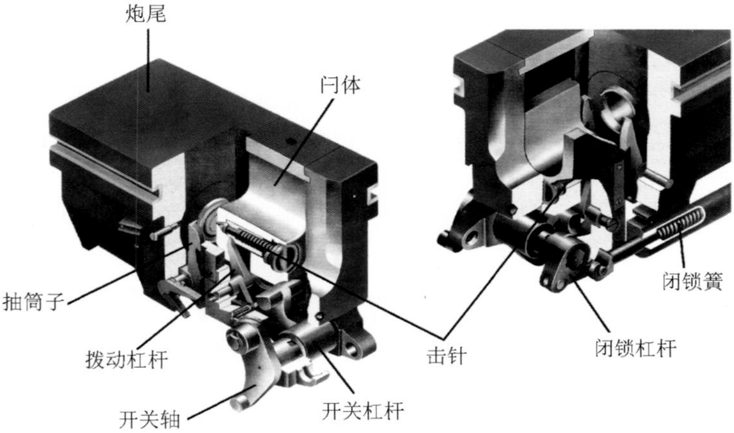

图 3-4　炮闩结构图

（1）闭锁装置

闭锁装置用于闭锁炮膛。由闩体、曲臂（也称开关杠杆）、开关轴和闭锁器构成。结构如图 3-5 所示。

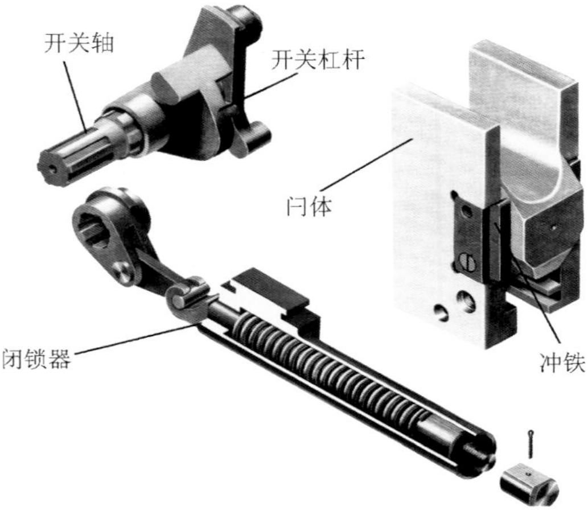

图 3-5　闭锁装置结构图

（2）击发装置

击发装置由击针、击针簧、击针底盖、拨动杠杆、拨动杠杆轴、击发卡锁和击发卡锁簧构成。用于击打炮弹底火，安装在闩体内。结构如图 3-6 所示。

（3）抽筒装置

抽筒装置由左、右抽筒子、抽筒子轴、夹锁和夹锁簧构成。用于抽出药筒和抓住闩体。结构如图 3-7 所示。

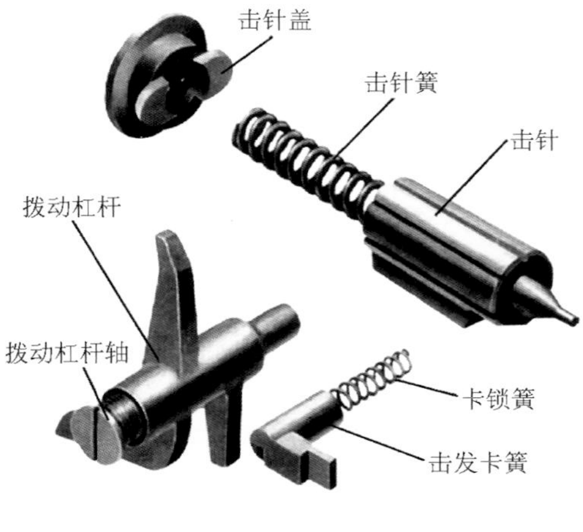

图 3-6　击发装置结构图

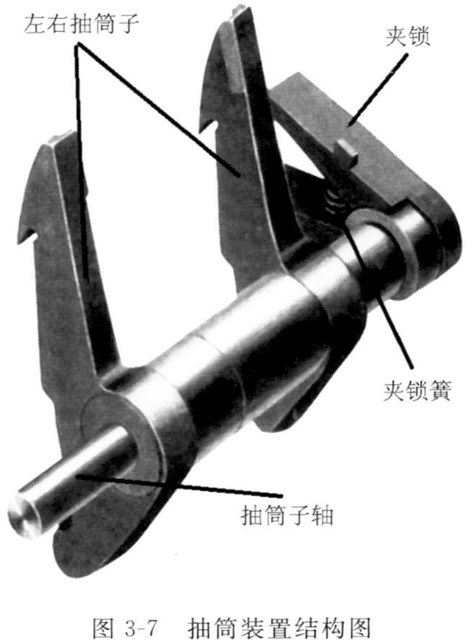

图 3-7　抽筒装置结构图

（4）开、关闩装置

开、关闩装置由握把器、自动开闩盖、手关闩装置构成。开、关闩装置实现人工或自动开闩和关闩的功能。

① 握把器由握把、握把轴和连接条构成。安装在摇架侧壁上，起到人工开闩的作用。

② 自动开闩盖由扳手、歪柄、拉簧、挂柱构成。自动开闩盖起到炮弹击发后产生后座力时，使开关轴转动，自动促使闩体下落开闩。结构如图 3-8 所示。

③ 手关闩装置用于人工手动关闩。安装在自动开闩盖上，如图 3-9 所示。

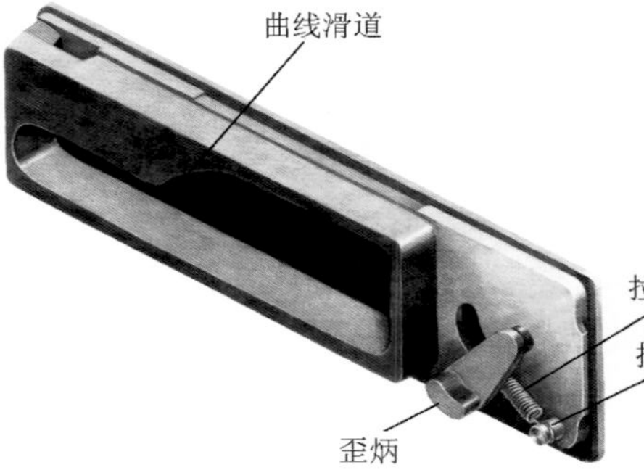

图 3-8　自动开闩盖结构图

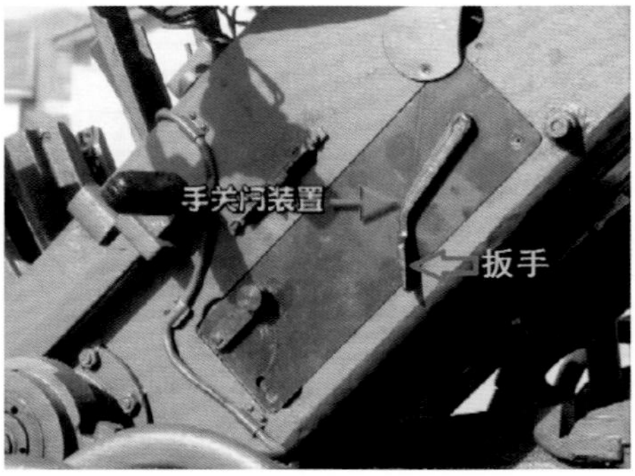

图 3-9　手关闩装置结构图

工作原理：

a. 闩体平时状态

闭锁簧伸张，炮闩关闩。曲臂半圆突出柄顶在闩体圆弧面上，击发凸部压平击发卡锁，击发卡锁簧被压缩。击针簧伸张，击针尖露出闩体镜面。夹锁簧被压缩，抽筒子抓在身管的抽筒子缺口内，状态如图 3-10 所示。

b. 手动开闩原理

拉握把向后，握把带动连接条向后，带动开关轴的凸出轴向后，开关轴带动曲臂和闭锁杠杆向下转动。半圆突出柄离开闩体圆弧面，并向下压拨动杠杆曲角，使拨动杠杆转动，长角向后拨动击针定向键，击针向后，压缩击针簧；曲臂继续转动，半圆突出柄与闩体相遇，压闩体下落，短角离开击发卡锁突出面，卡锁簧伸张，卡锁露出卡锁室；曲臂继续转动，闩体下落，冲铁冲击抽筒子的冲臂，抽筒子后倒，抽筒子抓钩抓住冲铁钩部的上方；闭锁杠杆向下转动，经挂耳带动拉钩杆和压螺、顶帽向后，压缩闭锁簧，为关闩贮存能量，将握把放回前握把扣，连接条凸出铁离开开关轴凸出轴，闩体稍向上即被抽筒子抓钩抓住，使闩体呈开闩状态。如图 3-11 所示。

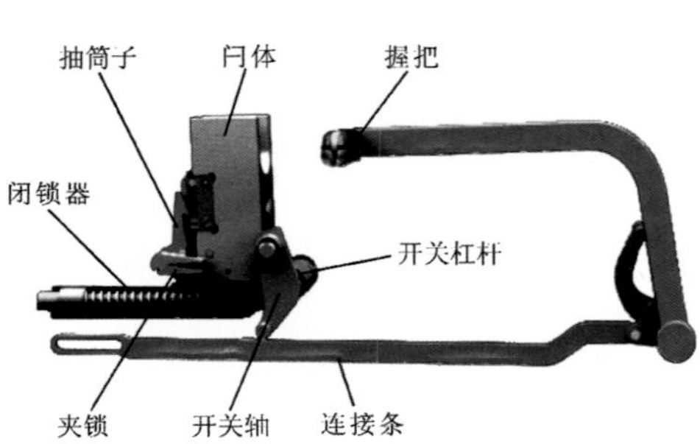

图 3-10　闩体平时状态图

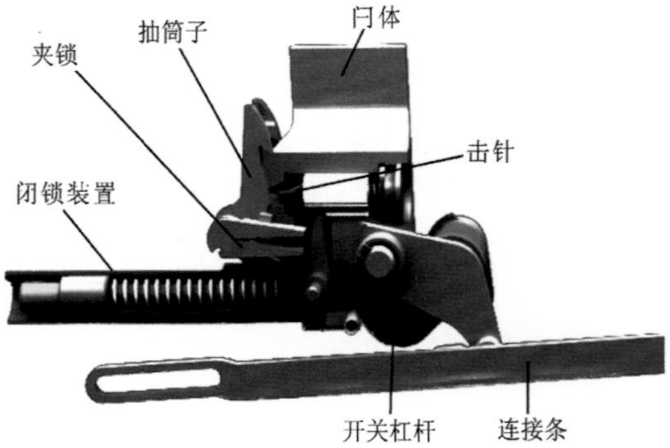

图 3-11　手动开闩图

c. 关闩击发

炮弹入膛时，药筒底缘冲击抽筒子爪，打倒抽筒子，使抽筒子抓钩向前离开闩体冲铁。此时，闭锁簧猛然伸张，经拉钩杆带动闭锁杠杆和开关杠杆轴，使开关杠杆向上转动，半圆凸出柄托住闩体向上，当闩体关闩快到位时，半圆凸出柄离开曲角，短角被击发卡锁卡住，击针成待发状态。闩体关闩到位闭锁后，开关杠杆继续转动，击发凸部压平击发卡锁，放开短角，击针簧猛然伸张，击针向前撞击底火而击发。由此可见，关闩时，先闭锁，后击发。如图 3-12、3-13、3-14 所示。

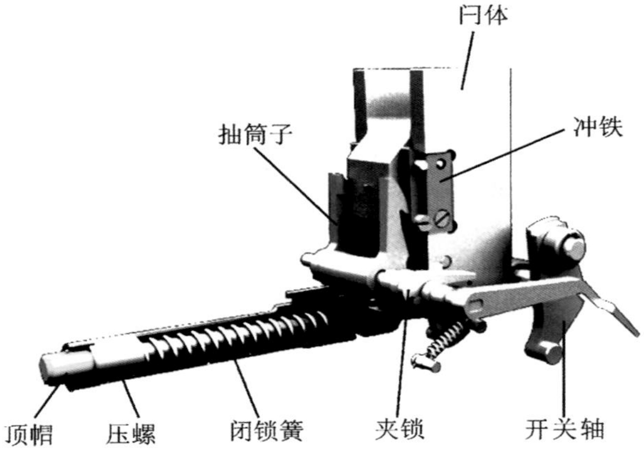

图 3-12　闭锁击发图

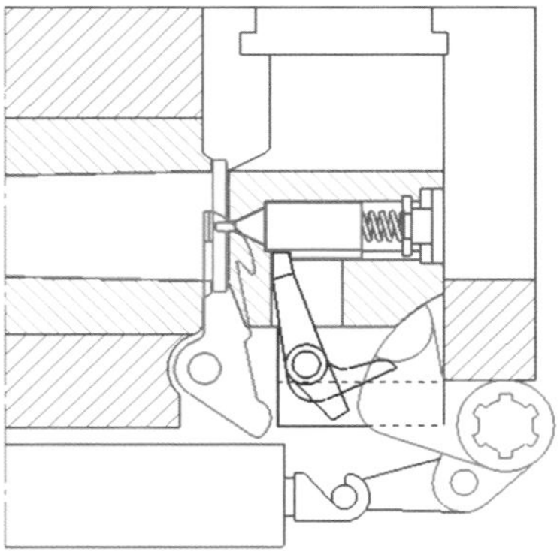
图 3-13　闭锁击发剖面图

图 3-14　待发与击发对比图

人工手动关闩时，用手提扳手，歪柄使抽筒子轴转动，使抽筒子放开闩体，闩体向上关闩，产生动作与炮弹进膛关闩原理相同。

d. 连续发射时炮闩的关闩与开闩

击发后，在火药气体作用下，炮身带着炮闩、输弹机一起后座，开关轴滑轮沿自动开闩盖滑道滚动，迫使开关轴带曲臂向下转动，拨回击针，并压闩体迅速下落，冲铁下端冲击抽筒子冲臂，使抽筒子上端猛然向后倒，抽出射击过的药筒，抽筒子抓钩位于冲铁钩部的上端。在开闩的同时，开关轴还带动闭锁杠杆向下转动，压缩了闭锁簧，贮存了关闩能量。复进开始时，闩体稍向上，抽筒子抓钩即抓住闩体，使闩体保持在开闩状态。复进快到位时，炮弹入膛，打倒抽筒子，又完成了关闩、闭锁、击发等动作。在后座和复进过程中，击发装置原理与人工开闩和关闩过程中原理相同。如图 3-15、3-16 所示。

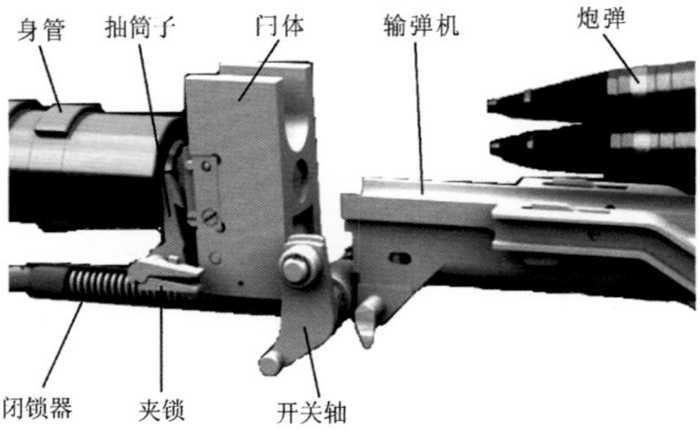

图 3-15　炮闩自动关闩

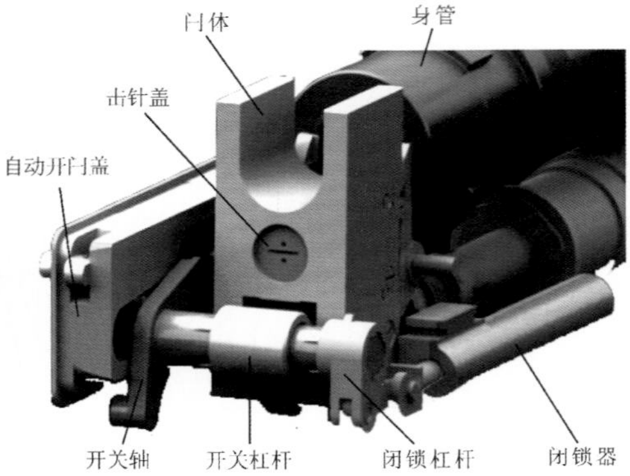

图 3-16　炮闩自动开闩

3.1.1.3　装填机

装填机由压弹机、输弹机、发射机构成。装填机是用高炮后座和复进的能量，连续有节奏地压弹并输弹入膛，以保证高炮的连续发射。结构如图 3-17。

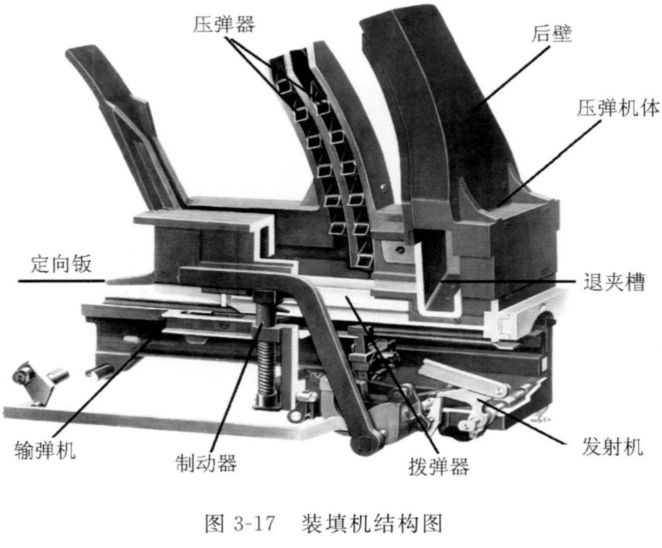

图 3-17　装填机结构图

（1）压弹机

用于有节奏地将炮弹压到输弹机上。由压弹器、拨弹器、制动器和拨动器构成，结构如图 3-18 所示。

① 压弹器

用于射击时自动压弹。由两个不动梭子和活动梭子构成，结构如图 3-19 所示，不动和活动梭子如图 3-20 所示。

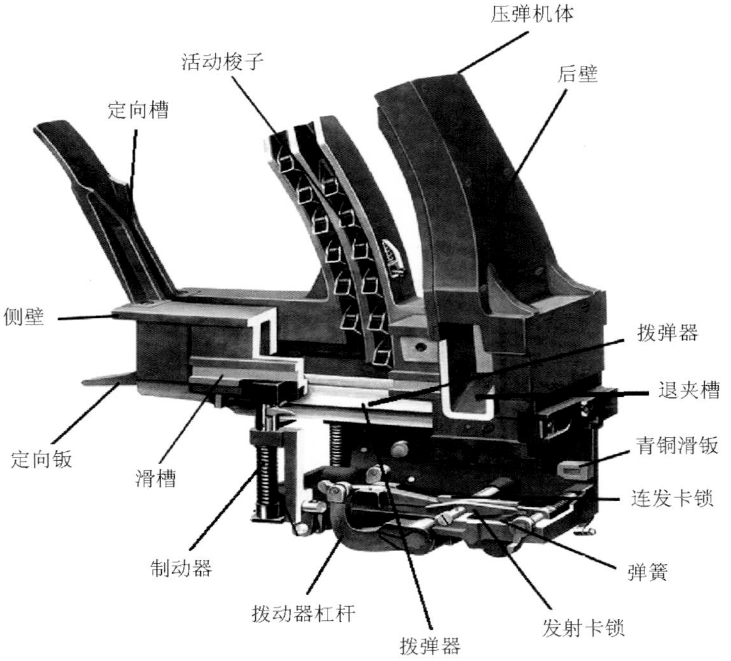

图 3-18　压弹机结构图

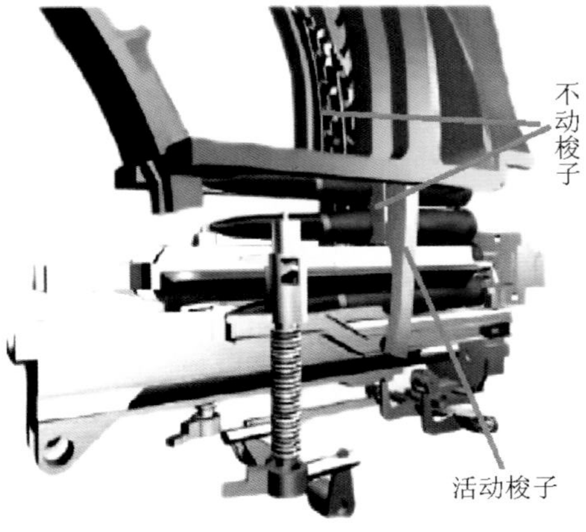

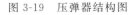

图 3-19　压弹器结构图

图 3-20　不动和活动梭子图

不动梭子用于压弹时，只准炮弹向下而不能向上运动。固定在机体左、右壁内侧，上有扭簧、小齿和销轴。活动梭子用于向下压弹。它活动地装在机体左、右臂内侧，由压弹折板、活动折板和保险器组成。压弹折板上结合有扭簧和小齿，背面有抓钩和斜面。活动折板下端的滑轮卡入输弹机体的滑轮槽内。当输弹机前后运动时，其滑轮槽使活动梭子向上移动，小齿依次向上重新卡住一发炮弹，向下移动时进行压弹。

正常情况下，输弹机体的滑轮槽向前运动迫使活动折板向下移动，经保险弹簧、保险板抵着压弹折板斜面向下压弹，由于压弹所需要的力小于压缩保险弹簧所需的力，故不起保险作用。

② 拨弹器

由拨弹器体、拨弹器轴和定位器构成，用于托住炮弹并将炮弹拨到输弹机上。结构如图 3-21 所示。

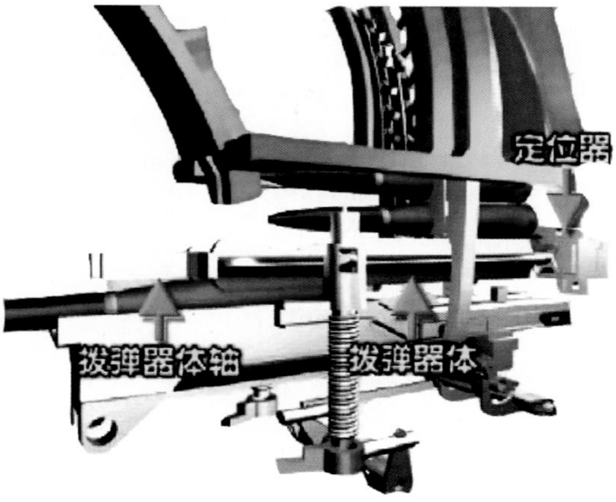

图 3-21　拨弹器结构图

拨弹器体前端套在轴上，可在轴上转动，轴又用螺钉固定在机体前方；后端插在定位器的星形铁内，可带动星形铁一起转动。定位器用螺钉固定在压弹机体的后壁上，用于给拨弹器体定位，使拨弹器体处于正确的拨弹位置。

③ 制动器

由制动器体、活动杠杆、制动器轴、扭簧和小杠杆构成。用于限制拨弹器体每次压弹时只转 90°，拨一发炮弹到输弹机上。安装位置如图 3-22 所示，部件结构如图 3-23 所示。

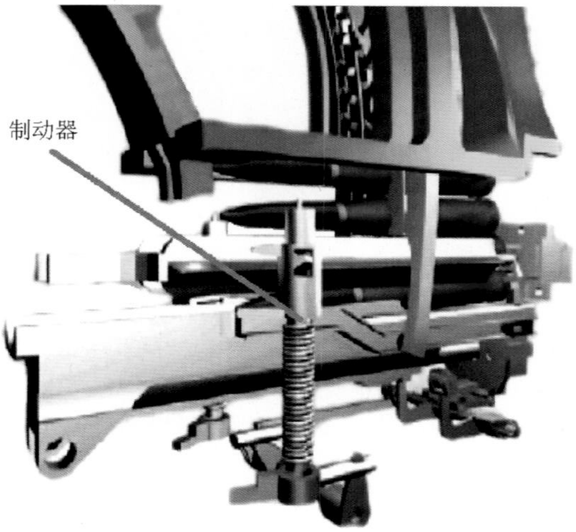

图 3-22　制动器和安装位置图

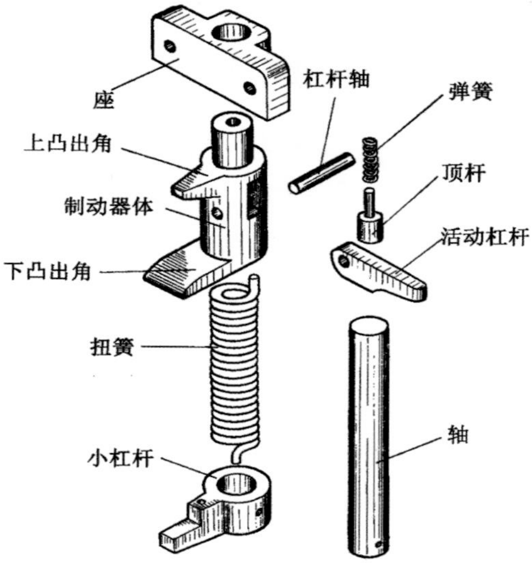

图 3-23　制动器部件结构图

压弹时，打开制动器（第一次压弹，是拉握把由拨动器活动杆打开；射击中压弹，是输弹机体复进时由冲铁冲开），扭簧扭紧，上凸出角向前转动，放开了拨弹器体，活动杠杆转到拨弹器体外棱下方。此时炮弹压着拨弹器体向内转动一个 90°拨下一发炮弹，拨弹器体的下棱变成了外棱，并被活动杠杆挡住上方，使之不能转动。关闭制动器时，扭簧使制动器向后转动，此时活动杠杆离开拨弹器的外棱，上凸出角又卡住拨弹器体外棱的上方，从而保证了有节奏地压弹。

④ 拨动器

由拨动杠杆、拨动杠杆轴、连接耳、连接条、小杠杆、小杠杆轴和活动杆组成。用于拉握把时，拨回输弹器体并打开制动器。拨动器和安装位置如图 3-24 所示，结构如图3-25所示。

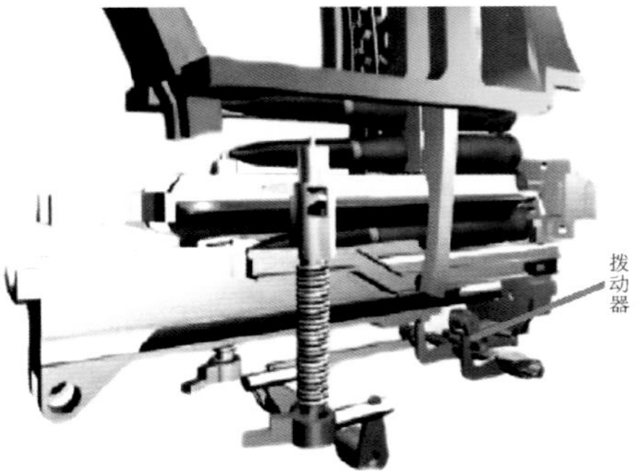

图 3-24　拨动器和安装位置图

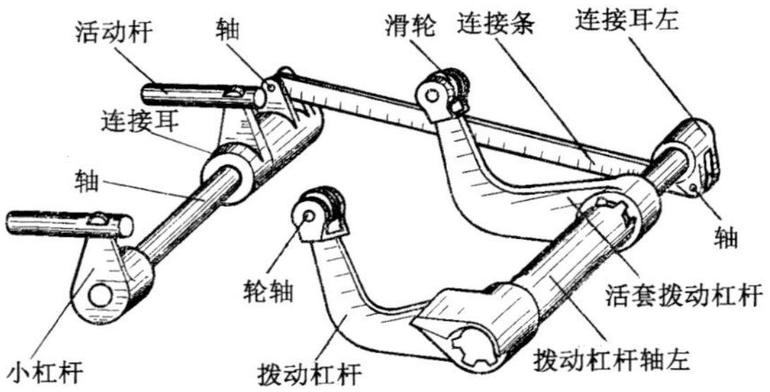

图 3-25　拨动器结构图

拉握把时，握把轴上的歪柄带动拨动杠杆向后转动，拨回输弹器体；连接耳经连接条、小杠杆推活动杆向前顶制动器小杠杆，以打开制动器。

（2）输弹机

输弹机由输弹机体、输弹器构成，用于将炮弹输入炮膛。

① 输弹机体

用于托住炮弹并给予炮弹运动的正确方向。前端有连接耳，用带有簧片的连接轴与炮尾连接。后端以两侧滑轮槽卡在压弹机体内的青铜滑板上，能跟随炮身一起后座与复进。两侧的滑轮槽与活动梭子下端的滑轮配合，使活动梭子上下运动，自动压弹。冲铁前端被顶杆和弹簧顶起，用于复进时冲开制动器下凸出角。输弹钩滑动孔，前端较宽，以便输弹入膛和拉握把退弹时使输弹钩放开炮弹。下方的连发凸部，用于控制自动发射器的卡锁杠杆。如图 3-26 所示。

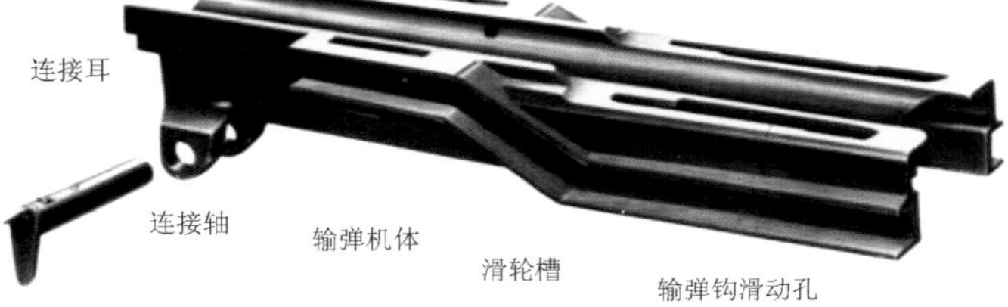

图 3-26　输弹机体图

② 输弹器

输弹器由输弹器体、输弹钩、输弹钩轴、弹簧、弹簧帽、输弹簧、弹簧杆等构成，用于输弹入膛。如图 3-27 所示。

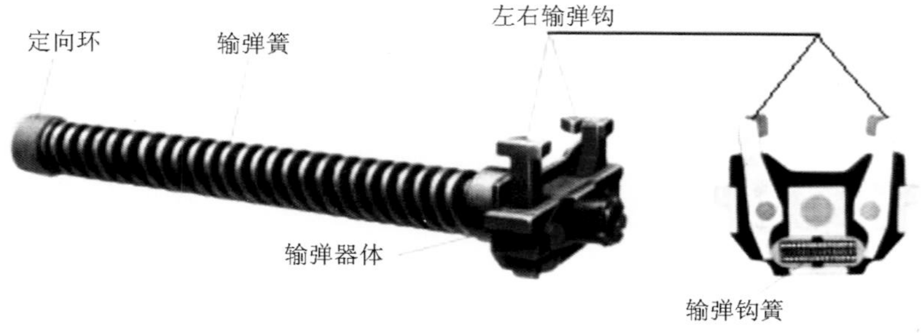

图 3-27 输弹器图

输弹钩用轴安装在输弹器内，其下端由弹簧和弹簧帽支撑，使输弹钩上端始终有一个向里合的力量，保证抱住炮弹的底缘部。

输弹器体固定在弹簧杆的后端，并以两侧的凸部卡入输弹机体内侧的滑槽内。输弹簧套在弹簧杆上，前端顶在环形凸部上，后端被输弹机体下方压螺顶住。

当输弹器体向后时，输弹簧被压缩。炮弹压下时被输弹钩抱住底缘部。放开输弹器体时，输弹簧伸张进行输弹，当输弹钩到达滑动孔扩张部时张开，放开药筒底缘部，炮弹借惯性入膛。

(3) 发射机

发射机由人工发射器、自动发射器、自动同步发射器和保险器组成，用于卡住和放开输弹器体，控制火炮发射。结构如图 3-28 所示。

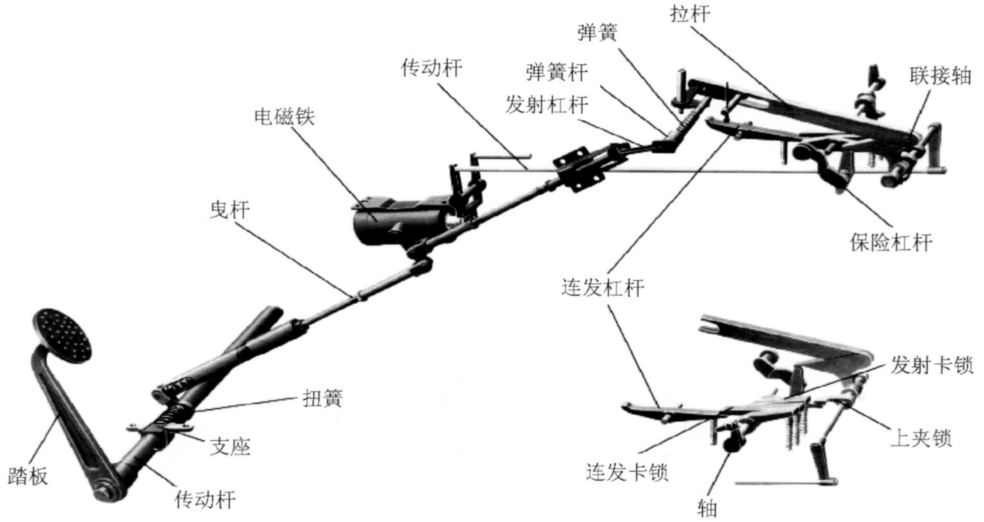

图 3-28 发射机结构图

① 人工发射器用于人工发射时卡住和放开输弹器体，零件分别结合在压弹机体、摇架和托架上。

② 自动发射器由连发发射卡锁、卡锁杠杆和调整螺栓组成，用于发射中自动地卡住和放开输弹器体。

③ 自动同步发射器由夹锁、左杠杆、调整螺钉、右杠杆、内夹锁、同步卡锁等组成，结构如图 3-29 所示。

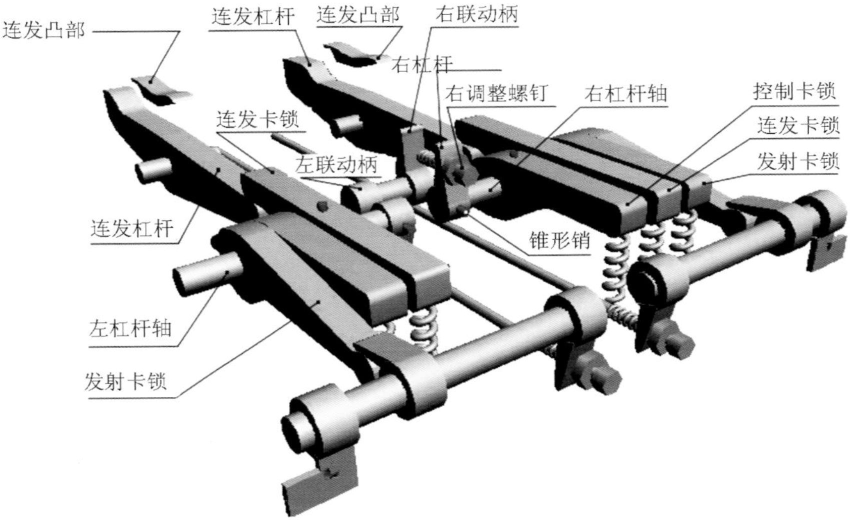

图 3-29　自动同步发射器

自动同步发射器由左输弹机体的连发凸部控制，达到连续发射时两输弹器体能同时输弹入膛，实现左、右身管发射同步。

④ 保险器在不发射时起保险作用，防止走火。装在摇架侧壁上，由转把和保险杠杆等组成。转把有“击发”、“保险”、“解脱”三个位置。结构示意如图 3-30 所示。

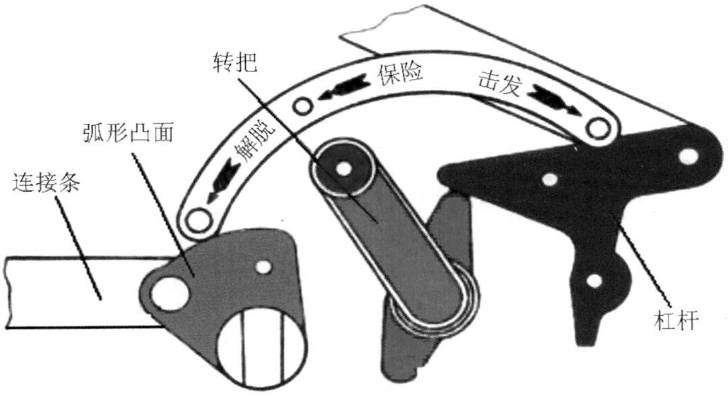

图 3-30　保险器结构示意图

将转把转到“保险”位置，保险杠杆顶住联动柄杠杆，踩发射踏钣，联动柄杠杆不能转动，发射卡锁不会被压下，高炮不能发射。

发射前打开“保险”，将转把转到“击发”位置，保险杠杆向后离开联动柄杠杆，此时踩下发射踏板便可发射。

当转把位于“击发”位置时，拉握把向后，握把轴弧形凸部压保险杠杆的下端向下，使保险杠杆的上端向上顶住联动柄杠杆，此时踩发射踏板高炮不能发射，形成自动保险。

保险器“解脱”位置是避免空放输弹器体而损坏零件。当将转把转到“解脱”位置时，保险杠杆的上端向前，下端向后，使保险杠杆离开了联动柄杠杆，与握把器弧形凸部也脱离，此时拉握把向后，保险器不能自动形成保险。因此，当输弹器体被发射卡锁卡在后方时，可以用手拉住握把、脚踩发射踏板，使发射卡锁放开输弹器体，然后慢慢放回握把，使输弹器体慢慢回到前方。

3.1.1.4 装填机工作原理

(1) 平时状态

制动器在扭簧的作用下关闭，拨弹器体被挡住不能转动；输弹机体位于前方，活动梭子处于下方位置，冲铁在制动器的前方，连发凸部压住卡锁杠杆，自动发射卡锁后端下落；输弹簧伸张，输弹器体位于前方；发射卡锁抬起。平时状态如图 3-31 所示。

(2) 第一次装填时的动作

① 拉握把到最后方，并放在后握把扣内，产生四个动作。

② 打开炮闩：握把带动连接条向后，连接条带动开关轴转动，打开炮闩。

③ 拨输弹器向后：握把轴带动拨动杠杆向后转动拨回输弹器体，并被发射卡锁卡住，输弹簧压缩。

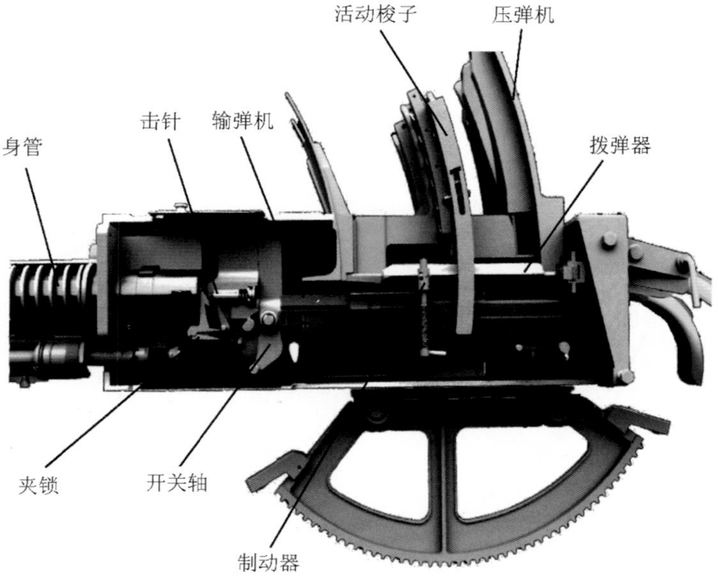

图 3-31 装填机平时状态图

④ 打开制动器：拨动杠杆转动，经连接耳、连接条、小杠杆、活动杆向前顶开制动器，上凸出角放开拨弹器体，同时扭簧扭紧。

⑤ 自动保险：握把轴带动保险杠杆，使保险杠杆顶住杠杆，形成自动保险。

⑥ 压弹：将炮弹装入压弹机内，拨弹器体转90°，最下面一发炮弹压到输弹机上，药筒底缘被输弹钩抓住。

⑦ 送回握把：握把轴上的歪柄使拨动杠杆向前转到原位；活动杆放开制动器，制动器在扭簧的作用下自动关闭；活动杠杆放开拨弹器体，上凸出角重新挡住拨弹器体。

(3) 第一次发射时的动作

① 打开保险。

② 放开输弹器。踩下发射踏板，经过人工发射器的传导，夹锁压下发射卡锁，放开输弹器体。

③ 输弹入膛。输弹器体被放开后，输弹簧伸张，输弹钩抱着炮弹向前，当输弹钩到达滑孔宽处时放开炮弹，炮弹借惯性冲入炮膛，打倒抽筒子，炮闩自动关闭并击发。

(4) 后座时的动作

发射后，膛内火药气体压力，使炮身带着炮闩、输弹机一起后座。炮闩自动打开，抽出药筒，此时装填机有以下动作：

① 自动发射卡锁抬起。

② 活动梭子抓弹。在输弹机后座过程中，活动梭子的滑轮沿曲线槽向上，小齿依次向上重新抓住一发炮弹。

③ 冲铁滑过下凸出角。

(5) 复进时的动作

后座停止后，复进机弹簧伸张，后座部分复进。此时若仍然踩住发射踏板，则发射卡锁落下，装填机便产生了以下动作：

① 卡住输弹器体。

② 打开制动器。

③ 压下炮弹。

④ 输弹入膛。复进到位时，输弹簧伸张，两输弹钩各带着一发炮弹迅速向前，当输弹钩到达滑动孔扩张部时，放开炮弹，炮弹借惯性冲入炮膛，打倒抽筒子，炮闩自动关闭并击发。发射后，火炮后座，复进，装填机又压弹、输弹，重复上述的动作，这样便形成了连续发射。

(6) 停射时的动作

① 松开发射踏板，发射卡锁在弹簧作用下抬起，当复进到位时，输弹器体被发射卡锁卡在后方，呈待发状态。若需继续发射，只要重新踩下发射踏板，便可恢复射击。

② 当装填机内只剩下一发炮弹时，高炮便自动停射。复进终结时，只是输弹器体回到前方，而无炮弹进膛，高炮便停止发射。若需继续发射，则要重新拉握把压弹，才能恢复射击。如图3-32所示。

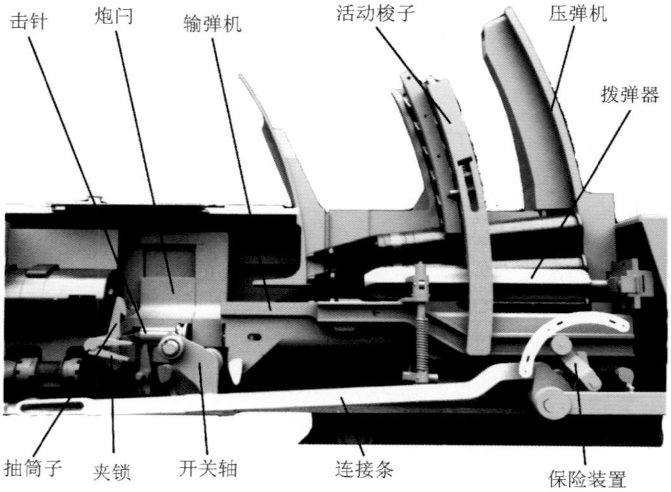

图 3-32　装填机工作原理图

3.1.2　反后座装置

反后座装置由驻退机、复进机、摇架组成。驻退机用于在后座时，产生后座阻力，消耗火炮的大部分后座动能，并在一定长度上制止后座；复进时，节制复进速度，保证后座部分平稳地复进。复进机平时能使炮身处于最前方位置；后座时储存部分后座动能；复进时能使炮身迅速复进到位。摇架为火炮起落部分的主体。

3.1.2.1　结构

（1）驻退机

驻退机由机筒、液体、紧塞器、液体调节器、活塞杆、枢轴杆和调速器构成。用托环固定在摇架颈筒下方，通过活塞杆、螺帽与炮尾连接，结构如图 3-33 所示。

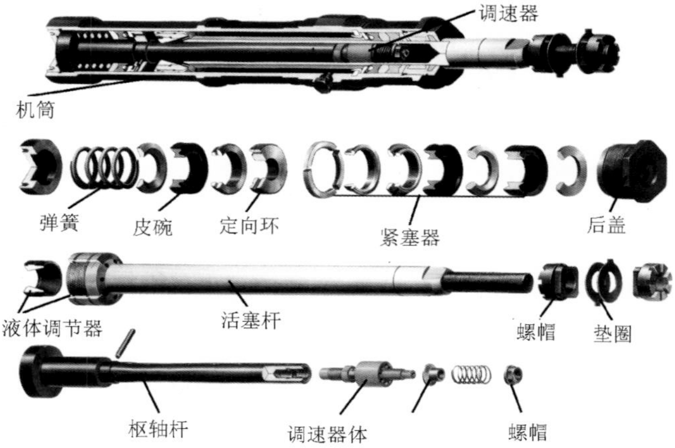

图 3-33　驻退机结构图

（2）复进机

复进机由驻环、驻板、复进簧和垫环组成。复进簧前端顶在驻环上，并用驻板卡在身管驻板槽内；后端借垫环顶在身管环形凸部和摇架颈筒内部的环形凸部上，结构如图 3-34 所示。

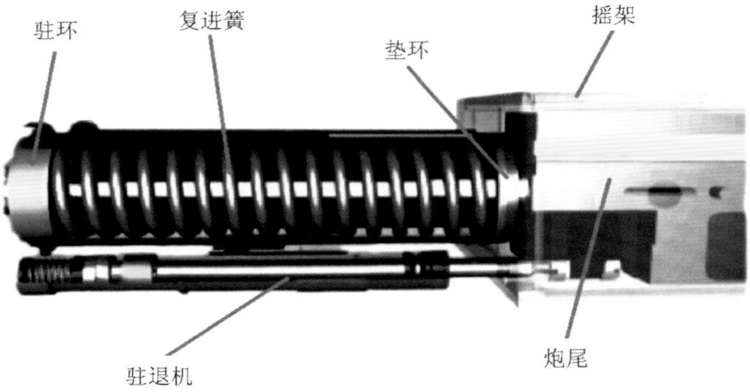

图 3-34　复进机结构图

（3）摇架

摇架由颈筒、机箱、后壁、退壳筒、炮耳轴及后坐标尺等组成。结构如图 3-35 所示。

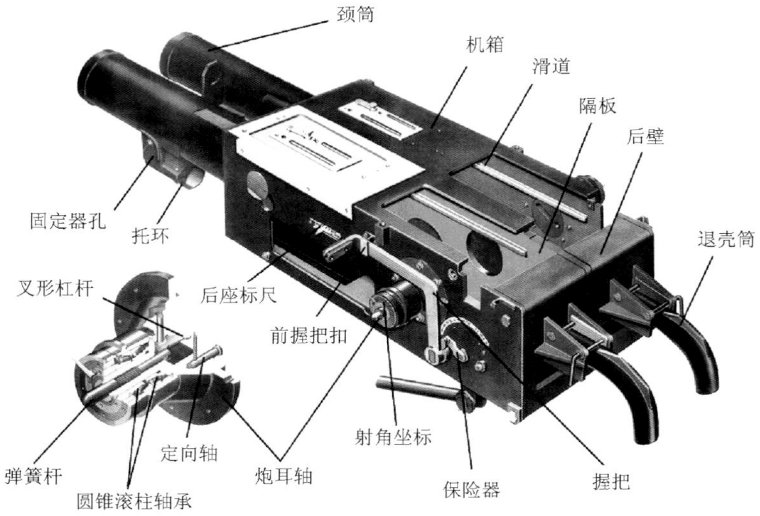

图 3-35　摇架结构图

摇架为高炮起落部分的主体。用于安装炮身、炮闩、装填机、反后坐装置和瞄准具等部件。由高低机控制在高低射界内起落，后座复进时给炮身定向。

① 颈筒

颈筒下有固定器孔和托环，固定器孔用于行军时使炮身托架的驻栓卡入，固定起落部分；托环用于固定驻退机。左颈筒上有检查座，用于检查炮床水平时放置水准仪。颈筒焊在机箱上，后端内部有环形凸部，用于顶住复进簧的垫环。

② 机箱

有上盖、下盖各两块，用于检查或分解结合炮身和炮闩时使用。左、右两侧有护盖，以便分解结合身管时压下卡锁。底部有连接耳，用于连接平衡机弹簧杆。内部有滑道和缓冲胶皮，滑道用于支撑炮尾和装填机，并给炮尾运动定向，缓冲胶皮用于减小炮尾复进到位时对摇架的冲击力。

③ 后壁

用螺栓固定在机箱后端。

④ 退壳筒

用于给退出的药筒定向，以免伤害炮手。由两部分组成，分别结合在后壁和炮盘上。

⑤ 炮耳轴

是摇架的支撑点，用螺栓固定在机箱两侧，并用盖环安装在托架上。

⑥ 后座标尺

用于指示火炮的后座量。由分划尺、游标和滑板组成，安装在机箱左右两侧。

3.1.2.2 反后座装置工作原理

（1）平时状态

发射前，复进机将炮身保持在前方位置，驻退机活塞杆位于枢轴杆前方位置，调速器弹簧伸张，活瓣盖住八个流液孔，大部分液体在活塞与紧塞器之间。

（2）工作状态——后座

发射后，在火药气体压力的作用下，后座部分后座。炮身通过驻环向后压缩复进簧，储存了部分后座能量。

炮身后座时通过炮尾带着活塞杆向后，活塞挤压后方的液体，经活塞上的八个流液孔进入活塞内腔，分成四路：

① 经过调节环与枢轴杆的间隙流到活塞前方。

② 经过调速器体的侧孔、中孔流到活塞杆的内腔。

③ 经过调速器体八个流液孔，冲开活瓣压缩弹簧流入活塞杆内腔。

④ 经过活塞杆内壁前深后浅的凹槽与调速器体表面所构成的流液道，流入活塞杆内腔。

由于液体受到挤压，就要对活塞产生阻力（第一路所产生的阻力是后座时的主要阻力），这个阻力作用在活塞上，通过活塞杆传给后座部分，它和其他后座阻力一道，使后座部分在一定后座长度上停止后座。

为了使后座阻力变化平稳和适应后座速度变化的需要，枢轴杆与调节环之间的流液间隙也是愈来愈小的。驻退机工作的实质是一个能量转换过程：后座的大部分动能转化为液体流动动能，流体高速流动又转化为热能而散发。

（3）工作状态——复进

后座停止后，复进簧伸张，推驻环向前，炮身带着炮尾及后座部分向前复进。炮尾带着活塞杆向前运动，迫使液体向后座时的相反方向流动。活塞前方的液体经调节环与枢轴杆之间愈来愈大的间隙和八个流液孔，流回活塞后方，因此开始复进的速度较快；活塞杆内腔的液体因流动方向与调速器弹簧伸张的方向一致，活瓣关闭八个流液孔，使液体只能从调速器中孔、侧孔和活塞杆内壁前深后浅的流液槽与调速器体表面构成的流液道分两路，然后经活塞的复进阻力逐渐增大，从而节制了复进速度，使后座部分平稳复进到位。

在高炮连续发射的过程中，驻退机和复进机都要动作，其状态如图 3-36、3-37 所示。

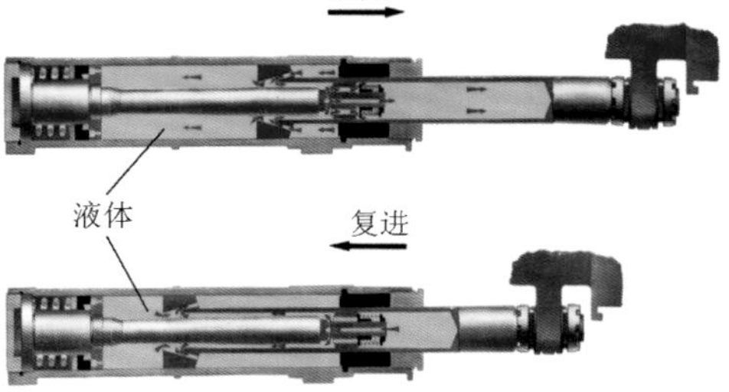

图 3-36　驻退机工作状态图

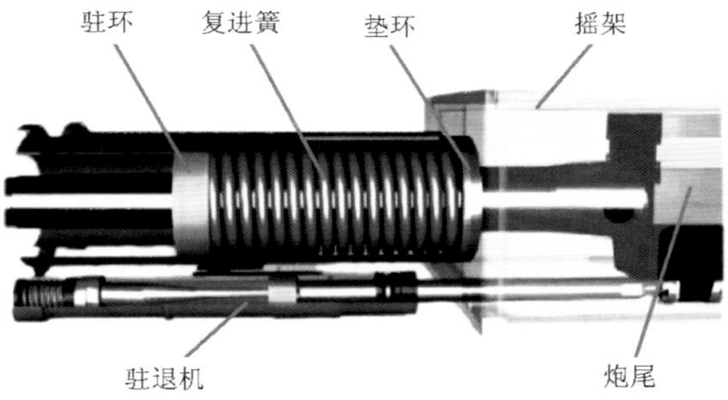

图 3-37　复进机工作状态图

3.1.3　瞄准机

瞄准机用来操纵高炮进行高低和方向瞄准。由高低机、平衡机、方向机和托架构成。

高低机和方向机都有大、小两种瞄准速度，以便于捕捉和跟踪目标。平衡机用来平衡高炮起落对炮耳轴产生前后两部分的力矩，使高低机动作轻便灵活。托架是高炮回转部分的主体，它用来安装高炮起落部分及高低机、平衡机、方向机等，并使之能在方向上回转。

3.1.3.1　高低机

高低机由转轮传动装置、变速装置、蜗轮装置、高低齿轮轴和高低齿弧组成，用于使火炮在高低射界内起落和瞄准。结构如图 3-38 所示。

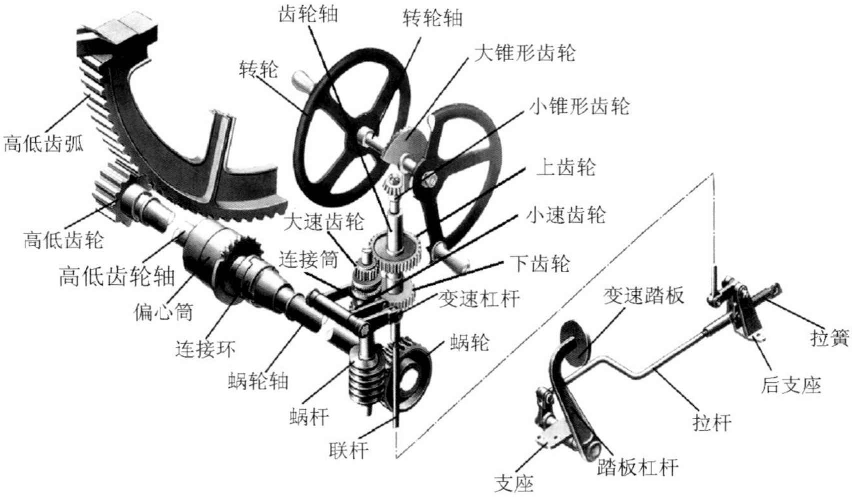

图 3-38　高低机结构图

（1）转轮传动装置：

用于将转动转轮的动作传给变速装置。由转轮、转轮轴、大锥形齿轮、小锥形齿轮、齿轮轴等组成。

（2）变速装置：

用于接受转轮传动装置的动作并变换瞄准速度后传给蜗轮装置。由上齿轮、下齿轮、大速齿轮、小速齿轮、连接筒、拉杆和变速踏板组成。

（3）蜗轮装置：

用于将变速装置的动作传给高低齿轮。由蜗杆、蜗轮、蜗轮轴、连接筒等构成。

（4）高低齿轮轴

由高低齿轮、齿轮轴、偏心筒组成。转动偏心筒可调整高低齿轮与高低齿弧的啮合间隙。

（5）高低齿弧

固定在摇架的底部，用于带动摇架上、下起落。齿弧两端有限制板（上有缓冲胶皮），用来限制火炮的高低射界。

工作原理：

平时，在拉簧作用下，变速踏板抬起，连接筒与小速齿轮啮合，此时大速齿轮空转。转动转轮，通过转轮轴、大锥形齿轮、小锥形齿轮、齿轮轴，使下齿轮带小速齿轮转动。因连接筒啮合小速齿轮转动，通过蜗杆带动蜗轮转动，蜗轮通过连接环、高低齿轮轴转动，使高低齿轮带高低齿弧转动，从而使高炮小速起落，进行小速高低瞄准。

踩下变速踏板，经拉杆、联杆，使连接筒向上与大速齿轮啮合，此时小速齿轮空转。转动转轮，通过转轮轴、大锥形齿轮、小锥形齿轮、齿轮轴，使上齿轮带大速齿轮转动，因连接筒与大速齿轮啮合转动，通过蜗杆带动蜗轮、蜗轮轴转动，蜗轮通过连接环、高低齿轮轴转动，使高低齿轮带高低齿弧转动，从而使高炮大速起落，进行大速高低瞄准。

高低瞄准时，转动转轮，经转轮轴、大锥形齿轮、小锥形齿轮、齿轮轴、上（或下）齿轮、大速（或小速）齿轮通过连接筒转动，再经过蜗杆、蜗轮、蜗轮轴、连接环、高低齿轮轴、高低齿轮拨动高低齿弧，使高炮在高低射界内起落。

3.1.3.2 平衡机

平衡机由机筒、大弹簧（两节左旋、一节右旋）、小弹簧、弹簧杆、隔环、垫环、垫圈、螺帽、单列止推球轴承等构成，用于使高炮起落部分在炮耳轴上保持平衡，并使高低机转动轻便、平稳。结构如图 3-39 所示。

炮身打低时，摇架连接耳通过连接带动弹簧杆向后，弹簧杆通过螺帽、垫环向后压缩大弹簧，增加平衡力矩，以平衡起落部分重量力矩，保证起落部分平稳不落。

打高炮身时，由于大弹簧伸张，顶垫环向前螺帽带着弹簧杆向前，通过连接轴、连接耳拉摇架后部向前运动，由于平衡力矩的作用，帮助高低机使起落部分轻便地抬起。

3.1.3.3 方向机

方向机由转轮传动装置、变速装置、齿轮传动装置构成，用于高炮在方向射界内转动

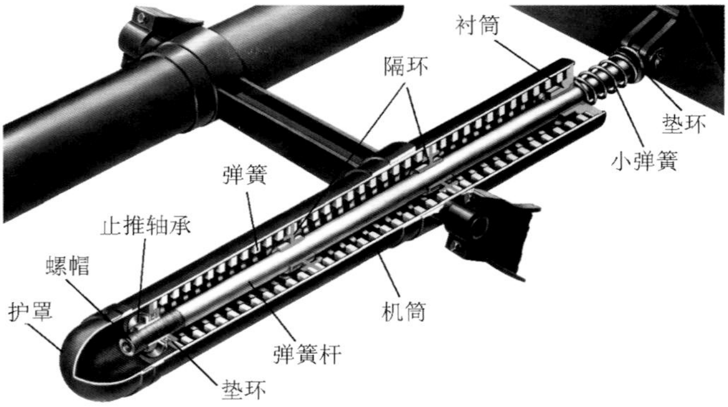

图 3-39 平衡机结构图

实施瞄准。结构如图 3-40 所示。

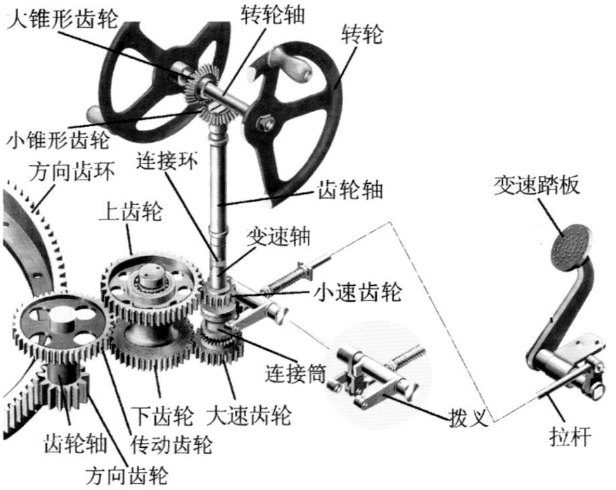

图 3-40 方向机结构图

转动转轮，其动作经转轮轴、大锥形齿轮、小锥形齿轮、齿轮轴、变速轴、小速（或大速）齿轮、上下齿轮、传动齿轮使方向齿轮围绕方向环转动，带动高炮在方向上瞄准目标。

在方向瞄准过程中，瞄准手可根据目标的性质，实施快速搜捕、跟踪或慢速平稳跟踪。若要实施大速瞄准时，瞄准手踏下脚踏板，通过拉杆等即可使拨叉拨动接合筒向下与大速齿轮接通；若要实施小速瞄准时，不踏脚踏板，接合筒与小速齿轮始终保持接通状态。

（1）转轮传动装置

由转轮、转轮轴、大锥形齿轮、小锥形齿轮、齿轮轴、连接环构成，用于将转动轮的动作传给变速装置。

（2）变速装置

由变速轴、小速齿轮、大速齿轮、连接筒、拨叉、拉杆、变速踏板等构成，用于变换瞄准速度。

（3）齿轮传动装置

由上下齿轮、传动齿轮、方向齿轮构成，用于传递转动转轮的动作，使火炮在方向上转动。

3.1.3.4 托架

托架是回转部分的主体，用来安装炮车以外的各部件。在方向机的带动下，托架在方向上回转，实现火炮在方向射界内转动。由上部托架和下部托架构成。

（1）上部托架

由炮盘、左右侧板、瞄准手座、托弹盘和退壳组成。结构如图 3-41 所示。

瞄准手座可以根据需要调整前后、高低位置。托弹盘在退壳筒的后方，可由托弹状态转换在折叠状态。

（2）下部托架

下部托架由方向齿环、滚轴环座、滚轴带等组成。结构如图 3-42 所示。

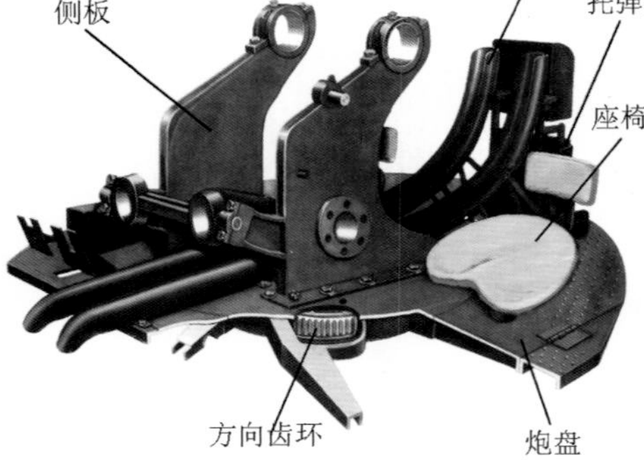

图 3-41　上部托架结构图

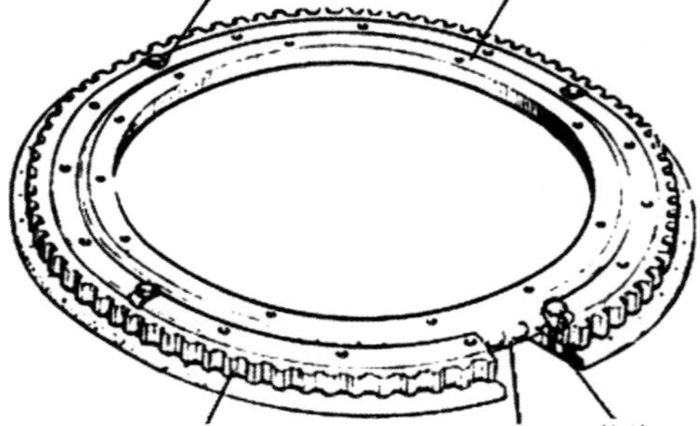

图 3-42　下部托架结构图

3.1.4 炮车

炮车由炮床、前车体、后车体、杠起螺杆和行军战斗变换器等构成，在行军时用于装载高炮，射击时是高炮的稳固基础。结构如图 3-43 所示。

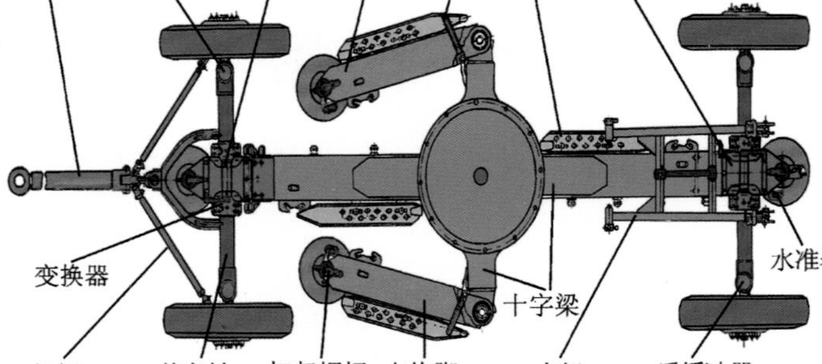

图 3-43　炮车结构图

3.1.4.1　炮床

炮床由十字梁、左炮脚、右炮脚和水准器构成，是炮车的主体。

（1）十字梁

有纵梁和横梁，纵梁用来在射击时增大高炮在纵向上的支撑力臂保证高炮射击时的稳定。

（2）左、右炮脚

用连接轴活动地安装在十字梁上，用来保证高炮横向射击的稳定。左、右炮脚可用炮脚固定器（转把及轴、扭簧、卡板、战斗固定凸部）固定在打开或关闭状态。

（3）水准器

共三个水准器，用来检查炮床概略水平。由水准气泡、固定螺和调整螺等组成。

3.1.4.2　杠起螺杆

四个分别安装在纵梁两端和左、右炮脚上，用于规正炮床水平，同时，射击时也是高炮的四个支撑点，防止高炮下沉。四个杠起螺杆构造相同，均由转把、螺杆、螺筒、内筒、外筒、定向螺和履板等构成。

规正炮床水平时，顺时针转动转把，螺杆通过内筒上端的螺筒迫使内筒向下，当履板着地后，便通过螺杆顶着外筒迫使炮床上升。

反时针转动时，在重力作用下炮床随螺杆下落，到位后迫使内筒向上，收回履板。杠起螺杆可以使高炮在地面倾斜不大于 4°的情况下，规正炮床水平。

3.1.4.3　前车体

前车体由箱体、缓冲器、回转器和车轮构成，通过平衡轴结合在炮床纵梁前端。结构如图 3-44 所示。

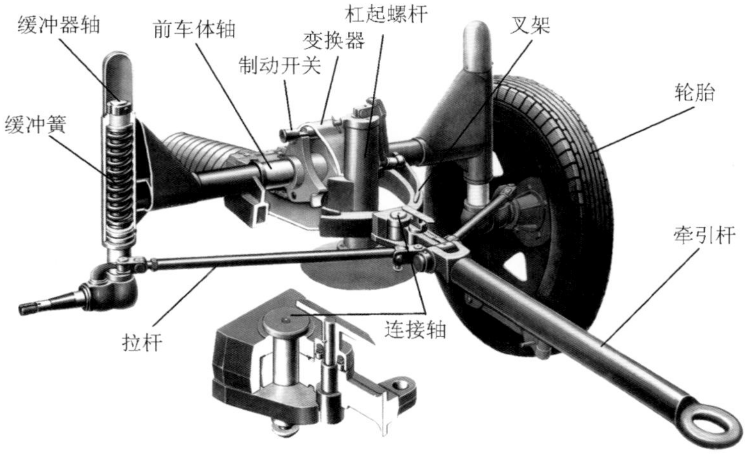

图 3-44　前车体结构图

（1）箱体

用来安装前车轴、杠起螺杆、制动开关等。上有阴铁和固定盖，后端焊有平衡轴。

（2）缓冲器

用于行军时缓冲高炮的受力。由缓冲簧、缓冲器轴、护筒螺帽和护帽等组成。缓冲器簧套在缓冲器轴上，上端通过垫环顶在护筒上，下端在缓冲器轴的环形凸部上。

（3）回转器

用于行军时改变高炮的行进方向，放列；撤去时，用以操纵高炮起落。由牵引杆、连接板、叉架、制动开关、拉杆和回转杠杆构成。

（4）车轮

由轮胎、轮盘、轮毂和轴承组成。其轮胎内为实心海绵橡胶。此轮胎缓冲性能良好；但行进时海绵内胎易摩擦生热，容易失去弹性，老化失效，故使用时应注意防止曝晒和不要处于长期受压。

（5）后车体

与前车体基本相同，不同点如下：

① 后车体与炮床的纵梁焊接一起。

② 后车体上装有炮身托架，其上有固定器和卡环，用于行军时固定炮身，放列、撤去时操纵高炮起落。

（6）行军战斗变换器

两套分别安在前、后梁内。由制动开关、卡板、拉链、拉杆、弹簧、压板和螺帽构成。

① 制动开关用以将炮车固定为战斗或行军状态，有转把和开关轴。

② 卡板固定在车轴上，当开关轴的半圆部卡入卡板的缺口内，车轴便不能转动；卡板与拉链、拉杆连接；弹簧套在拉杆上，用压板和螺帽固定；螺帽可调整弹簧力的大小。

③ 落炮时，转动转把打开制动开关，然后抬牵引杆和炮身托架，使车轴向里转动，压缩了弹簧，高炮平稳下落；当下落到位后，转动转把关闭制动开关，弹簧无法伸张，高炮保持在战斗状态。

④ 起炮时，打开制动开关，抬起牵引杆和炮身托架，使车轴向外转动，弹簧伸张，帮助炮手起炮；起炮后，关好制动开关，高炮即保持在行军状态。

3.2 工作原理

（1）第一次装填时，人工拉握把到最后方，放在后握把扣内，产生动作，打开炮闩，拨回输弹器向后，并被发射卡锁卡住，输弹簧压缩；打开制动器，同时握把轴带动保险杠杆，形成自动保险。

（2）将炮弹装入压弹机内，用力压下，拨弹器体转 90°，使最下面一发炮弹拨到输弹机上，药筒底缘被输弹钩抓住。

（3）发射时，打开保险，将保险器转把转至“击发”位置，踩下发射踏板，经过发射机的传导，使夹锁压下发射卡锁；放开输弹器体，输弹器体被放开后，输弹簧猛然伸张，输弹钩带着炮弹向前，当输弹钩到达滑动孔宽处时放开炮弹，炮弹借惯性冲入炮膛；打倒抽筒子，闭锁簧猛然伸张，经拉钩杆带动闭锁杠杆和开关杠杆轴，使开关杠杆向上转动，半圆凸出柄托住闩体向上，当闩体关闩快到位时，半圆凸出柄离开曲角，短角被击发卡锁卡住，击针成待发状态。闩体关闩到位闭锁后，开关杠杆继续转动，击发凸部压平击发卡锁，放开短角，击针簧猛然伸张，击针向前撞击底火而击发。

（4）击发后，在膛内火药气体压力下，使炮身带着炮闩、输弹机一起后座，开关轴滑轮沿自动开闩盖曲线滑道滚动，迫使开关轴带着开关杠杆向下转动，拨回击针，并迫使闩体迅速下落；闩体冲铁下端冲击抽筒子冲臂，使抽筒子上端猛然向后倒，抽出射击过的药筒，抽筒子抓钩位于冲铁钩部的上端；在开闩的同时，开关轴还带动闭锁杠杆向下转动，压缩了闭锁簧，贮存了关闩能量；复进开始时，闩体稍向上，抽筒子抓钩抓住闩体，使闩体保持在开闩状态。

（5）此时装填机动作有：

① 输弹机随着炮身后座时，输弹机体的连发凸部离开卡锁杠杆，自动发射卡锁便在弹簧的作用下抬起；输弹机继续后座，直到输弹器后座到自动发射卡锁后面为止。

② 在输弹机后座过程中，活动梭子的滑轮沿滑轮槽向上，使小齿依次向上重新抓住一发炮弹。

③ 在输弹机后座过程中，冲铁滑到制动器下凸出角的后方，为复进时冲开制动器作准备。

（6）击发后，炮身后座，压缩复进簧，起一部分驻退作用，同时炮尾带着驻退机活塞杆向后，迫使活塞后方的液体经活塞上的八个流液孔流入活塞内，使阻力增加，后座逐渐停止。

（7）后座停止后，复进机弹簧伸张，使后座部分复进。输弹机随炮身复进时，由于自动发射卡锁抬起，故输弹器体被自动发射卡锁卡住，逐渐压缩了输弹簧。输弹机继续复进，冲铁顶开制动器的下凸出角使上凸出角向前转动，放开输弹器体，同时扭紧扭簧，待冲铁滑过下凸出角后，制动器又在扭簧作用下自动关闭；冲铁冲开制动器的瞬间，输弹机的滑轮槽使活动梭子向下滑动，通过小齿向下压弹，使拨弹器体转动 90°将一发炮弹拨到输弹机上，并被输弹钩抓住。

（8）复进到位时，输弹机的连发凸部压下卡锁杠杆，使自动发射卡锁后端向下，放开输弹器；此时，输弹簧猛然伸张，使输弹钩带着一发炮弹迅速向前，当输弹钩到达滑动孔宽处时，放开炮弹，炮弹借惯性冲入炮膛，打倒抽筒子，炮闩自动关闭并击发；发射后，高炮后座、复进，装填机又压弹、输弹，重复上述动作，便形成了连续发射。

（9）停止射击，需松开发射踏板，发射卡锁在弹簧作用下抬起，当复进到位时，虽然自动发射卡锁下落，但输弹器体被发射卡锁卡在后方，呈待发状态。若需继续发射，只要再次踏下发射踏板，便可恢复射击。

3.3 高炮与炮弹检查

3.3.1 高炮常规检查

（1）检查高炮外部是否完好，螺钉、螺母及各部件连接有无松动现象，工具、备附件是否齐全、完好。

（2）检查身管、防火帽是否固定，检查身管是否膨胀等。

（3）检查击发卡锁动作、击针突出量；检查闭锁器弹簧筒与拉钩杆间隙及抽筒子工作情况。

（4）检查压弹机、输弹机压弹、输弹情况。

（5）检查复进簧复进弹力。

（6）检查驻退机液量、固定情况。

（7）检查后坐标尺游标及后坐标尺零位。

3.3.2 炮弹检查

（1）炮弹引信盖片损坏后有漏气的。

（2）引信点铆不牢固。

（3）弹丸与药筒结合处有松动、歪斜。

（4）弹丸有裂缝、生锈。

（5）弹带碰伤超过凸出高度 1/2。

（6）药筒口部超过 2 条裂缝长度 3～5 mm。

（7）底火凸出或凹入 0.5 mm。

上述是作业前的常规检查，详细技术检查标准和技术参数见中华人民共和国气象行业标准《人工影响天气作业用 37 mm 高射炮技术检测规范》。

3.4 37 mm 高炮故障分析与排除

高炮使用一段时间后，因机械零件磨损，造成工作性能和精度降低，影响正常作业。为保证安全作业，必须对高炮进行细致检查，及时排除故障，使高炮处于良好的临战作业状态。

3.4.1 自动机故障分析与排除

3.4.1.1 炮身故障分析与排除

（1）炮膛的烧蚀和磨损

炮身发射弹丸时，炮膛在极短时间（0.00444 s）内，承受极高的压强（287.8 MPa）和高温（2500～3000 ℃）的同时，膛壁还要承受高速气体的冲击作用、化学作用和弹丸对膛壁的摩擦作用；炮膛表面金属会硬化变脆，出现裂纹，严重时会剥落。炮膛的烧蚀与磨损，在膛线起始部位尤其严重。表现为膛线起始部位的阳线渐渐磨平，药室长度不断增长；药室增长后，会引起弹丸的初速降低，弹道性能下降。

为延缓炮膛的烧蚀和磨损，一定要保持炮膛及炮弹的清洁；防止炮弹曝晒；在特殊情况下，也应严格遵守极限发射速度表 3-1 的规定。

表 3-1 极限发射速度一览表

作业持续时间	20 秒	40 秒	1 分	2 分	5 分	15 分	30 分	1 小时	2 小时
一管极限发射枚数	45	70	90	120	200	250	300	450	750

（2）炮膛膨胀

炮膛膨胀是由于弹丸在膛内运动受到阻碍，影响弹丸在膛内运动，造成膛压升高，使应力超过身管的弹性极限而产生的永久变形。当应力超过身管的强度极限时，就会发生炸膛。由于膨胀后该处直径增大，弹丸通过时，就有部分火药气体经弹丸与膛面之间的空隙跑掉，同时易使弹带与膛线卡合不牢，甚至发生滑脱、碰撞现象，从而引起膛压降低，初速、旋速下降，增大射弹散布，影响射击精度。

预防措施：射击前必须擦净炮膛，射击中也应保持炮膛的清洁。检查弹丸有无碰伤，尤其是弹丸定心部和弹带的状况，发现故障及时排除，严禁使用有故障的炮弹射击。对膨胀身管在其膨胀位置的阴线直径大于或接近 38.5 mm，膨胀已显露到外表面或未显露外表面时，应更换身管。身管外表压坑未超过允许深度，周围无裂缝时，可以继续使用，如果超过允许深度，要更换身管。另外，对外表压坑未超过允许深度的身管，必须用直度径规检查身管的直度，直度径规顺利通过炮膛可使用，否则应更换。如图 3-45、图 3-46 所示。

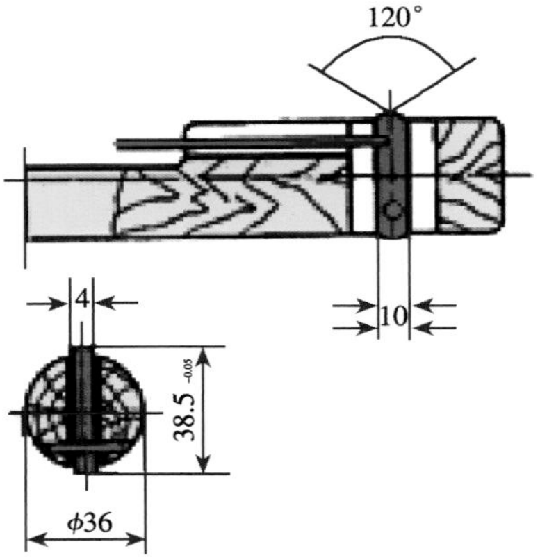

图 3-45 炮膛直径检查器图

图 3-46 直度径规

3.4.1.2 炮闩、装填机、复进机、驻退机故障分析与排除

(1) 拉握把困难，输弹器体拨不到位，退不出弹。

原因及排除方法：

① 握把轴与摇架孔内的衬筒磨损或咬伤。清除衬筒和握把轴上凸起金属，测量衬筒孔径与握把轴径之差，大于 0.5 mm 时，应更换衬筒。如图 3-47 所示。

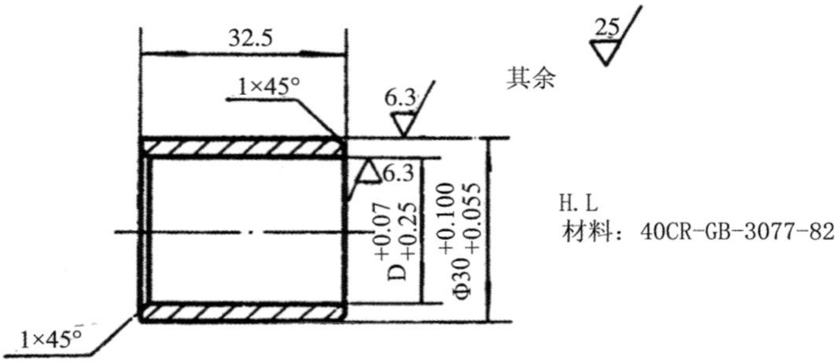

图 3-47 衬筒（05—14/WA702）示意图

② 握把轴的歪柄和拨动杠杆的歪柄压损。在压损的表面上，用焊条堆焊。如图 3-48 所示。

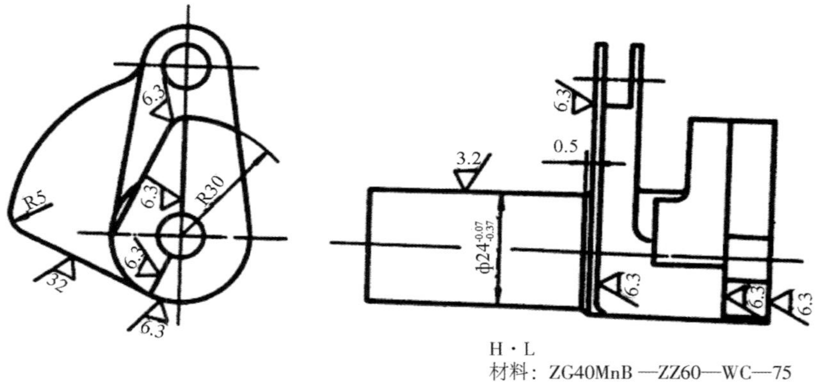

图 3-48 歪柄（05—54 A/WA702、05—54B/WA604）修理

③ 拨动器的拨动杠杆轴弯曲或扭曲。矫直或更换拨动杠杆轴。

④ 两拨动杠杆与输弹器体的接触处磨损，或两拨动杠杆变形、磨损时应更换小滑轮，没有滑轮的可以通行改装成滑轮式的，矫正变形。

⑤ 握把器的连接条弯曲、连接条与开关轴接触的凸出铁磨损。弯曲应矫直，磨损应焊修。如图 3-49 所示。

(2) 炮弹压不上膛。

原因及排除方法：

第一次装填时，拉握把向后到位并放入后握把扣内，炮弹压不到输弹线上。

① 压弹要领不正确，使炮弹在压弹机内歪斜，弹底缘前后错开，造成骑马弹，因而

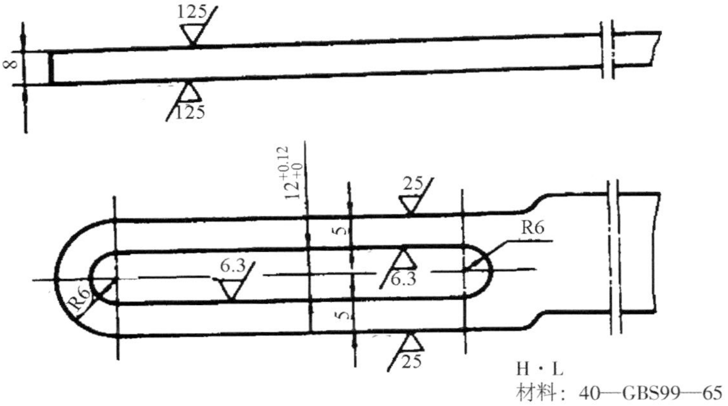

图 3-49　左右连接条（05—014 A/WA702、05—014B/WA604）修理

压不下炮弹。用大起子将炮弹拨正或退弹重压。

② 压弹机退夹槽导板磨损，压弹时不能将弹夹上的卡榫压到位，卡榫放不开炮弹。在退夹槽导板上安装镶条。

③ 拨动器连接耳、连接条的孔与连接轴磨损，活动杆与制动器的小杠杆接触的部位磨损，致使制动器转动角度不够。铰孔配轴，小杠杆用焊条焊修。

④ 拨动器和制动器的 7 个锥形销中至少有一个脱落或折断，造成拉握把传导中断，制动器打不开，上凸出角挡住拨弹器体不能转动。更换锥形销。

⑤ 制动器扭簧从孔中脱出，使制动器不能恢复原位。重新结合或更换扭簧。当连续发射时炮弹压不到输弹机上，可拉握把重新压弹，如果还是压不下去，故障原因疑是压弹要领不对；制动器上的插销断了；输弹机弹簧坏了；活动梭子保险簧失效。解决办法如图 3-50 所示。

拨弹器体在轴上转动困难。定位器限制顶帽、星形铁装反。解决方法为重新结合。拨弹器体轴前端螺钉拧得过紧时调整到 0.1～0.4 mm。炮弹在压弹机内产生骑马弹用大起子拨正，或退弹重压。如图 3-51 所示。

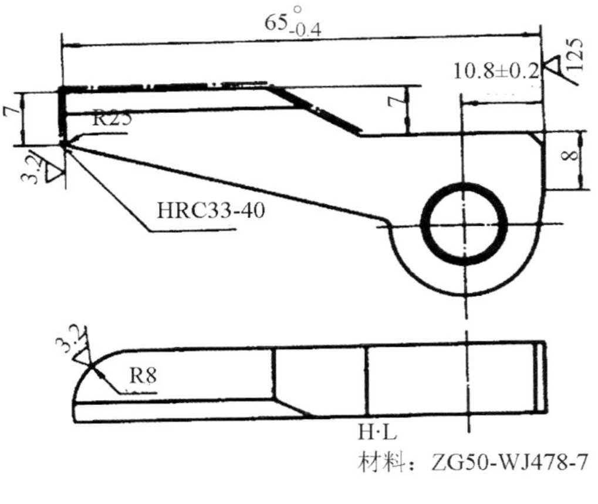

图 3-50　左右冲铁（03—28/WA702、03—28/WA702）修理

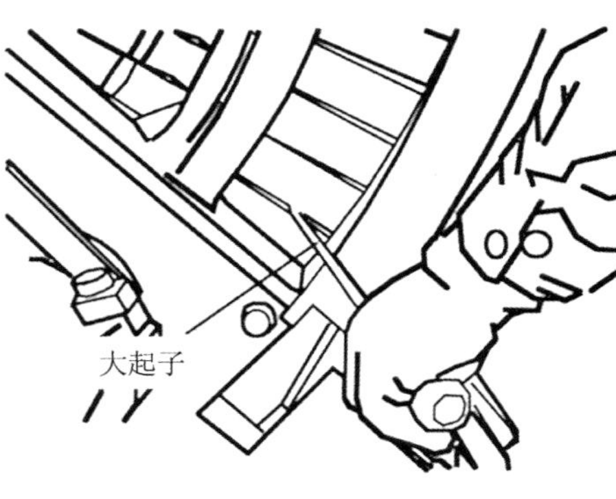

图 3-51　大起子拨正骑马弹

弹夹运动困难，刮修退夹槽。抽筒慢，致使在复进压弹时，拨弹器体被药筒顶住，不能转动，压不下炮弹。退出药筒，重新压弹发射；并注意擦净炮膛、炮弹等；抽筒子冲臂磨损或损坏应更换。压弹力量不足，活动梭子的小齿扭簧失效，小齿有毛刺或变形，使小齿不能恢复原位。更换小齿扭簧，清除小齿上毛刺金属，更换小齿。如图 3-52 所示。

(3) 卡弹

在发射时炮弹卡在输弹线上没有进膛，使高炮停射。

原因及排除方法：

① 关闩过早或关闩迟缓。弹尚未进入炮膛时，关闩过早，将弹卡住；或弹进膛后，关闩迟缓，药筒底缘部撞击身管后端面而产生返跳，此时闩体刚好向上，将弹卡住。

② 拨弹器体下垂。拨弹器体轴同压弹机左右侧壁的间隙过大，此时需要按装填机技术要求进行调整。拨弹器体轴上的衬筒与拨弹器体轴的轴头松动，两者的直径差大于0.3 mm时，按孔配制衬筒。星形铁与拨弹器体的顶轴磨损，需要清理星形铁的方孔，焊修顶轴。

③ 左、右制动器体的上凸出角与左、右拨弹器体的棱角磨损，两者的间隙大于1.5 mm时，堆焊左、右制动器体上凸出角，间隙应为 0.4～1.5 mm。如图 3-53 所示。

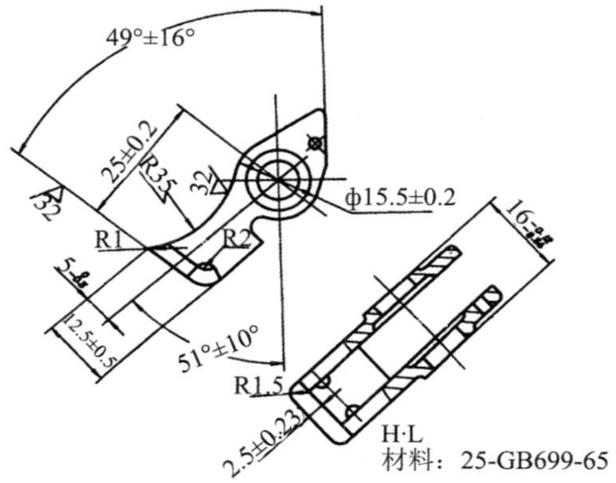

图 3-52　小齿（04—215/WA702）修理

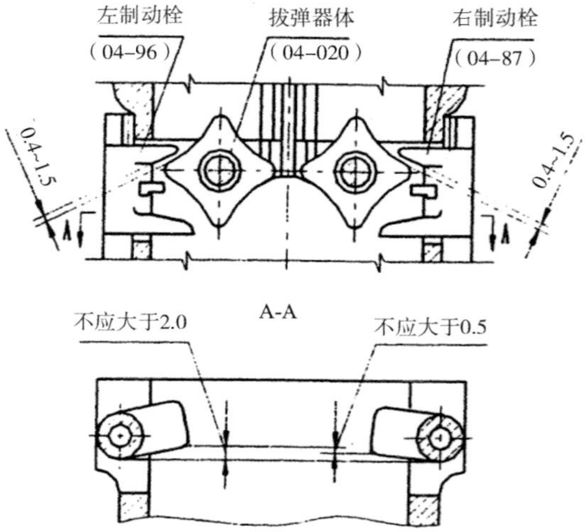

图 3-53　制动器体上凸出角与拨弹器体间隙

制动器的活动杠杆与拨弹器体接触磨损，拨弹器体轴的转动角度过大，需要焊修活动杠杆。拨弹器体轴上的孔与固定螺钉磨损大于 0.7 mm 时，或定位器弹簧失效，配制螺钉，更换失效的弹簧。

(4) 关闩过早

炮弹入膛，冲倒抽筒子；在射击过程中药筒底缘未冲开抽筒子时，就会出现提前关闩和自行关闩现象。主要是抽筒子与冲铁钩得不紧，受到震动，两者脱离所造成。

① 抽筒子抓钩与冲铁接触处磨损。修理或更换抽筒子，达到炮闩技术要求。如图3-54所示。

② 冲铁在闩体上松动。清理冲铁上的毛刺，拧紧冲铁螺丝并点铆。

③ 抽筒子夹锁簧失效，使抽筒子后倒力不够。更换夹锁簧。

④ 抽筒子轴折断。更换抽筒子轴。如图 3-55 所示。

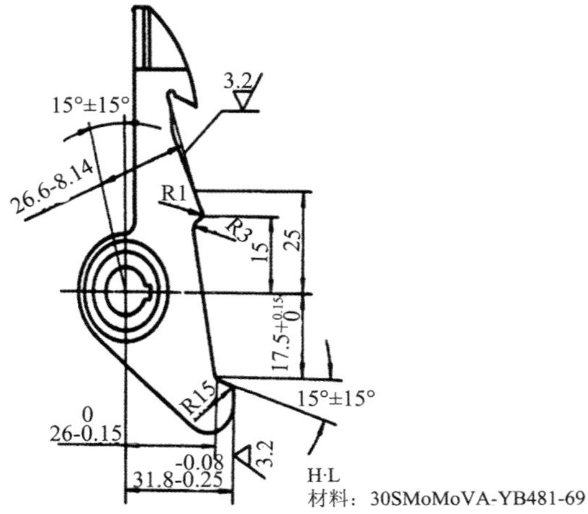

图 3-54　左右抽筒子（01—101/WA604、01—100/WA604）修理

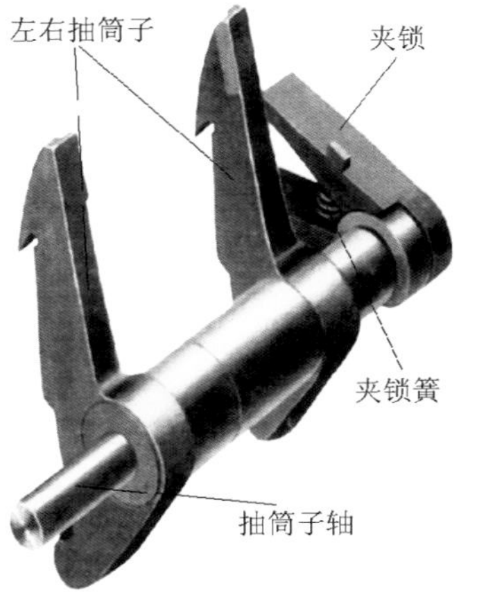

图 3-55　抽筒子图

⑤ 炮闩没有开到位。手拉握把向后不到位，送握把时炮闩自行关闭；后座过短，开关轴滑轮磨损或损坏，后座时炮闩不能开到位，抽筒子抓钩抓不住闩体，复进时炮闩自行关闭，调整后座长度或更换滑轮。

⑥ 闩体在闩体室前后晃动过大。闩体与闩室内磨损量大时，抽筒子抓钩抓不住闩体，用塞尺检测闩体在闩室内的前后松动量大于 0.7 mm 时，更换闩体。

（5）掉弹

掉弹分压弹掉弹和输弹掉弹两种情况。

原因及排除方法：

① 压弹机后壁定向带磨损。在定向带下端进行铜焊；在后壁上加装镶条。故障排除后符合装填机技术要求即可。如图 3-56、3-57 所示。

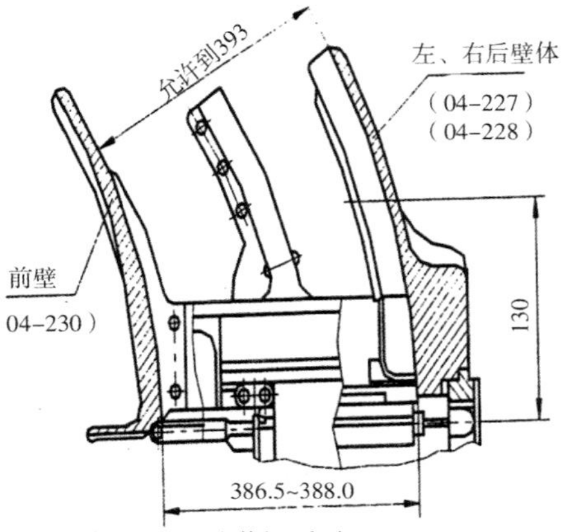

图 3-56　压弹机后壁（04—227、04—228）修理

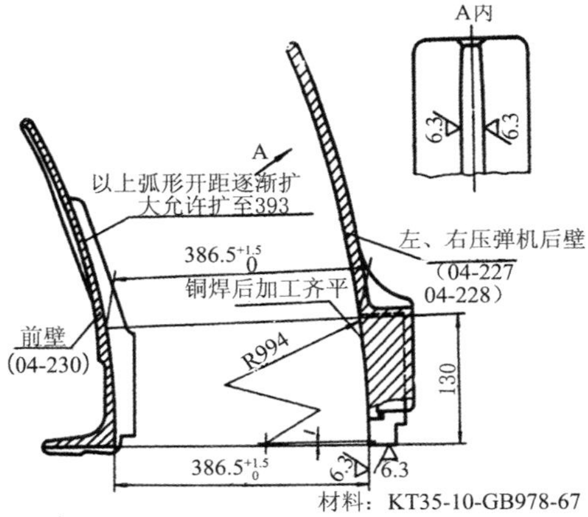

图 3-57　压弹机体前壁到后壁距离示意图

② 压弹迟缓。活动梭子的滑轮或最下方的小齿磨损，更换滑轮和小齿；活动梭子保险器的弹簧失效，更换弹簧；定位器限制顶帽的棱角磨圆，限制顶帽、星形铁装反，限制顶帽更换，重新结合限制顶帽、星形铁；拨弹器体轴螺钉过紧，拨弹器体轴转动困难，调整到 0.1～0.4 mm。如图 3-58 所示。

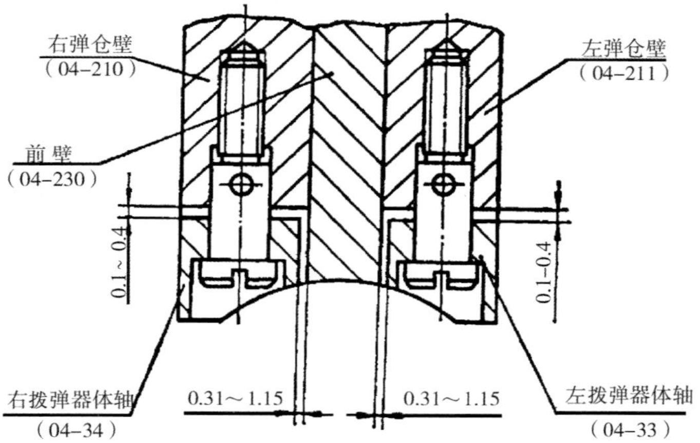

图 3-58　拨弹器体轴与压弹机体侧壁间隙

③ 输弹器体不能被连发卡锁卡住或卡不牢，连发卡锁与输弹器体的接触处磨损，更换连发卡锁；连发卡锁过低，调整螺钉，使连发卡锁高出发射卡锁 0.6～1.0 mm；连发卡锁的弹簧失效，更换弹簧；输弹器体定向键与输弹器体的定向槽磨损间隙大于 0.8 mm，更换输弹器体，间隙保持在 0.2～0.5 mm 之间，如图 3-59 所示。黄铜滑块和输弹机体的滑轮槽或黄铜滑块和滑块座磨损，更换黄铜滑块；滑块座折断，将新滑块座焊接在压弹机底上，加工滑块座上下两个平面；输弹机弹簧杆前端定向环磨损，重配定向环。

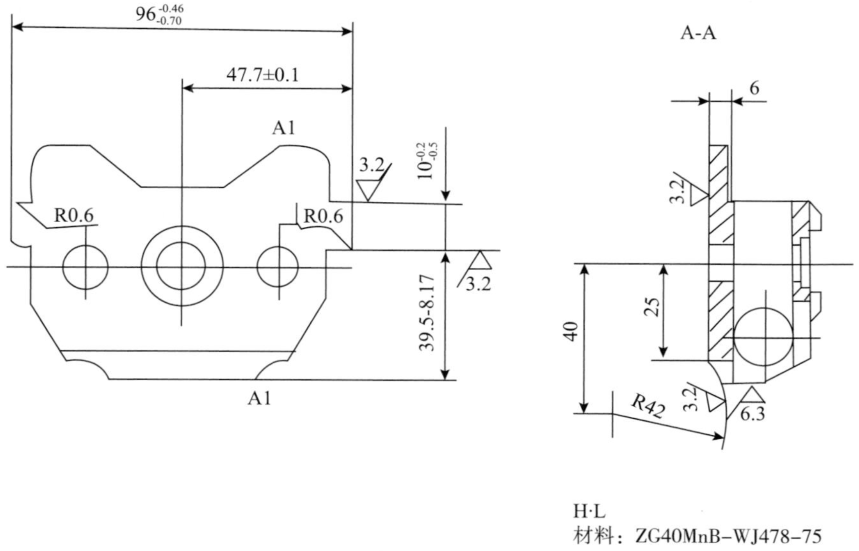

图 3-59　输弹器体（03—34/WA702）修理

④ 输弹钩抓不住炮弹，输弹钩或输弹钩轴损坏，输弹钩弹簧失效，更换新品；输弹钩的孔与轴磨损、输弹机弹簧杆螺帽松动，更换新品，螺帽松动应拧紧，并用开口销固定。

（6）输弹掉弹

输弹力必须大于输弹阻力，才能把炮弹输送到炮膛内，当输弹阻力增大或输弹力量不足时，就会产生输弹掉弹。

① 输弹阻力增大，拨弹器体轴未固定，拨弹器体轴铜衬筒磨损使拨弹器体下垂，按技术要求调整，重制拨弹器体轴铜衬筒；压弹机前壁定向板松动或弯曲，定向板松动时，固定；弯曲时，矫正。输弹机体、炮尾、炮闩的输弹槽不一致，输弹器体和炮尾孔连接轴磨损大于 0.5 mm，使输弹器体输弹槽低于炮尾输弹槽，应配制连接轴；抽筒子抓钩与冲铁接触处磨损，闩体输弹槽高于炮尾输弹槽，更换抽筒子。压弹机两黄铜滑板上平面不同高，使输弹槽与炮尾输弹槽不一致，修锉或更换黄铜滑板。如图 3-60、图 3-61 所示。

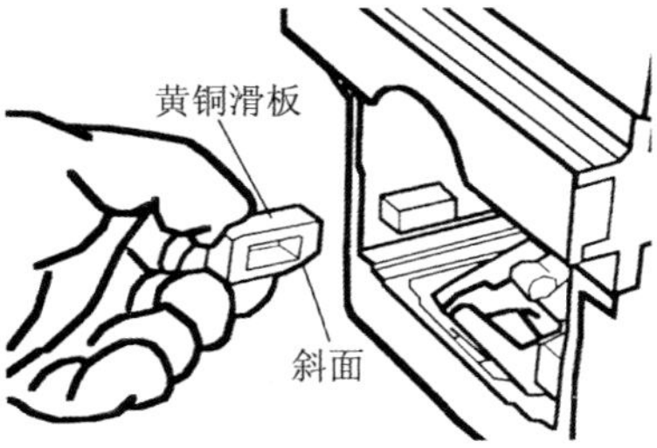

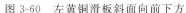

图 3-60　左黄铜滑板斜面向前下方

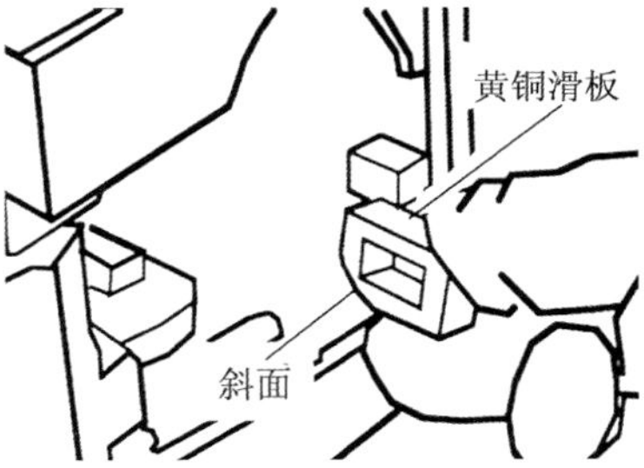

图 3-61　右黄铜滑板斜面向前下方

左右输弹钩错开过大，使炮弹不能沿输弹槽的轴线向前运动，当错开量＞0.3 mm 时，要修锉输弹钩的工作面，使其一致。输弹钩后壁厚＞3.5 mm，否则要进行更换。输弹钩弹簧折断或失效，应换弹簧。炮闩过早关闭，上膛的炮弹被闩体碰回；射击后抽不出药筒，上膛的炮弹被药筒碰回，炮弹进膛后；炮闩不能关闭或关闭迟缓，都会造成掉弹。更换输弹钩簧、输弹钩和输弹簧或弹簧杆。

② 输弹力量不足，输弹簧失效、折断，或弹簧杆折断，更换弹簧或弹簧杆，如图3-62所示。输弹钩左右装反，输弹时无力带炮弹进膛，需要重新装正，尖端向前，斜面朝里。

（7）炮弹进膛后，炮闩不能关闭或关闭迟缓。

高炮停射、闭锁器顶帽未露出摇架。如果关闩迟缓还会造成卡弹。

原因及排除方法：

关闩力必须大于关闩阻力，炮闩才能关闭。当关闩阻力大于关闩力的时候，炮闩就不能关闭或关闭不到位，或关闭迟缓。从关闩阻力增大和关闩力量不足这两个方面来分析。

① 关闩阻力增大，炮弹底火凸出，挤住了闩体，解决办法是将底火拧平。闩体及炮尾闩体室缺油或太脏，使闩体和炮尾之间的摩擦力增大，这时分解炮闩进行擦拭和涂油。闩体有毛刺或拨动杠杆未拧到位，通过修锉炮闩，将拨动杠杆轴拧到位。开关轴和炮尾上的开关轴孔擦伤，开关轴转动困难，使关闩阻力增大，一般轻微时，除去凸起金属；严重时，更换开关轴。身管装反，使抽筒子爪不能进入身管后端面的抽筒子缺口内，将身管转 180°，刻线在上方位置并固定。

② 关闩力量不足，闭锁器的闭锁簧失效或折断，更换闭锁簧。闭锁器拉钩杆的钩部变形或折断，变形时，不加热矫正；折断时，更换拉钩杆。如图 3-63 所示。

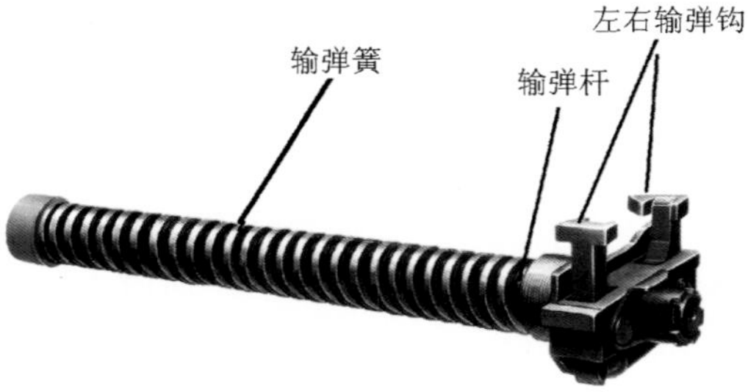

图 3-62　输弹簧图

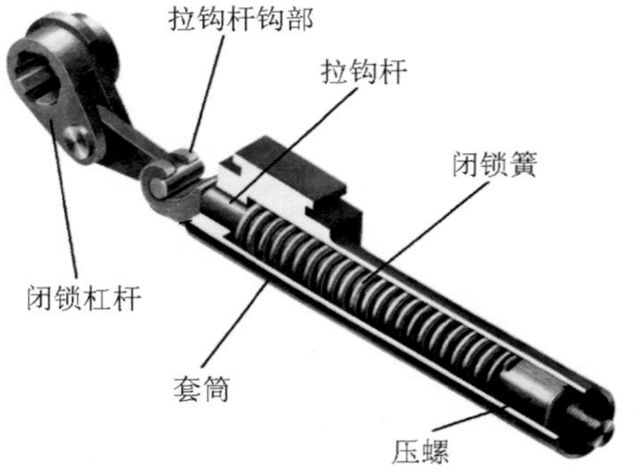

图 3-63　闭锁器

闭锁器套筒同炮尾的结合处脱焊，闭锁器套筒松动，产生歪斜，把套筒放正，重新点焊。如果抽筒子爪折断，则炮弹入膛后不能冲倒抽筒子，造成不关闩，更换抽筒子。

（8）不发火

闩体已关闩到位（闭锁器顶帽已全部露出摇架），膛内有炮弹，打不响。

故障原因及排除方法：

① 炮弹底火或发射药受潮，更换炮弹。

② 底火深陷大于 0.5 mm，击针撞击底火的深度不够，也不能发火，更换炮弹。

③ 底火上无击痕或击痕浅，可能是击针尖磨损或折断、击针簧失效或折断；击针室太脏，使击针运动不灵活，更换击针尖或击针簧，擦净炮闩。如图 3-64 所示。

拨动杠杆不能被击发卡锁卡住，拨动杠杆长角同击针定向键接触处磨损，击针拨回量不够，拨回量＜9 mm 时，焊修拨动杠杆长角或更换拨动杠杆。如图 3-65 所示。

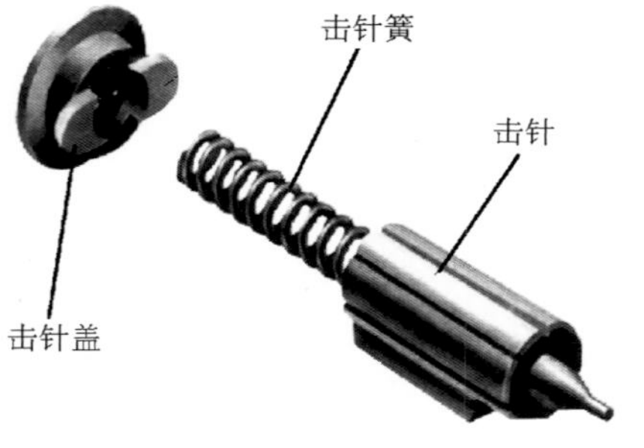

图 3-64　击针图

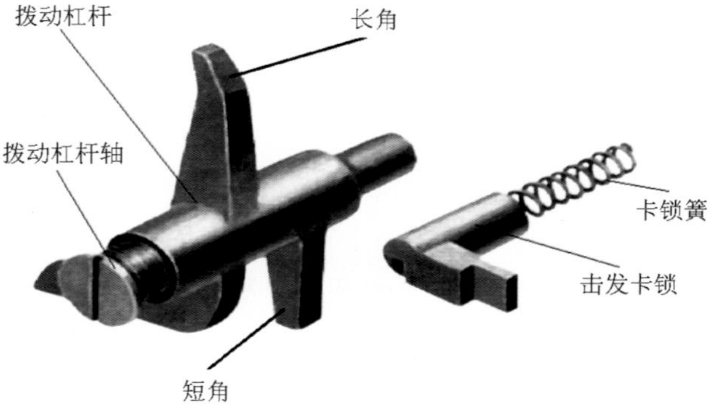

图 3-65　拨动杠杆等图

击发卡锁卡不住短角，击发卡锁簧失效，击发卡锁在卡锁室内卡滞，更换击发卡锁簧，擦净击发卡锁室。

曲臂突齿与击发卡锁的接触处磨损，击发卡锁不能放开拨动杠杆的短角，要更换击发卡锁，或焊修曲臂的突齿。闩体镜面与身管后端面的间隙过大，间隙>6.25 mm 时，要安装闩体镜面。如图 3-66、3-67 所示。

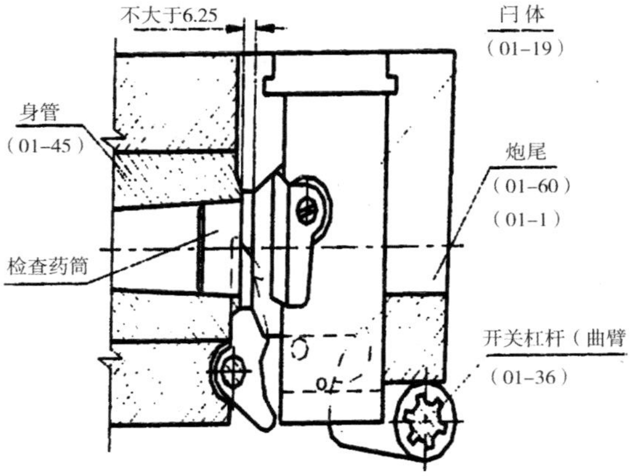

图 3-66　闩体镜面与身管后端面间隙

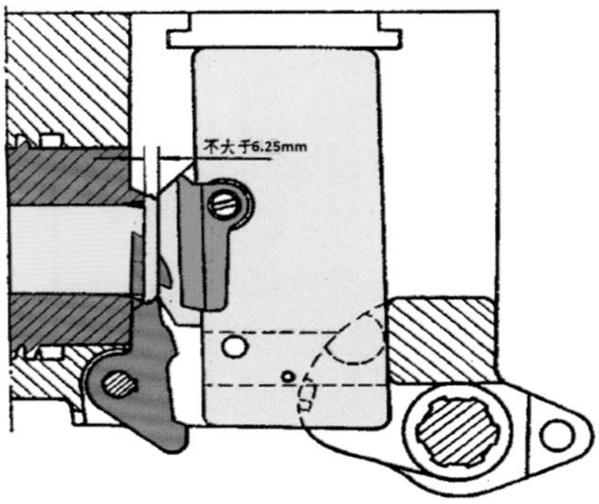

图 3-67　身管后端面与闩体镜面间隙

闭锁器套筒后端面与拉钩杆端面之间无间隙，更换拉钩杆，闭锁器套筒后端面与拉钩杆端面之间不少于 0.5 mm 的间隙。

④ 底火击痕不正，闩体下垂量过大，下垂量超过 1.25 mm 时，应更换或焊修曲臂。如图 3-68 所示。

(9) 射击后抽不出药筒

故障现象：射击后药筒抽不出来或抽筒慢，造成压不下炮弹或掉弹故障。

原因及排除方法：

① 抽筒力不足，自动开闩盖未固定确实，射击时自动脱出，应该重新固定。开关轴上滑轮损坏或与自动开闩盖曲线滑道磨损，更换滑轮或重新车制滑道。抽筒子爪折断或抽筒子下方的冲臂磨损，需要更换抽筒子，冲臂磨损时，焊条焊修。冲铁崩落或松动，更换冲铁或拧紧螺钉，如圆柱销松动，更换加粗销子。如图 3-69 所示

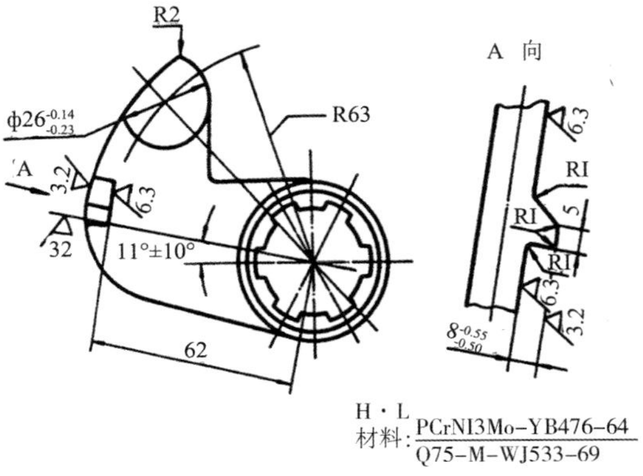

图 3-68　曲臂（01—36/WA702）修理

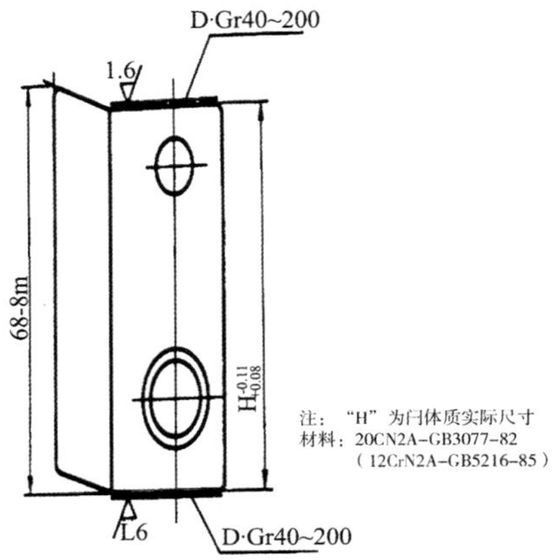

图 3-69　左右冲铁（01—133、01—134）修理

② 抽筒阻力增大，压弹机前壁定向板松动、弯曲或拨弹器体下垂，松动应固定紧，矫正弯曲；修配拨弹器体孔轴、调整间隙。输弹器体输弹槽高于炮尾输弹槽，修锉输弹器体输弹槽，或更换压弹机内的黄铜滑块。药筒膨胀和药室过脏，退出药筒，擦拭药室。

（10）后座过长

故障现象：后座长度达到 185 mm。

原因及排除方法。

① 活塞杆露出过短，将活塞杆露出长度调长一些。

② 驻退液不足，或驻退液变质，使驻退机液压阻力减小，注满或更换驻退液。

③ 液体调节器弹簧失效，或游动塞移动不灵活，不能复原位，弹簧失效时更换，分解擦拭游动塞或更换皮碗。

④ 液体调节器的皮碗损坏，驻退液流到了皮碗的前面，使活塞后方的驻退液减少，更换皮碗。

⑤ 复进簧失效，更换复进簧。

⑥ 调节环同枢轴杆磨损，或活塞同机筒磨损，更换调节环，配制活塞套。如图 3-70、3-71 所示。

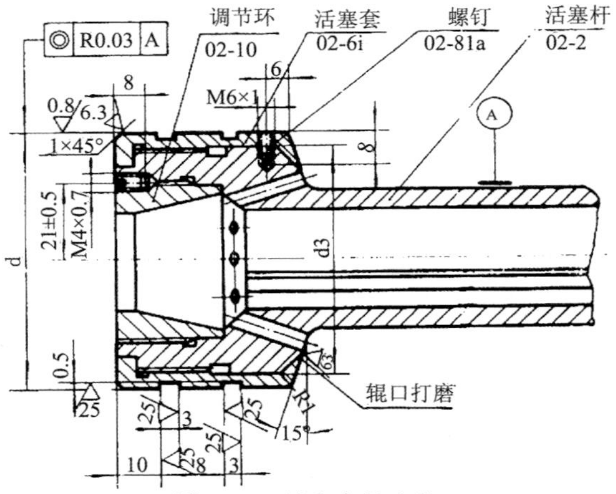

图 3-70　活塞套的安装

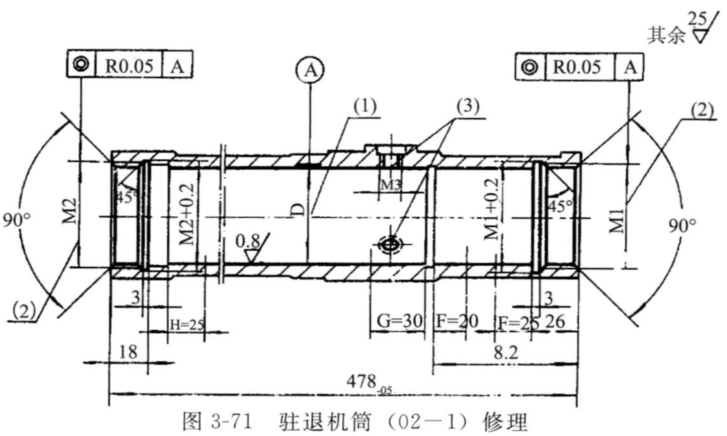

图 3-71　驻退机筒（02—1）修理

3.4.2　瞄准机故障分析与排除

3.4.2.1　故障现象：高低机动作困难

原因及排除方法：

(1) 单向动作困难

故障排除：调整平衡机。炮身打高，两机筒弹簧压缩相等，调整后弹簧杆螺纹；调整无效时，应分解平衡机检查；弹簧折断或弹性减弱时，更换弹簧。

(2) 双向动作困难

大、小速双向动作都困难。

原因和排除方法：

① 高低齿弧与高低齿轮啮合过紧，将蜗轮装置从托架上卸下，拧下定位螺钉，转动偏心套筒，然后推身管上下转动，直到转动灵活为止，再把偏心套筒固定住。

② 蜗杆与蜗轮啮合过紧，用蜗轮装置轴承套筒调整，使蜗轮与蜗杆啮合适当。

③ 大、小锥形齿轮啮合过紧，拧松转轮箱体左侧紧定螺环，再拧紧右侧紧定螺环，使大锥形齿轮向左移动；小锥形齿轮用转轮箱体纵孔上方的螺环和下方的螺盖调整。

④ 转轮箱体内的上、下齿轮与变速箱体内的大、小速齿轮啮合过紧，用两箱体之间的垫片调整。

⑤ 高低机各轴上的锥形滚柱轴承压得过紧或锈死，拧松轴两端的螺盖或擦拭清洗轴承。

⑥ 平衡机弹簧、弹簧杆弯曲或左右旋弹簧装错，更换弯曲的弹簧；弹簧杆弯曲可不加热矫直；左右旋弹簧装错应重新结合。

(3) 单速双向动作困难

① 小速双向动作困难或不均匀，分解大速齿轮，检查小速齿轮啮合情况，再把大速齿轮结合，如结合后动作困难或不均匀，擦拭涂油大速齿轮衬筒内。

② 大速双向动作困难或不均匀，小速齿轮在蜗杆轴上转动不灵活。分解检查小速齿轮衬筒，擦拭涂油；调整变速装置拉杆正常。

(4) 动作不均

原因和排除方法是：

① 高低机各传动轴弯曲，应不加热矫直或重制。

② 高低齿轮与高低齿弧、蜗杆与蜗轮上有碰伤，应清除碰伤。

③ 平衡机筒内有碰伤或压坑，应清除碰伤或矫正压坑。

3.4.2.2　方向机动作困难

(1) 大、小锥形齿轮啮合过紧。

故障排除：用紧定螺环调整大锥形齿轮左右位置，用轴承套筒调整小锥形齿轮的上下位置，使大小锥形齿轮啮合正确。

(2) 大、小速齿轮与双齿轮啮合过紧

故障排除：调整两箱体之间垫片。

(3) 方向齿轮与方向齿环啮合过紧

故障排除：齿轮传动箱体向外移动，扩大定位销孔，重新配制定位销。

(4) 托架踏板和滚珠座环变形或有毛刺和脏物

故障排除：整形或更换；有毛刺和脏物，清除毛刺和擦拭。

3.4.2.3 高低机方向机变速动作不确实

(1) 变速踏板轴在炮盘支座孔内生锈

故障排除：除锈涂油。

(2) 高低机拉簧方向机压簧失效变速踏板不能恢复原位

故障排除：更换弹簧。

(3) 变速拉杆长度未调整合适

故障排除：重新调整拉杆长度。

3.4.2.4 炮身、摇架无控自动由高角向低角下滑

(1) 蜗轮磨损

故障排除：

① 调整轴承套筒，使蜗轮中心错开蜗杆中心，消除蜗轮与蜗杆过大间隙。

② 调整蜗轮箱与变速箱之间垫片厚度，消除蜗轮与蜗杆过大间隙。

③ 更换蜗轮。

(2) 蜗杆磨损

故障排除：更换蜗杆。

3.4.3 炮车故障分析与排除

3.4.3.1 高炮起落困难

(1) 落炮容易，起炮困难

① 起落变换器弹簧压得不紧，拧紧拉杆上的压螺，压缩弹簧。

② 起落变换器弹簧失效或折断，更换弹簧。

③ 起落变换器链条或拉杆折断，更换链条或拉杆。

(2) 起、落炮都困难

① 车轴转动不灵活，间隙过小时，在固定盖与车箱体之间加垫片；油泥过多时，擦拭。

② 炮床变形、弹簧变形，使起落变换器弹簧伸、缩受阻，修整更换。

3.4.3.2 规正螺杆转动困难

(1) 轴承损坏，更换 8206 轴承。

(2) 规正螺杆严重锈蚀，分解擦拭除锈涂油。

(3) 定向螺拧得过紧或变形，修锉定向螺。

第 4 章　新疆作业点安防系统

新疆人工影响天气基层地面作业点一般布设偏远，作业期间每个作业点都有 37 高炮、火箭发射装置和通信设备，存在易燃、易爆等诸多安全隐患。同时多数作业点会存放一定数量的 37 炮弹（人雨弹）和火箭弹，这些弹药都属于军工和火工产品，其运输、储存、作业过程中也存在一定程度的危险性，因此，安全生产工作十分重要。

为促进新疆人工影响天气事业的发展和适应新疆维稳大局的需要，从 2011 年开始，新疆人工影响天气办公室成立专题科研小组，着力解决基层作业点存在的安全问题，2010—2014 年相继研制出人工影响天气作业点弹药存储柜、人工影响天气作业点人体静电消除装置、人工影响天气作业点弹药库报警装置、人工影响天气车载式火箭弹储存箱和作业点安全射界参考图等各类辅助人工影响天气安全作业的装备，这些装备构成新疆人工影响天气基层地面作业点弹药库安防系统，本章将作详细介绍。

新疆人工影响天气基层地面作业点弹药库安防系统构成如图 4-1 所示。

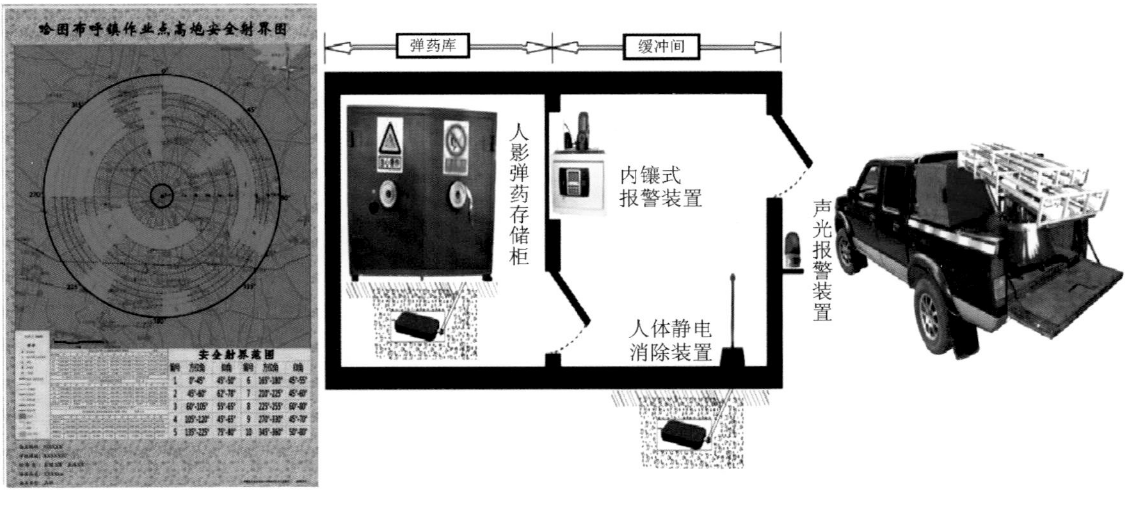

图 4-1　新疆人工影响天气基层地面作业点弹药库安防系统构成图

4.1 人工影响天气作业点弹药存储柜

人工影响天气作业点弹药存储柜是参照《GB10409－2001 防盗保险柜》标准研制的，设计有两种类型，分为大存储柜和小存储柜，整个柜体由三节小柜或二节小柜叠压组合，全柜无直接穿透性缝隙。门锁符合 GA/T73 设计要求，存储柜弹药具备防火、防盗、防破坏、防渗透、防静电功能。大储存柜总装配设计如图 4-2 所示，大弹药储存柜实物如图 4-3 所示，小弹药储存柜实物图 4-4 所示。

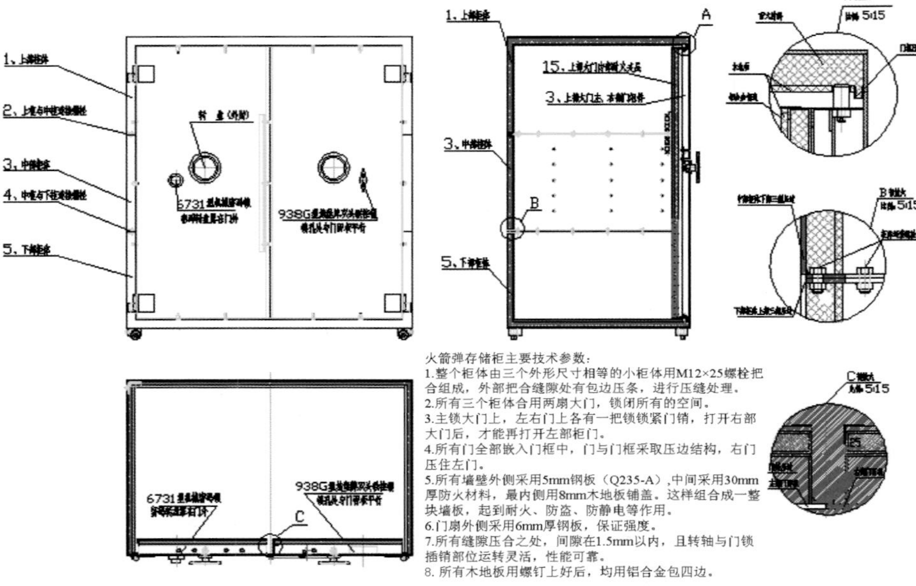

图 4-2　大弹药储存柜总装配设计图

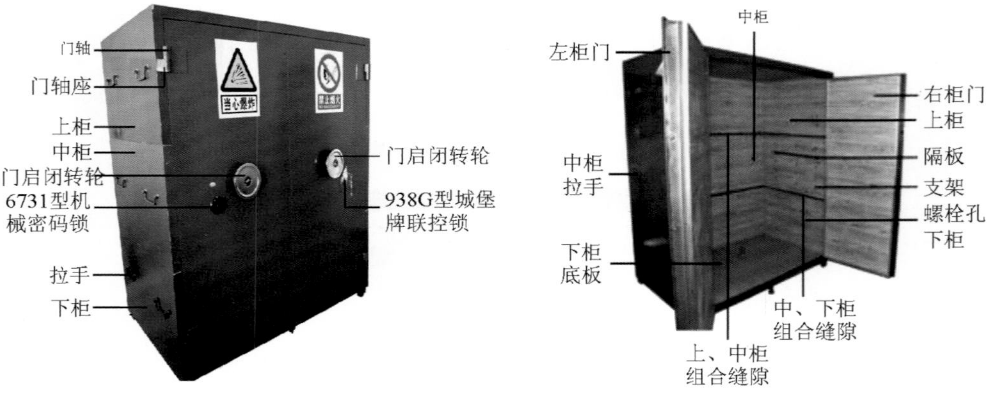

图 4-3　大弹药储存柜实物图

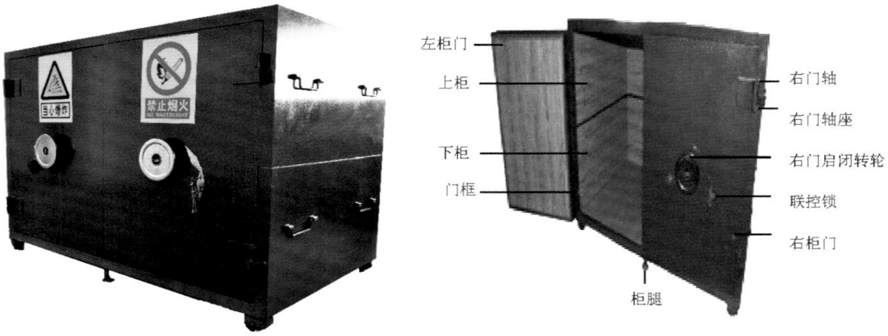

图 4-4　小弹药储存柜实物图

4.1.1　大储存柜构造原理

大储存柜由三个分柜叠加组合而成，采用这种设计结构，主要考虑作业点安装储存柜要利用现有的弹药库房，同时还要方便用户拉运和装卸弹药。

（1）上柜体结构

上柜体周围通过焊接成整体。柜的左侧、右侧和后柜壁最下端的外层 Q235A 钢板比柜壁框长出 5 mm，在左侧柜壁和右侧柜壁的前端面各一个门轴座，用于安装左、右两门扇。结构如图 4-5 所示。

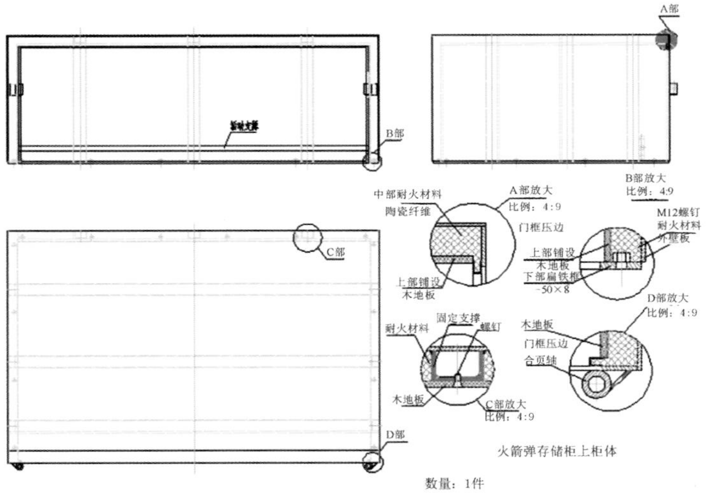

图 4-5　上柜体结构设计图

（2）中柜体结构

中柜体的周围通过对接焊合而成。考虑到柜体运输时容易发生变形，设计了左、右门框，左、右两侧柜壁和后柜壁最外层 Q235A 钢板上端比柜壁框短 5 mm、下端比柜壁框长出 5 mm，如图 4-6 所示。

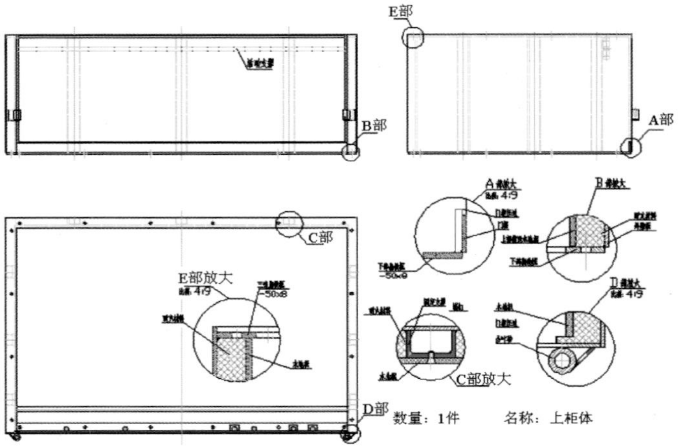

图 4-6　中柜体结构设计图

（3）下柜体结构

下柜体由左、右、后和下柜壁对接焊合成整体，设计有门框，左、右两侧柜壁和后柜壁上端最外层 Q235A 钢板比墙壁框短 5 mm，结构如图 4-7 所示，实物如图 4-8 所示。

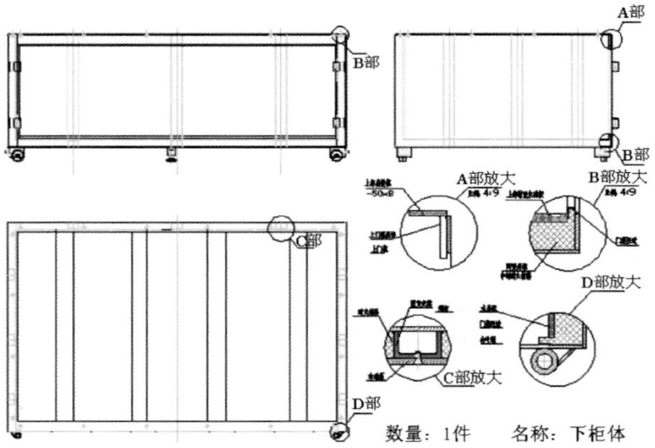

图 4-7　下柜体结构设计图

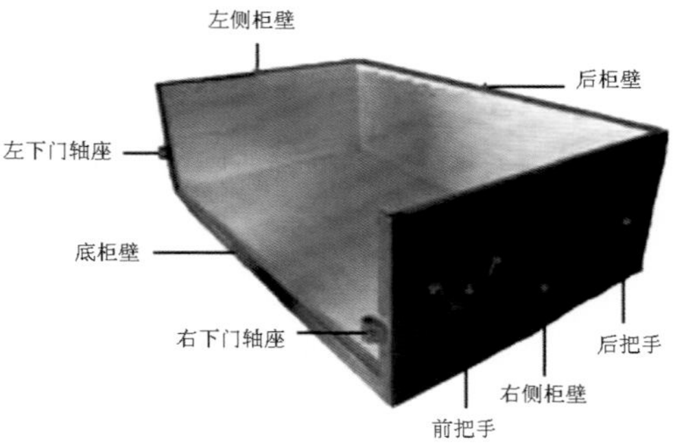

图 4-8　下柜体实物图

下柜壁板承载着整个柜体和存储弹药的重量，估计有 2000 kg 左右，承重后可能产生局部变形，导致柜门合缝不严或柜门闭合不好。所以，下柜壁板要用 6.3＃槽钢做边框，中间再用 4 根 5＃槽钢做的竖筋板，保证其钢性强度。夹层填充 50 mm 厚陶瓷纤维板，最上层 12 mm 厚木地板用 M5 的螺丝连接于下壁板的各竖筋上。

（4）门扇结构

将两扇门嵌入门框内，左、右两扇门各有两外门轴，各门缝组合间隙≤1.5 mm。右门扇和左扇门最外层门板是 5.5～6 mm 厚 Q235A 钢板，两门扇框用 20 mm 厚的扁钢焊接，夹层是门锁、门栓连动机构和陶瓷纤维板或其他材质防火材料。先用 1 mm 厚的铁皮将门锁、门栓连动机构罩住，再在铁皮上铺 50 mm 厚的陶瓷纤维（要保证门的整体防火能力），最里层铺 10 mm 厚木地板，然后用 M5 的自攻螺丝连接于各墙壁的竖筋板上，四周木地板的门边用装饰角铝包边。右门扇左边最外层 Q235A 钢板比门框长 15 mm，左门扇右边最外层 Q235A 钢板比门框短 15 mm，两门合闭时右扇门的左门边压在左扇门的右门框上，两门中间的合缝不会产生直接穿透性缝隙，叠压宽度 15 mm。左柜门结构设计如图 4-9 所示，右柜门结构设计如图 4-10 所示。

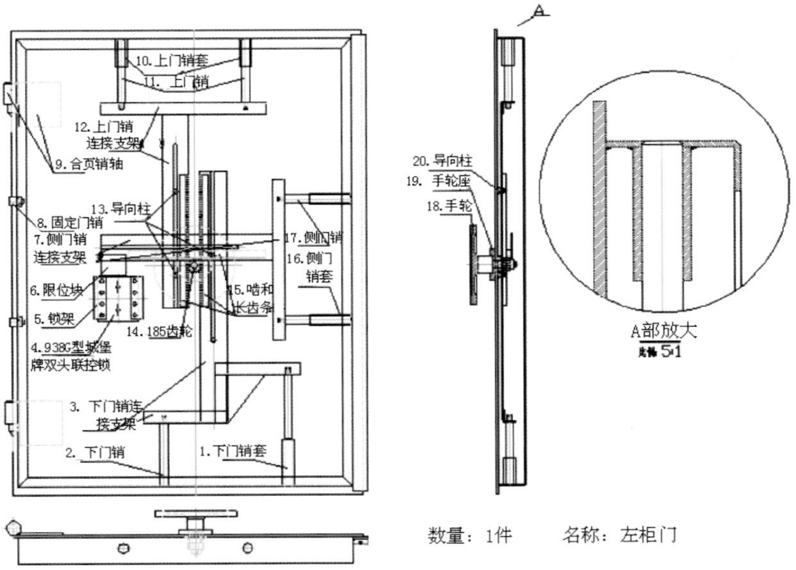

图 4-9　左柜门结构设计图

弹药存储柜门的设计属于重要部件，对安全的要求很高。从图 4-9 看出，左门扇的左门边压在左扇门的右门框上，两门都有固定门闩和上、下活动门闩，左门扇右边门框内的 1 对活动门闩伸长插进右门扇左门框上的栓孔内，两把门锁分别安装在两门上，控制着两门的门闩拴连动机构，无法单独开启任何一扇门，实现了两门的互控。

① 联动机构

联动机构由齿轮和齿条及附属部件组成。它受控于转轮，带动门闩的伸缩，其加工精度直接影响到门的开启或闭合。所以，要求转轮轴、齿轮和齿条及附属部件装配间隙≤1

mm，连动机构累积误差和挠性误差合计≤4 mm。齿轮和齿条及附属部件材质钢性要强、耐磨，并在相互接触面涂少许的黄油，保证连动机构转动灵活，工作稳定可靠。右柜门开启与锁闭门闩联动结构局部实物如图 4-11 所示，左柜门开启与锁闭门闩联动结构局部实物如图 4-12 所示。

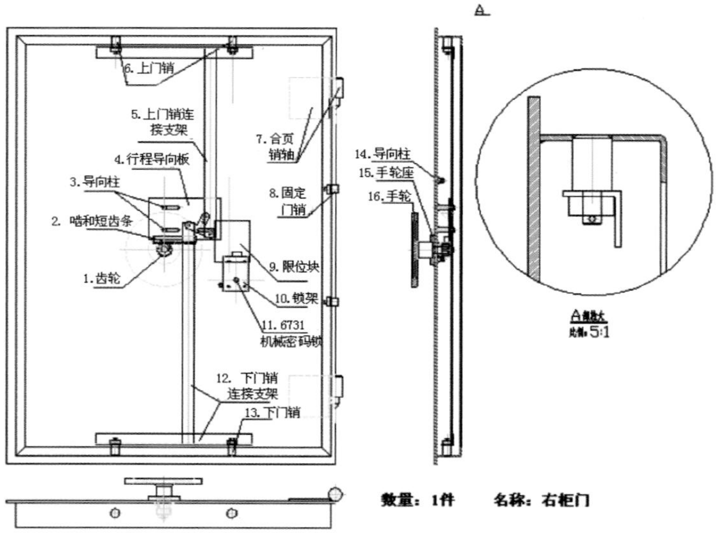

图 4-10　右柜门结构设计图

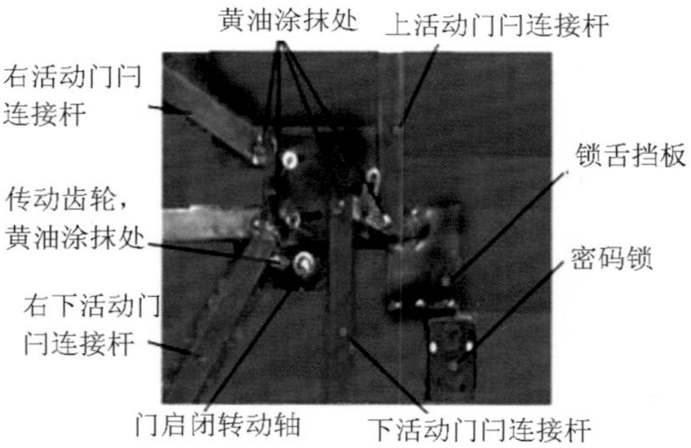

图 4-11　右柜门开启与锁闭门闩联动结构图

图 4-12　左柜门开启与锁闭门闩联动结构图

② 启闭转轮

在右门中央靠左的外表面和左门中央靠右的外表面各安装一手动门启闭转轮，转轮轴与门闩连动机构连接。门启闭转轮可以带动门闩的伸缩，控制两门的开启与闭合。转轮用铸造件或 10 mm 厚的铁板加工而成，轮盘直径≥150 mm、转轮轴直径≥30 mm。外表面抛光镀铬。

③ 门锁

左门扇表面安装一把 6731 型机械密码锁，右门扇表面安装一把 938G 型城堡牌双头联控锁，两门锁的舌头控制着两门的门闩连动机构，门锁舌头与门栓连动机构的装配要紧密，旷量≤2 mm。其中双头联控锁主要由锁孔护片、锁芯和两把钥匙组成。有两个钥匙插孔和钥匙，左边有一颗五角星的为 1 号钥匙插孔，右边有二颗五角星的为 2 号钥匙插孔。如图 4-13、4-14、4-15、4-16 所示。

图 4-13　6731 型机械密码锁

图 4-14　938G 型城堡牌双头联控锁

图 4-15　门锁反面实物图

图 4-16　两把钥匙实物图

门锁的开启：先根据密码对开左柜门 6731 型机械密码锁，然后逆时针旋转左柜门启闭转轮到位；再用两把钥匙开启右柜门 938G 型城堡牌双头联控锁，顺时针旋转右柜门启闭转轮到位，向外拉右柜门启闭转轮，两扇柜门同时打开。锁闭时，操作与上述相反。

（5）可调式柜腿结构

弹药储存柜的底部等距焊接八个高度可调式柜腿，前排四个，后排四个，柜腿不但承载整个柜重，还用于调整柜体与地面的水平。柜腿安装设计如图 4-17 所示，实物如图 4-18 所示。

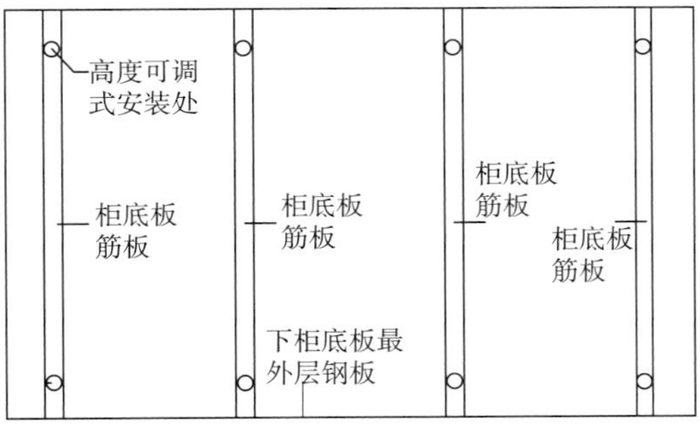

图 4-17　柜腿安装处设计图

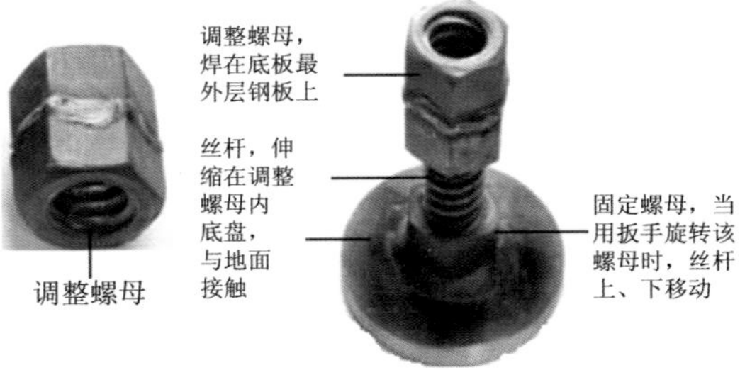

图 4-18　柜腿实物图

（6）卸装式放弹架结构

储存柜内设计了可卸装式放弹架。放弹架上安装 5 层放弹杆共计 10 根，将火箭弹平放在放弹杆上，每层放火箭弹 10 枚，5 层共放火箭弹 50 枚。如果需要放更多的火箭弹，可在放弹支架上安装更多的放弹杆，保证储存容量的扩充性。可卸装式放弹架的安装位置如图 4-19、4-20 所示，放弹架的结构设计如图 4-21、4-22 所示。

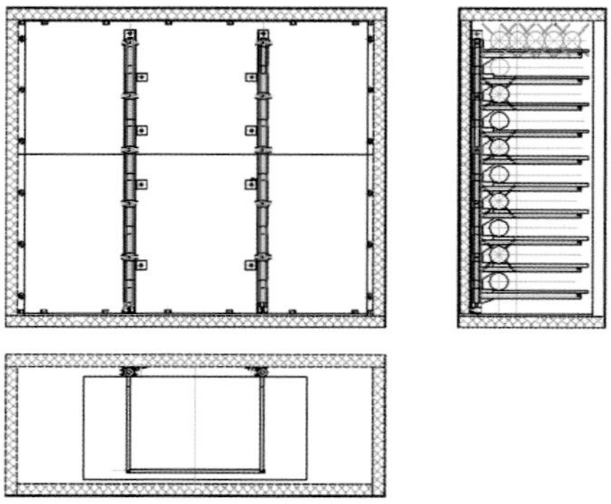

图 4-19　放弹架安装位置及火箭弹摆放设计图

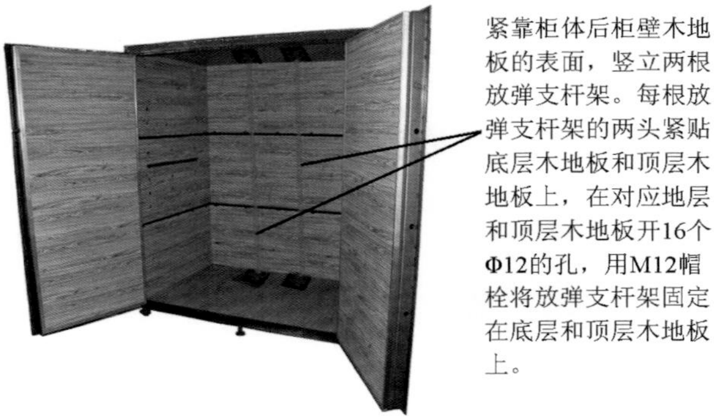

紧靠柜体后柜壁木地板的表面，竖立两根放弹支杆架。每根放弹支杆架的两头紧贴底层木地板和顶层木地板上，在对应地层和顶层木地板开16个Φ12的孔，用M12帽栓将放弹支杆架固定在底层和顶层木地板上。

图 4-20　卸装式放弹架的安装位置实物图

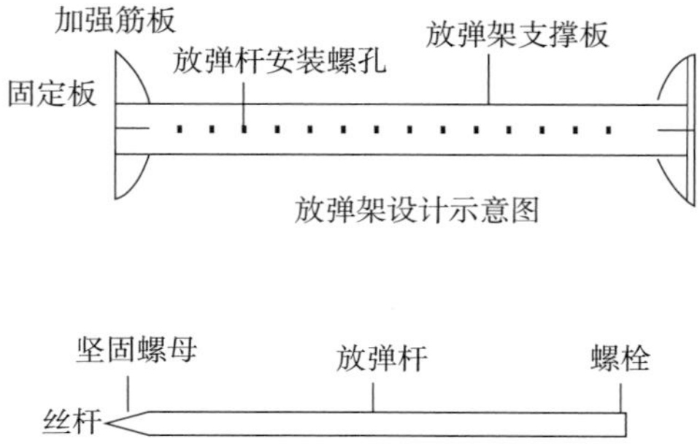

图 4-21　放弹架及放弹杆设计图

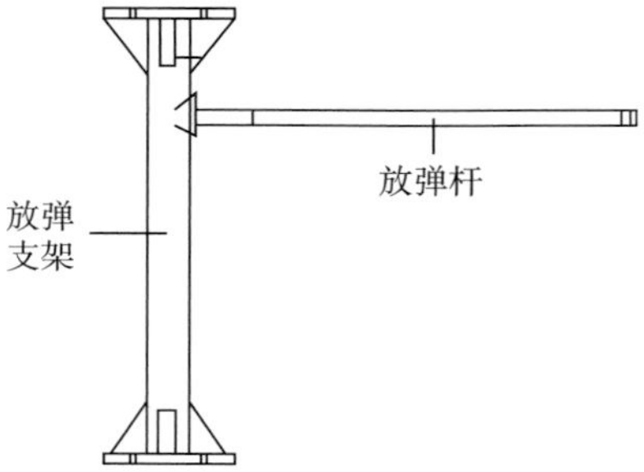

图 4-22　卸装式放弹架设计图

4.1.2　小储存柜结构原理

小储存柜由上柜和下柜叠压内螺栓组合而成。下柜的底部焊接 6 个高度可调式固定底盘，柜中无中间隔板，两门根据尺寸缩小。其结构和工作原理与大储存柜基本一样，这里不再赘述。

4.1.3　性能检测试验

（1）抗破坏试验

使用普通便携式电钻、钢锯等工具对弹药存储柜柜体进行破坏，15 分钟内无法将柜门打开，柜体无变形。

（2）防渗透试验

用水浇、雨淋 10 分钟，柜内无雨水渗进。

（3）隔热耐火试验

柜体在 780 ℃高温下持续 20 分钟，柜内温度不高于 100 ℃。

（4）耐压性能实验

柜体上部经 3 吨的重物下压持续 20 小时后没有明显可见的永久性变形和裂纹。

4.1.4　存储柜特点

（1）采用三个分柜通过上下叠压式螺栓内组合结构，可组合成大、小两种容积的柜体，整体结构稳定，便于运输和安装。

（2）结构紧凑、合理，具有足够的刚性强度和隔热、液体渗透防护性能，全柜体无直接穿透性缝隙。

（3）左右两扇门分别装有 6731 型机械密码锁和 938－G 型城堡牌双头联控锁，两门的门锁舌头分别控制着两门的门闩连动机构，无法单独开启任何一扇门，增强了门的安全性，实现了两柜门互控。

（4）隔板高度可调，范围 500 mm，方便用户存储物品。

（5）每个柜脚高度可调，通过调整，可保证柜体与放置地面的水平。

（6）加装可卸装式放弹架，可增大柜体临时储存容积，弹药存储具备扩充性。

4.1.5　储存柜主要参数和技术指标

（1）主要参数，见表 4-1。

表 4-1　弹药储存柜的主要参数一览表

名称＼数据	重量（kg）	长（mm）	宽（mm）	高（mm）
上分柜	300	1700	1030	585
中分柜	300	1700	1030	585
下分柜	350	1700	1030	585
大柜	1200	1700	1030	1800
小柜	800	1700	1030	1200

（2）技术指标，见表 4-2。

表 4-2　弹药储存柜储主要技术指标一览表

项　目	性　能　技　术　指　标
大保险柜容积	3.15 m^3
大保险柜质量	1200 kg
大保险柜承载重量	2000 kg
大保险柜装载量	单独存放人雨弹 640 发、WR－98 型火箭弹 32 枚、WR－1D 型火箭弹 100 枚、HJD－82 型火箭弹 42 枚、YIR－6300 型火箭弹 72 枚、BL－1 型火箭弹 240 枚（整箱存放）。

续表

项　目	性　能　技　术　指　标
小保险柜容积	2.10 m^3
小保险柜质量	800 kg
小保险柜承载重量	1500 kg
小保险柜装载量	单独存放人雨弹 400 发、WR－98 型火箭弹 24 枚、WR－1D 型火箭弹 60 枚、HJD－82 型火箭弹 32 枚、YIR－6300 型火箭弹 48 枚、BL－1 型火箭弹 160 枚（整箱存放）。
隔热温度	≤1200 ℃
隔板承载量	≤30 g/ cm^2
柜表面抗拉强度	≥235 MPa
整体晃动量	≤1 mm
表面平面度	≤6 mm
柜体壁厚度	64.5（＋0.5）mm
门扇壁厚度	65.5（＋0.5）mm
柜墙壁隔热层厚度	50 mm
门缝间隙	≤1.5 mm
工作湿度	＜95％，无凝露
工作温度	－40～＋60 ℃

4.1.6 大存储柜的安装

（1）安装要求

弹药储存柜一般安置在弹药库里靠墙的位置，要求地面平整，对应柜脚的支撑点要夯实。房间不应有任何电源线和电器设备及杂物，离墙要有 300～500 mm 的距离。

（2）安装步骤

第一步：将下柜放置于整理平坦的地面，调整 8 个高度可调式柜脚，使下柜与地面水平；将中柜放在下柜之上，放置时要恰好对准中、下分柜之间的卡槽。中分柜放置到位后，应用螺栓将中柜与下柜连接；再将上柜放在中柜之上，放时要恰好对准中、上分柜之间的卡槽，上柜放置到位后，应用螺栓将中柜与上柜连接。

第二步：两柜门安装应在上柜、中柜、下柜所有连接螺丝紧固好后再进行，抬起柜门，柜门的两门轴对准柜体的两门轴座的中心线，然后慢慢地将两门轴放进两门轴座内。

第三步：柜门安装好后，推动柜门的松紧，闭合后看与门框的缝隙和两门之间的缝隙，通过调整底部 8 个高度可调式柜腿，直到满意为止。

4.1.7 柜门和门锁启闭

（1）柜门开启

打开左门扇的 6731 型机械密码锁，手动转动左门扇的门启闭转轮；再用打开右门扇的 938（G）型城堡牌双头联控锁，手动转动右门扇的门启闭转轮，然后两手各抓住启闭转轮，同时用力向外拉，两门开启。

（2）柜门锁闭

先关上左柜门，后关右柜门，双手抓住右柜门的门启闭转轮逆时针旋转到位，拔去机械双头联控锁的钥匙，随便旋转一下机械密码锁的旋转盘，这时两柜门就锁闭了。

4.1.8　安装使用注意事项

（1）安装柜体时先调整好下柜 8 个高度可调式柜脚与地面的水平，否则将导致柜门关闭不上或柜体变形。

（2）柜体安装完毕后，各柜体组合后产生的缝隙（不直接穿透性缝隙）≤0.5 mm。

（3）6731 型机械密码锁、938 型城堡牌双头联控锁为精密锁具，密码要牢记，开锁与闭锁时应耐心仔细，钥匙应妥善保管，密码忘记或钥匙损坏都会造成不必要的麻烦。

（4）运输和安装柜体时，要注意对表面喷塑的保护。

（5）每年应及时更换柜内干燥剂，保持柜内干燥，防止弹药受潮。

（6）2～3 年内，要检查一下两门的门启闭机构，有磨损部位及时修理，并在接触面上涂抹少量黄油。

4.1.9　故障排除

（1）柜体倾斜

随着储存的位置和重量的变化，柜体会倾斜，两门闭合不好，这时门关不上。应及时调整 8 个高度可调式柜腿，保持下柜底板与地面的水平。

（2）两锁的开启与锁闭

密码锁密码忘记，向生产厂家询问；如更改密码，联系生产厂家，由其负责操作；发生密码锁打不开现象，可能是打开密码锁步骤不对或旋转的圈数和对准的数字不精确，开启密码锁一定要做到耐心细致。

联控锁大部分问题是 1 号钥匙（有 1 星标志的钥匙）拔不出来，主要是拔钥匙的顺序出了问题，可按正确程序操作就能解决。

4.2　弹药储存柜静电泄放装置

静电产生于实际生活中，过多的静电会对人体造成危害。电荷会积聚，这种集聚的电荷表现出很高的静电电位（最高可达几万伏）。一旦存在放电条件，就会产生电火花，当放电火花的能量大于易爆物品最小点燃能量时，就会发生着火及爆炸事故。为预防静电放电危害，减少静电电荷积聚，根据人工影响天气作业情况实际需求，我们可做一些针对性的静电防范措施。

消除静电的方法有很多种，但最安全的做法是让被保护对象可靠有效地接地，使静电导入大地，人工影响天气弹药储存柜静电泄放装置就是据此而研制的。

4.2.1 构造原理

人工影响天气弹药保险柜静电泄放装置主要由非金属接地模块、物理性降阻剂、热镀锌扁钢和连接螺栓等组成。安装时，在地面上挖一个坑，把非金属接地模块连同物理性降阻剂一起埋入坑内，用热镀锌扁钢将非金属接地模块与人工影响天气弹药保险柜接，考虑实际需要，非金属接地模块不作垂直接地体，如图 4-23 所示。

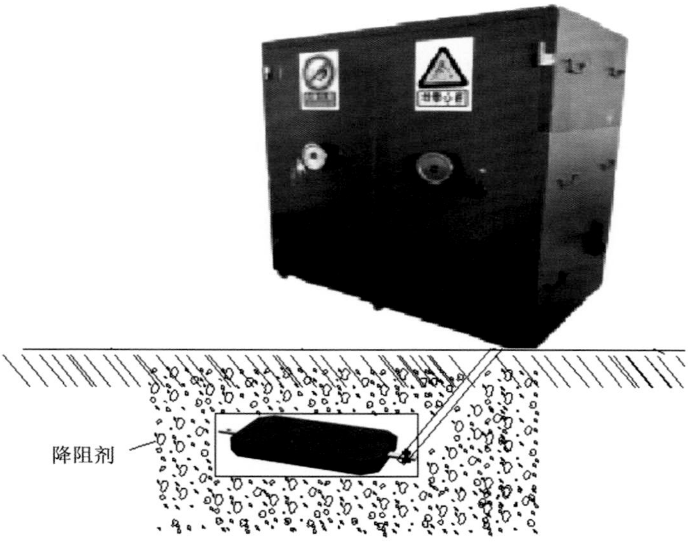

图 4-23 作业点弹药保险柜与非金属接地模块连接示意图

4.2.2 使用材料

根据设计技术指标和土壤实际情况，需要规格为 500 mm×400 mm×60 mm 非金属接地模块 1 块，实物如图 4-24 所示；物理性降阻剂 0.16 吨，实物如图 4-25 所示；热镀锌扁钢 3 m，规格为 40×4，实物如图 4-26 所示；M12 镀锌螺栓或铜制螺栓两套，实物如图 4-27 所示。

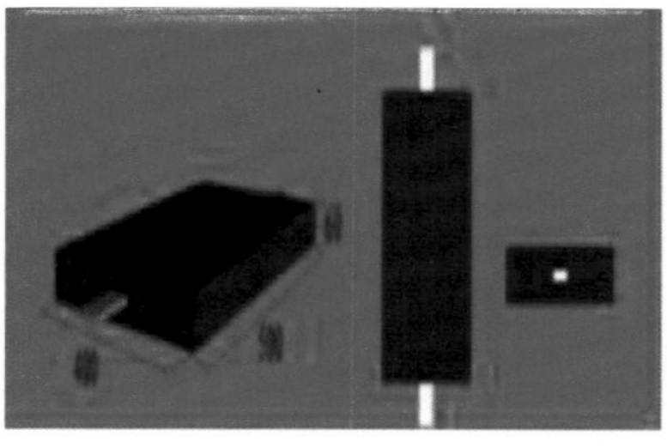

图 4-24 非金属接地模块实物图

图 4-25 物理性降阻剂

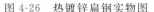

图 4-26　热镀锌扁钢实物图

图 4-27　热镀锌螺栓实物图

4.2.3　施工方法

在弹药库房间里挖一个 800 mm×600 mm×800 mm 的深坑，按 3∶2 的比例，把物理性降阻剂加水搅拌均匀成糨糊状，一半立即倒入坑中，将连接好的非金属接地模块和热镀锌扁钢放入坑内，然后将另一半成糨糊状的物理性降阻剂倒入坑中，填满细土并夯实，最后将热镀锌扁钢与柜体用螺栓进行连接。

4.2.4　降阻值测量

按上述施工方法，降电阻剂回填夯实后，等待 72 小时后，用图 4-28 所示的摇表，按图 4-29 所示的线路进行连接测量，看是否小于设计的接地阻值数值，如达不到要求，可采用打深孔并灌入降电阻剂或增加非金属接地模块的数量来解决，如图 4-30 所示。

图 4-28　摇表

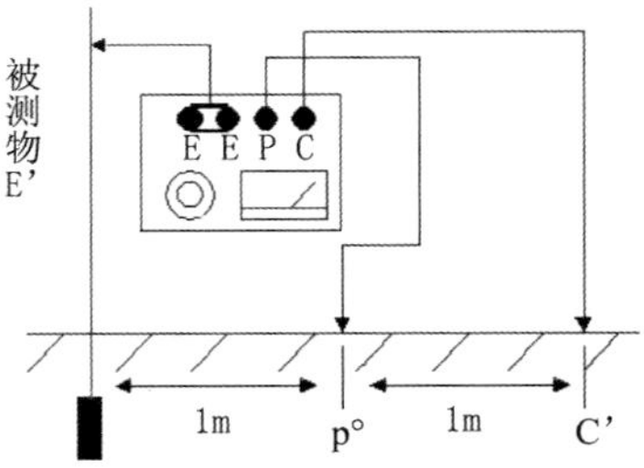

图 4-29　测量连接电路图

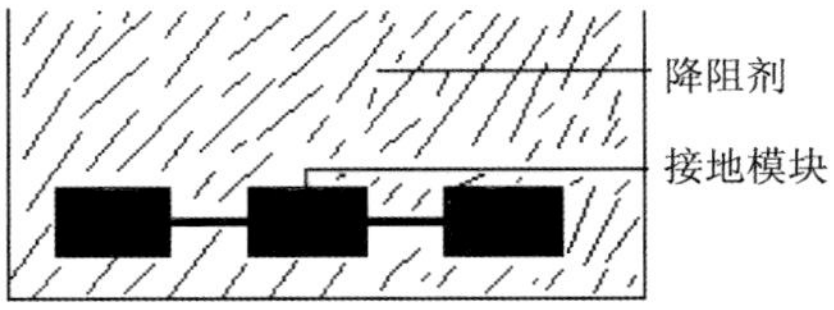

图 4-30　非金属接地模块串接示意图

注意：

① 随着时间的推移，土质沉实后，电阻值还会有下降的趋势。

② 对土质极坏（如全是石头的土壤）或无法打足接地体的极端狭窄的工地，还有测量路径电阻值极大时，应降低对接地电阻合格值的要求。

4.2.5　工作原理

本装置采用将非金属接地模块埋入地下，使弹药储存柜上的静电荷能够迅速导入大地，由于接地体与弹药储存柜一直保持连接，一旦弹药储存柜上产生静电和其他感应电，就会及时泄放，从而消除了静电对柜内弹药的放电危害。

4.2.6 主要技术指标

人工影响天气弹药保险柜静电泄放装置主要技术指标，见表 4-3。

表 4-3 人工影响天气弹药保险柜静电泄放装置主要技术指标一览表

项　目	数值范围
接地体外型尺寸（mm）	500×400×60
重 量（kg）	20
单体接地效果	$R=0.16\rho$（ρ 为土壤电阻率）
室温下电阻率	≤0.5 Ω·m
地下长期保湿性能	30%±10%
接地阻值（Ω）	平原≤100，高山≤1000

4.2.7 特点

长期泄放人工影响天气弹药储存柜上静电电荷，减少静电荷的堆积，预防静电引发的安全事故发生。

4.2.8 注意事项

（1）要戴乳胶手套接触物理性降阻剂，如粉末溅到手、脸、眼上时及时用清水洗净。

（2）非金属接地模块的埋设位置，应避开可能遭受化学腐蚀及高温影响地段，埋设深度不小于 0.8 m；在寒冷地区，模块应埋设在冻土层以下。

（3）应在非金属接地模块和热镀锌扁钢的螺栓连接处，涂上防腐导电漆或沥青漆。

（4）物理性降阻剂须存放在不受雨淋的干燥处，严防受潮。

（5）非金属接地模块存储应保持一定湿度，避免高温、干燥、曝晒；运输和安装时，应避免机械力对其的损伤。

（6）回填土时可适量洒水，分层夯实，待非金属接地模块充分吸湿 72 小时后，再进行测量。

（7）每年测量 1 次，检查接地阻值有无变化，如阻值变大，可采取措施恢复原始值。

4.3 人体静电消除装置

在日常生活中，人体产生静电不是危害所在，其危害在于静电积聚以及由此产生的静电放电。基层作业点在作业时，人体要接触火箭弹、炮弹和人工影响天气电子设备，如此高的静电，就有可能击发设备损坏或发生安全事故。

4.3.1 结构原理

人体静电消除装置主要由人体静电消除器和一个接地体组成。人体静电消除器用不锈钢、工程塑料和电阻等材料加工制作；接地体其实就是一块非金属接地模块。安装时，要在地面挖一个坑，把非金属接地模块连同物理性降阻剂一起埋入坑内，用热镀锌扁钢将非金属接地模块与人体静电消除器连接。

4.3.2 人体静电消除器

根据设计技术指标和土壤实际情况，需要非金属接地模块 1 块规格（500 mm×400 mm×60 mm）、物理性降阻剂 0.16 吨、热镀锌扁钢 3 m 规格（40×4）、M12 镀锌螺栓 4 套、50 Ω 电阻一只，这些产品可从市场购置。

人体静电消除器需要根据特殊需求进行研制。人体静电消除器由金属球、连接杆、脚踏板三部分组成，设计如图 4-31 所示，实物如图 4-32 所示。

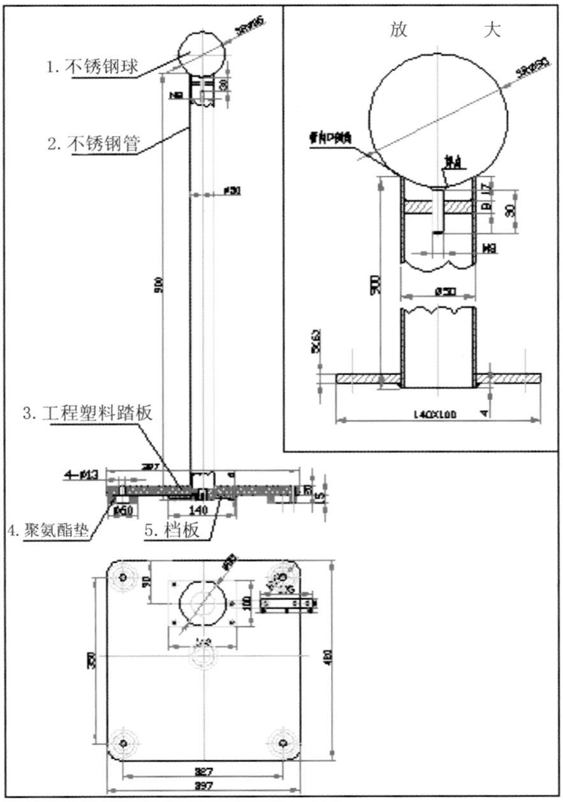

图 4-31 人体静电消除器设计图

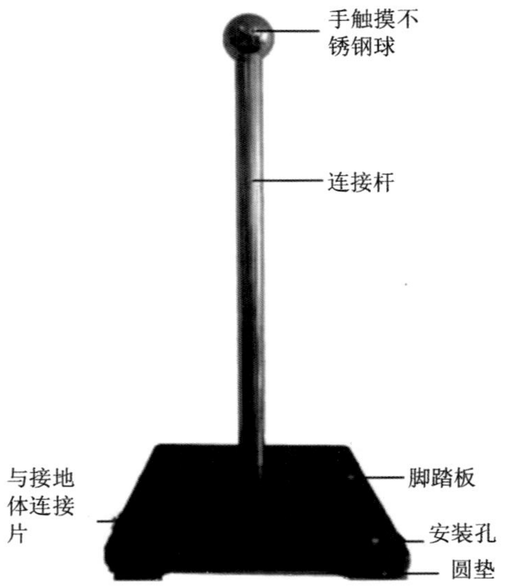

图 4-32 人体静电消除器

（1）金属球

金属球用不锈钢材料制作，表面圆滑、耐腐蚀，手触摸该球，人体静电由此开始传入大地。实物如图 4-33 所示。

（2）连接杆

连接杆用不锈钢材料制作，上部用螺孔连接金属球，下部用焊接固定板，通过四个螺栓连接脚踏板，在固定板上安装一个 500 Ω 电阻。起到连接金属球、脚踏板和传输静电的作用，并将金属球支撑到一定的高度。连接杆用不锈钢材料制作，如图 4-34、4-35 所示。

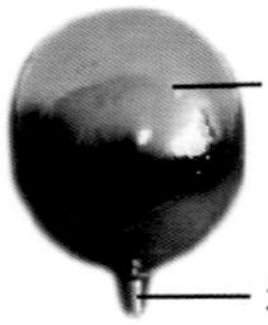

图 4-33　金属球

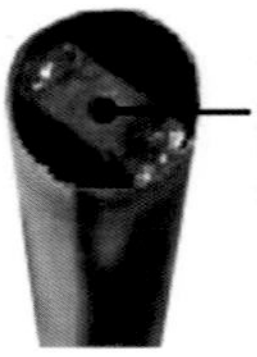

图4-34　连接杆上部实物图

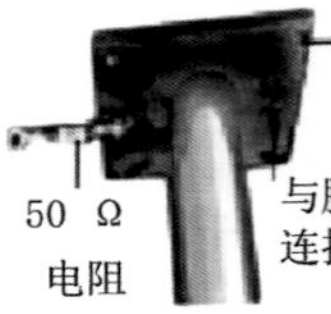

图 4-35　连接杆下部实物图

（3）脚踏板

脚踏板用工程塑料制作，有 4 个与地面的固定孔、6 个聚氨酯圆垫，通过连接片与镀锌扁钢连接，将静电导入大地。正面实物如图 4-36 所示，反面实物如图 4-37 所示。

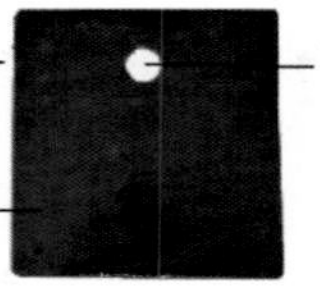

图 4-36　脚踏板正面图

图 4-37　脚踏板反面图

4.3.3　工作原理

本装置采用将埋入地下的非金属接地模块与人体静电消除器连接，人体通过手接触静电消除器将其静电电荷迅速导入大地。由于在静电消除器与接地体之间接入了 500 Ω 电阻，消除静电时无电火花和人体电击感。

4.3.4　施工方法

在作业点合适的位置，挖一个 800 mm×600 mm×800 mm 的坑，按 3∶2 比例和降阻剂，具体做法参考储存柜静电泄放装置施施工方法。在地表面浇筑 50 mm 厚的混凝土，按脚踏板四个螺栓孔的中心位置（350 mm×327 mm），预埋四个固定螺栓，等混凝土干后，用螺母将人体静电消除器固定在上面，如图 4-38 所示。

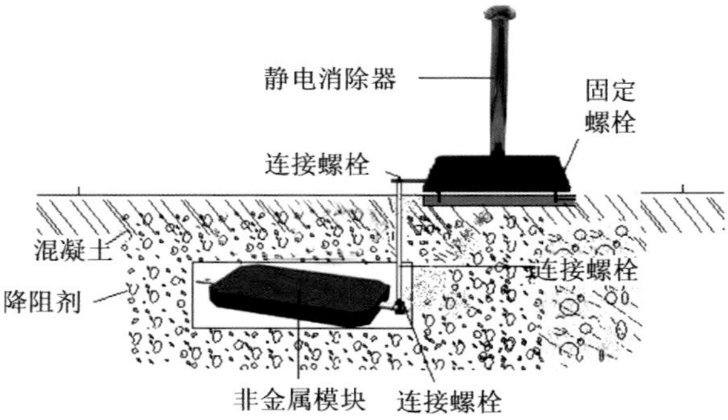

图 4-38　人体静电消除器与接地示意图

4.3.5　降阻值的测量

与弹药储存柜静电泄放装置的测量方法一样，这里不再赘述。

4.3.6　主要技术指标

人体静电消除装置主要技术指标，见表 4-4。

4.3.7　注意事项

（1）施工、存储和运输要求同前所述。

表 4-4　体静电消除装置主要技术指标一览表

项　　目	数　值　范　围
接地体外型尺寸（mm）	500×400×60
接地体重量（kg）	20
单体接地效果	$R=0.16\rho$（ρ 为土壤电阻率）
室温下电阻率	≤0.5 Ω·m
地下长期保湿性能	30%±10%
接地阻值（Ω）	平原≤100，山区≤1000
人体静电电压（kV）	$V\leqslant 20$
静电释放时间（ms）	$t\leqslant 100$
最大释放电流（mA）	$I\leqslant 0.1$
工作温度（℃）	－50～100
环境湿度（%）	≤80（40 C°）

（2）为确保静电彻底消除，作业人员的双手在静电消除器上触摸的时间≥5 秒即可。

（3）人体静电消除装置一般不会出现问题，为防止损坏脚踏板和搬断连接杆，平时可在周围浇浇水。

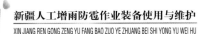

（4）作业点人体静电消除装置安装好后，每年测量1次，看接地阻值有无变化，如接地阻值变大，可采取措施恢复原始值。

4.4 车载式火箭弹储存箱

车载流动式火箭发射装置在作业的整个过程中火箭弹随车携带，当前车载式火箭弹储存箱结构设计和功能达不到要求，已有火箭弹丢失和在车厢上燃烧的情况发生。

车载式火箭弹储存箱是依据《GB10409—2001 防盗保险柜》的有关标准而研制，具有防盗、防火、防静电等功能。目的从根本上解决人工影响天气作业期间车载流动作业车携带火箭弹存在易丢、易燃、易损等安全隐患问题，给使用者和管理者提供更为可靠的安防设施。

4.4.1 构造原理

车载式火箭弹储存箱主要由箱体、放弹架、箱体安装支架三部分组成。

（1）箱体构成

箱体由左箱门、右箱门、门锁、右箱门启闭装置和铝塑防火板、把手等组成。结构设计如图4-39所示，外形结构实物如图4-40所示，内部结构左端面实物如图4-41所示，内部结构右端面实物如图4-42所示。

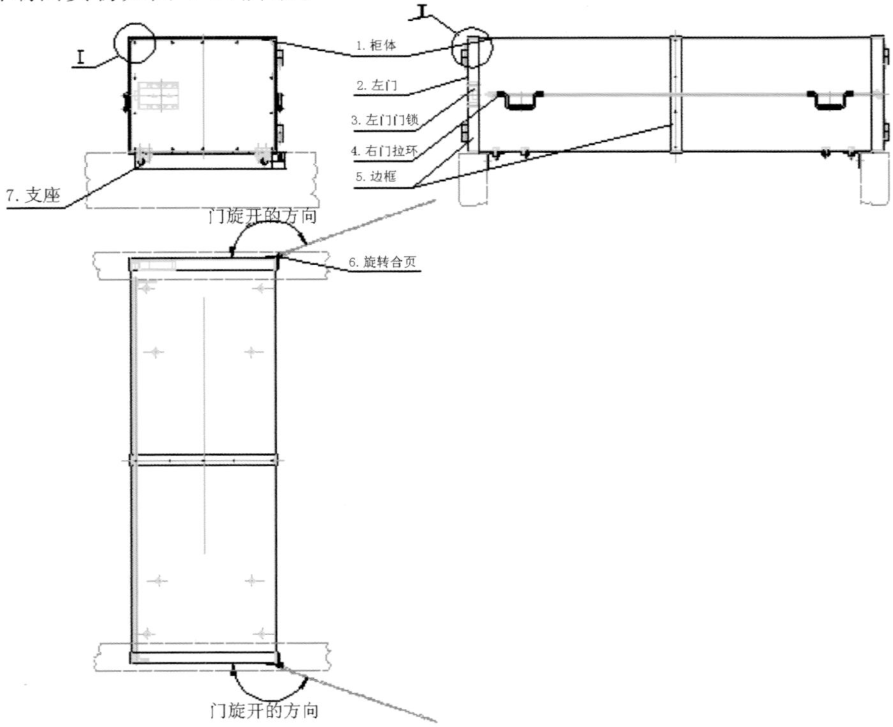

图4-39　箱体结构设计图

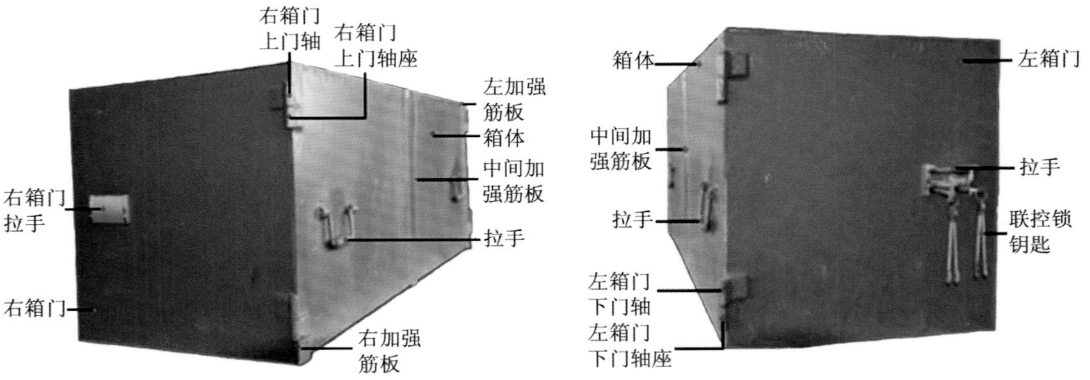

图 4-40　箱体外形结构实物图

图 4-41　箱体左端面内部结构实物图

图 4-42　箱体右端面内部结构实物图

① 箱门

大小等同的左、右两箱门，嵌入门框内，箱门上各有一门把手，左箱门安装一把 938—G 型城堡牌双头联控锁，右箱门内表面上焊接一个锁闭卡板。

② 右箱门启闭装置

右箱门启闭装置由挂钩、拉簧、挂钩轴、钢丝拉线、拉线环等组成。右箱门无锁，依靠右箱门启闭装置实现右箱门的开启与锁闭。当左箱门锁闭后，用力推动左箱门，挂钩自动挂在右箱门上焊接的卡板内；开门时，用手拉动钢丝拉线环使挂钩从卡板内移出，右箱门自然开启。挂钩、拉簧、挂钩轴、挂钩轴座、钢丝拉线、拉线环等安装在右箱壁的前、后端面上，挂钩实物如图 4-43 所示、拉线环如图 4-44 所示。

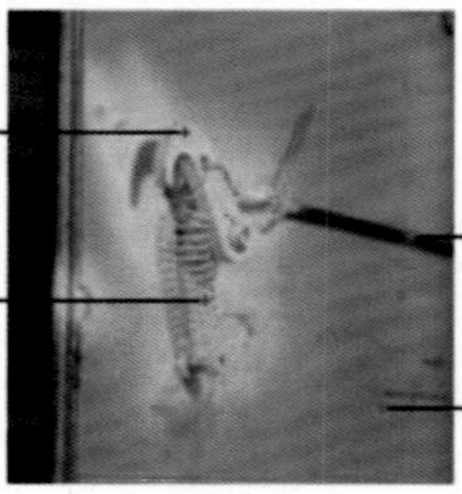

图 4-43 挂钩实物图

图 4-44 拉线环实物图

③ 门锁

左箱门表面安装一把 938－G 型城堡牌双头联控锁，门锁舌头控制着左箱门的启闭，符合 GA/T73 要求。

有关 938－G 型城堡牌双头联控锁的开启与锁闭方法，在人工影响天气弹药储存箱中已介绍，这里不再赘述。

（2）储弹架

由储弹支架、滑架组成，用四个螺栓安装于箱体里。起到将火箭弹放进放弹基架的轨道内夹紧的作用。储弹架侧视结构如图 4-45 所示，储弹架前视结构如图 4-46 所示，储弹架后视结构如图 4-47 所示。

图 4-45 储弹架侧视结构图

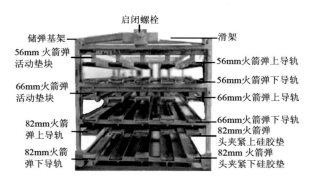

图 4-46 储弹架前视结构图

图 4-47 储弹架后视结构图

① 储弹支架

储弹支架由储弹基架、上下导轨、活动垫块组成，用于放置火箭弹。储弹基架由方管焊接而成，分三层，每层 10 根上、下导轨组成 5 个储弹轨道，共放置 WR-98 型火箭弹、WR-1D 型火箭弹、HJD-82 型火箭弹、YIR-6300 型火箭弹、BL-1 型火箭弹合计 15 枚。装弹实物如图 4-48 所示。

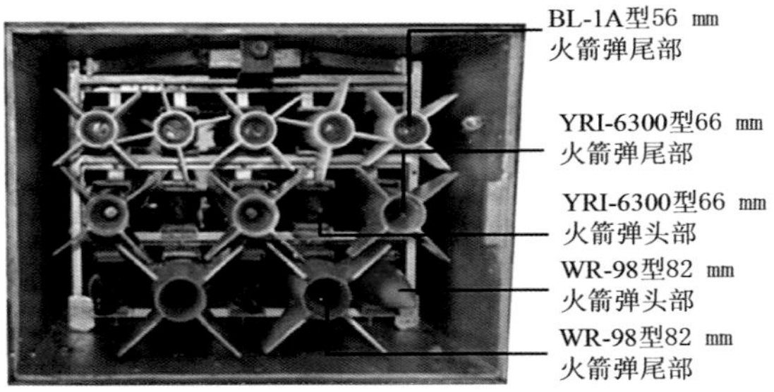

图 4-48　装弹实物图

用 30 根上、下导轨组成 15 个轨道，在轨道内放置 15 枚各种型号火箭弹。在导轨内分段粘贴 3 mm 厚阻燃软胶垫，按弹头的弧度制成硅胶垫粘贴在放置弹头的位置，起到对弹头的夹紧作用。导轨结构设计如图 4-49 所示，ϕ82 mm 导轨实物如图 4-50 所示，ϕ66 mm导轨实物如图 4-51 所示，ϕ56 mm 导轨实物如图 4-52 所示。

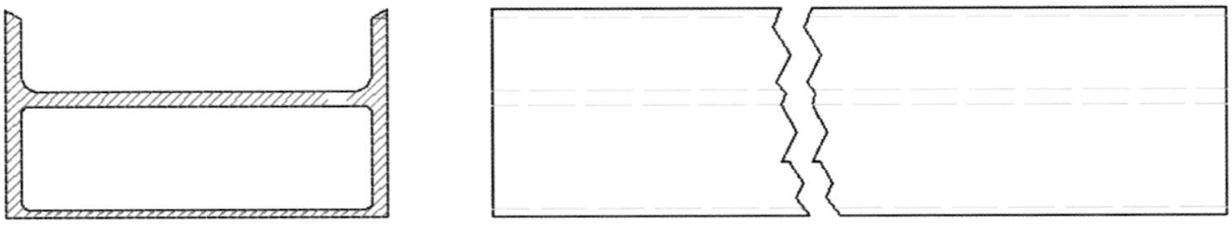

图 4-49　导轨结构设计图

图 4-50　ϕ82 mm 导轨（放置 WR-98 型火箭弹）实物图

图 4-51　ϕ66 mm 导轨（放置 RYI-6300 型火箭弹）实物图

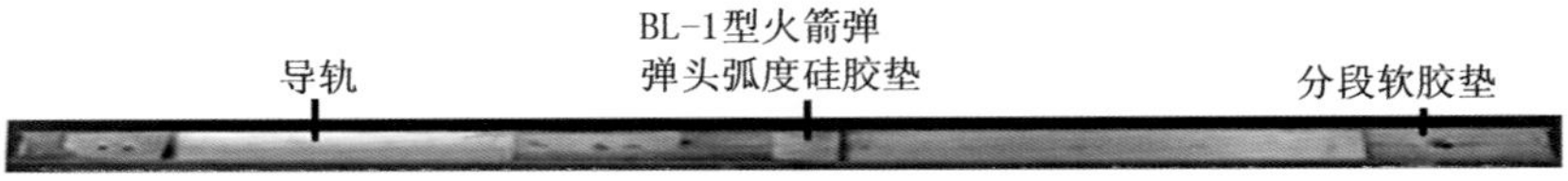

图 4-52　ϕ56 mm 导轨（放置 BL-1 型火箭弹）实物图

由于轨道直径是按照 ϕ82 mm 为基础制作的，可以放置 WR-98 型、HJD-82 型 ϕ82mm 直径火箭弹，要放置 ϕ66 mm、ϕ56 mm 或其他类型的火箭弹，就要改变轨道直径的大小。该储弹支架中采用了上导轨安装 ϕ66 mm、ϕ56 mm 两种活动垫块，用于放置 RYI-6300 型、LB-1A 型两种火箭弹。当然，根据用户放置弹的需要，可选用不同的导轨活动垫块或不用活动垫块。

② 水平移动架

水平移动架由方管焊接而成。两侧横撑的 4 个水平长孔用销轴与储弹支架上部横撑的 4 个水平长孔连接，滑架的前部有启闭螺栓座和启闭螺栓，启闭螺栓座焊接在箱体顶部。

当用摇把摇动启闭螺栓时，水平移动架会做前后运动。结构设计如图 4-53 所示。

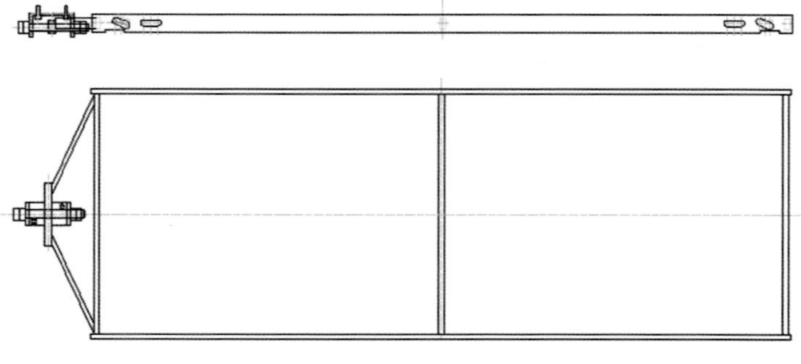

图 4-53　水平移动架结构设计图

③ 垂直移动架

垂直移动架由方管焊接而成，有前后两片，上部的竖撑用 4 个销轴分别于水平移动架的 4 个斜长孔和上部轨道的 5 个上轨相连，中部竖撑与中部轨道的 5 个上轨相连，下部竖撑与下部轨道的 5 个上轨相连，4 根垂直撑用销轴与基架的 4 根垂直撑相连。结构设计如图 4-54 所示，与基架的连接如图 4-55 所示。

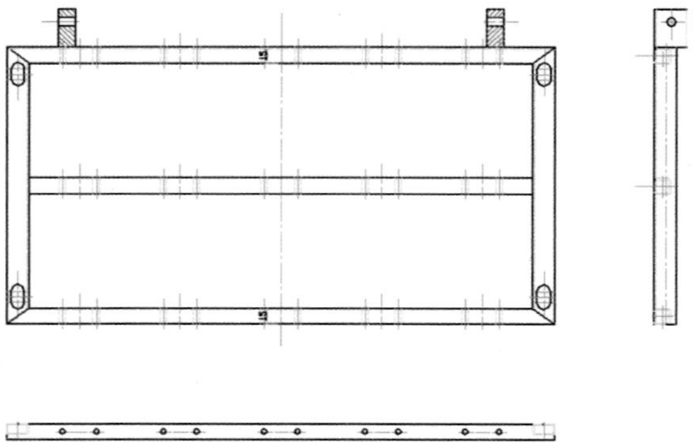

图 4-54　垂直移动架结构设计图

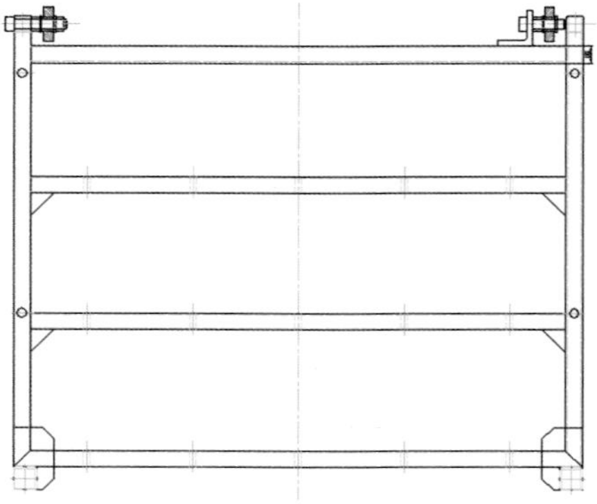

图 4-55　垂直移动架与基架的连接设计图

(3) 箱体安装支架

箱体安装支架由左框架和右框架组合而成，结构设计如图 4-56 所示。

① 左框架

左框架由小槽钢和角钢焊接而成，小槽钢的一头要插进大槽钢里，用 4 个固定螺栓与大槽钢连接，小槽钢在大槽钢里伸缩 200 mm，另一头的角钢用两个螺栓固定在左侧车厢板上，在小槽钢上粘贴一层胶皮，结构设计如图 4-57 所示。

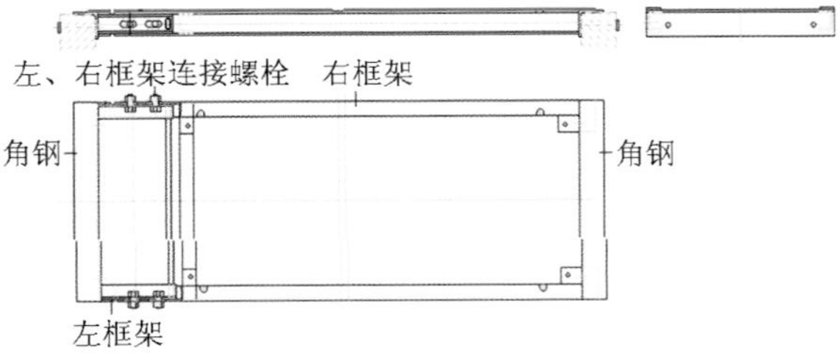

图 4-56　箱体安装支架设计图

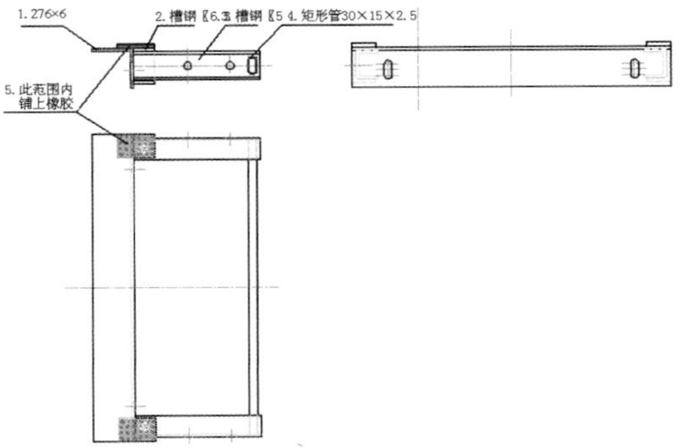

图 4-57　左框架结构设计图

② 右框架

右框架由大槽钢和角钢焊接而成，大槽钢的一头要插进小槽钢里，用 4 个固定螺栓与小槽钢连接；另一头的角钢用 2 个螺栓固定在右侧车厢板上，在小槽钢上粘贴一层胶皮，结构设计如图 4-58 所示。

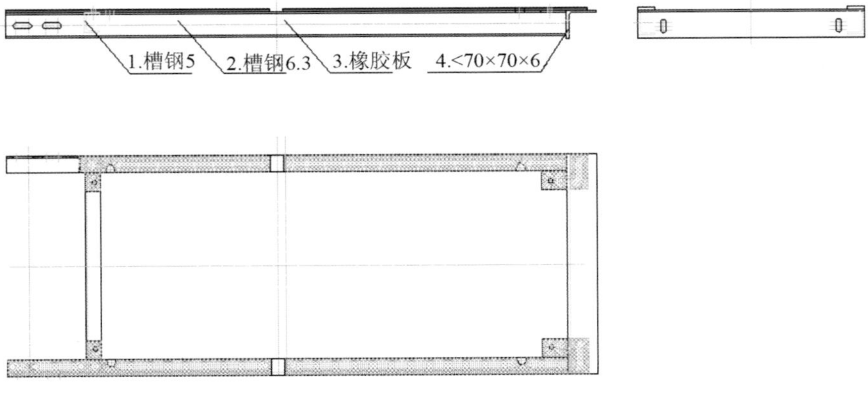

图 4-58　右框架结构设计图

4.4.2　工作原理

先用钥匙开启左箱门，拉动拉线环，再开启右箱门，用摇把顺时针摇动启闭螺栓，15 根上导轨整体下移，压紧轨道内的火箭弹，便于运输，如图 4-59 所示。

逆时针摇动启闭螺栓，15 根上导轨整体上移，松开轨道内的火箭弹，便于存取，如图 4-60 所示。

用摇把顺时针
摇动启闭螺栓
三层轨道的
15根上导轨
会整体下移，
压紧轨道内
的火箭弹

图 4-59　顺时针旋转启闭螺栓压紧火箭弹实物图

用摇把逆时针
摇动启闭螺栓
三层轨道的
15根上导轨
会整体上移，
压松开道内
的火箭弹

图 4-60　逆时针旋转启闭螺栓松开火箭弹实物图

4.4.3　特点

(1) 存储箱是根据皮卡车载重和车厢尺寸及车载流动作业时需携带的火箭弹量等综合数据，参照 GB10409－2001 防盗保险柜有关标准而设计的，具有防盗、防火、防静电功能，整体结构稳定。

(2) 左门扇外表面安装一把 938-G 型城堡牌双头联控锁，符合 GA/T73 要求。

(3) 采用自动启闭式储弹架，利用左箱门的开启与闭合，实现了装载火箭弹的固定与松动。

(4) 箱体内装载的 15 枚火箭弹。通过更换三种口径垫块，可调整 WR-98 型、WR-1D 型、HJD-82 型、RYI-6300 型、BL-1 型火箭弹的装载量。

4.4.4 储存箱规格与技术指标

车载式火箭弹储存箱的规格。见表 4-5。

表 4-5 流动作业车载式火箭弹储存箱规格一览表

数据 / 名称	重量（kg）	长（mm）	宽（mm）	高（mm）
箱体	100.2	1522	530	435

车载式火箭弹保险箱的主要技术指标。见表 4-6。

表 4-6 车载式火箭弹储存箱技术指标一览表

项 目	性 能 技 术 指 标
箱体承载重量	≤150 kg
箱体装载量	单独存放 WR－98 型火箭弹 15 枚、WR－1D 型火箭弹 15 枚、HJD－82 型火箭弹 15 枚、YIR－6300 型火箭弹 15 枚、BL－1 型火箭弹 15 枚（拆箱存放），或混装合计 15 枚。
隔热温度	≤1200℃
柜表面抗拉强度	≥235 MPa
整体晃动量	≤1 mm
表面平面度	≤1 mm
柜体壁厚度	2（+0.5）mm
门扇壁厚度	2（+0.5）mm
柜壁隔热层厚度	3 mm
门缝间隙	≤1.5 mm
工作湿度	＜95%，无凝露
工作温度	－40～＋60℃

4.4.5 车载式火箭弹存储箱安装

车载式火箭弹存储箱一定要安装在车箱的最前部，压在车辆两侧的车箱板上。安装时，先在两侧车箱板开 4 个 ϕ12 的孔，把安装支架的两头的角钢用 4 个螺栓固定在两侧车箱板上，然后旋紧大、小槽钢的 8 个连接螺栓，最后将人工影响天气车载式火箭弹存储箱抬到箱体安装支架表面，用 4 个螺栓把人工影响天气车载式火箭弹存储箱固定在槽钢上。

4.4.6 使用方法

由于火箭弹存储箱采用储弹架结构，安装在车箱的最前部两侧的车箱板上。存取火箭弹时，人要站在车箱的两侧抽或推火箭弹完成存取。考虑到在现有的空间内能多装载火箭弹，火箭弹的放置方式是头尾相邻。

4.4.7 使用注意事项

(1) 箱体内留存火箭弹时，严禁露天存放，防止太阳曝晒和雨淋。

(2) 经常要检查箱体与车厢的固定螺栓，螺栓松动时要及时上紧。

(3) 938-G 型城堡牌双头联控锁为精密锁具，启闭锁时，要认真、仔细。钥匙应妥善保管，丢失或损坏会造成不必要的麻烦。

(4) 运输和安装箱体时，要注意对箱体表面油漆的保护。

(5) 在箱内放些干燥剂，每年应及时更换干燥剂，保持箱内干燥，防止箱内火箭弹受潮。

(6) 车载式火箭弹存储箱只适用于车载流动火箭发射装置作业时临时保存待作业的火箭弹。每次作业前，将火箭弹装入储存箱内，作业后，速将剩余的火箭弹卸入指挥部库房。

(7) 车载式火箭弹存储箱不用时，可卸下，放入室内保存。

(8) 存储箱在出厂时，已调整好储弹轨道的口径，如用户要改变储弹轨道的直径，可加垫合适的导轨垫块，更改硅胶垫的位置。完成后，要反复试验轨道口径大小至合适。

(9) 火箭弹存取时，要轻拿、轻放、轻推、轻抽，严禁损坏火箭弹。

(10) 摇动摇把时，轻轻旋转，不要用大力。

(11) 严禁拆装储弹架。

4.4.8 故障排除

(1) 导轨尾部的软胶垫脱落或磨坏，重新粘贴或更换。

(2) 导轨头部的硅胶垫脱落或磨坏，重新粘贴或更换。

(3) 要经常检查安装固定螺栓是否松动，如松动，可旋紧。

4.5 作业点弹药库报警装置

炮弹、火箭弹都属爆炸物品管理的范畴，根据国务院第 466 号《民用爆炸物品管理条例》要求，防雹增雨炮弹、火箭弹应按民用爆炸物品贮存和运输。利用作业点弹药库报警装置对弹药库内的人工影响天气弹药实施 24 小时监控，有效地保障了人工影响天气弹药的安全储存和管理。

4.5.1 结构原理

4.5.1.1 外部结构

报警装置外部由机箱、两路红外微波双鉴探测器、两路红外摄像头、震动传感器、键盘、声光报警灯等组成如图 4-61 所示。

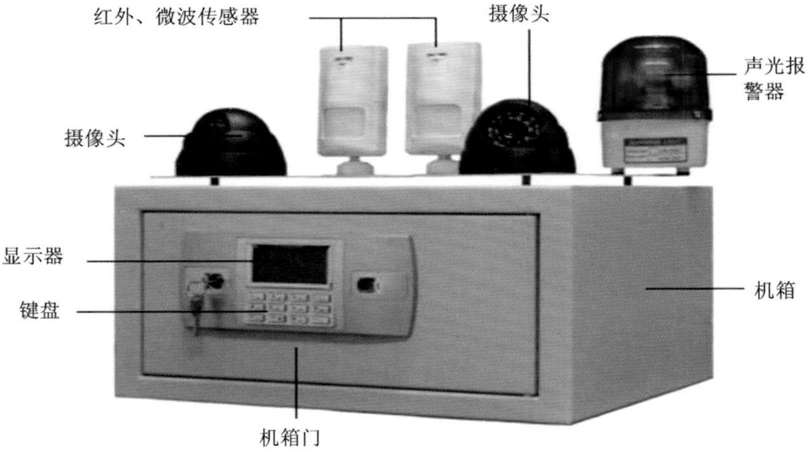

图 4-61 人工影响天气作业点弹药库报警装置外部结构图

（1）探测器

两个红外微波双鉴探测器采用了微波多普勒效应、光谱分析及人工智能技术等尖端技术的智能红外微波双鉴探测器。能辨别入侵者和干扰信号，通过对人体发出的远红外光谱，及人体走动产生多普勒频移进行智能分析、量化计算，准确地对人体移动做出报警，采用“微波＋ 红外＋ 微处理器”的综合探测分析技术，使探测器更加稳定、能更有效防止误报。探测器外观和内部结构及探测范围示意如图 4-62 所示。

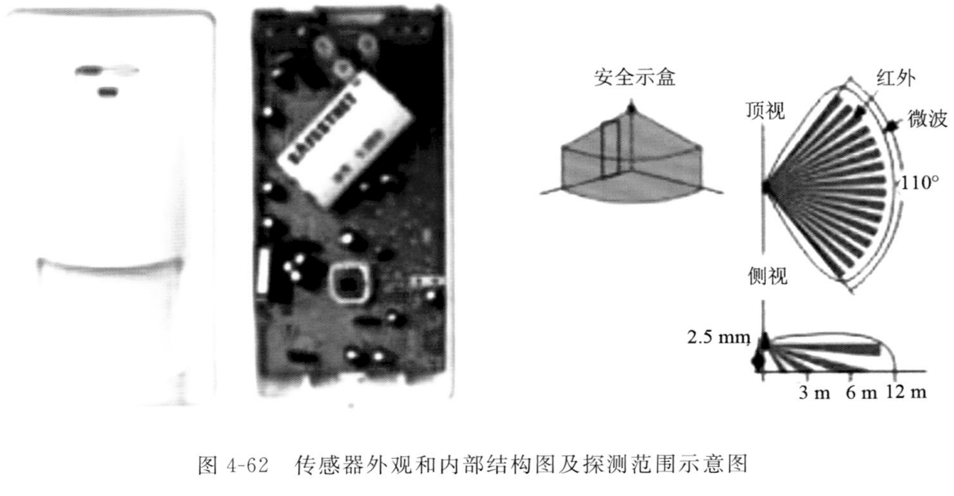

图 4-62 传感器外观和内部结构图及探测范围示意图

（2）红外摄像头

红外摄像头采用数字视频压缩技术、多媒体数字存储技术，将摄录的视频图像资料存储在 TF 卡中。内置 30 万像素数字摄像头，如图 4-63 所示。

（3）报警器

24 V 直流声光报警器，喇叭声音 90 dB，如图 4-64 所示。

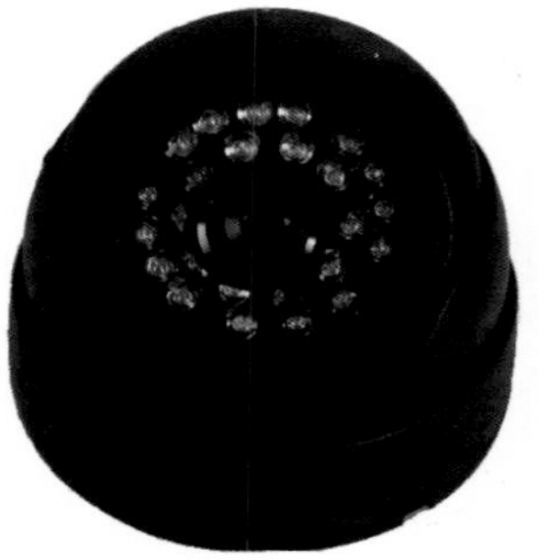

图 4-63　红外摄像头

图 4-64　声光报警器

(4) 键盘和显示屏

3×4 键盘，2.4 寸 LCD 显示屏，手动输入指令、数据和输出显示，键盘和显示屏正面实物如图 4-65 所示，键盘和显示屏背面实物如图 4-66 所示。

图 4-65　键盘和显示屏正面图

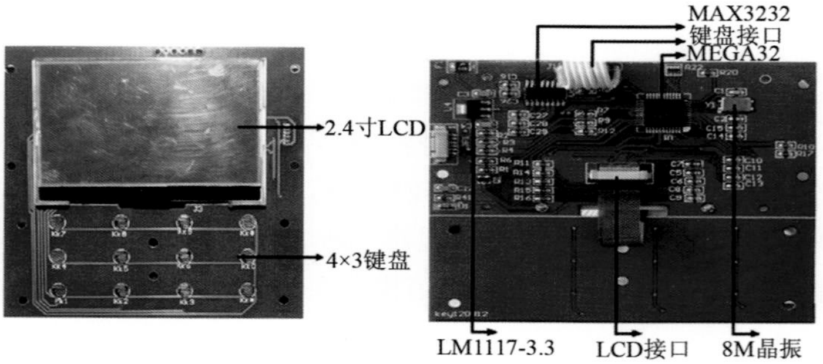

图 4-66　键盘和显示屏背面图

4.5.1.2　内部结构

报警装置内部由两个 12 V/20 AH 电瓶、震动传感器、底板、接口板、中央控制板、手机单机板等部分组成。内部实物如图 4-67 所示，硬件结构设计如图 4-68 所示。

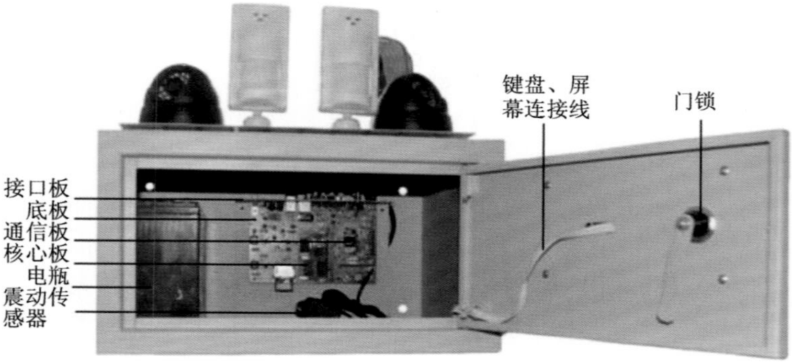

图 4-67　内部结构图

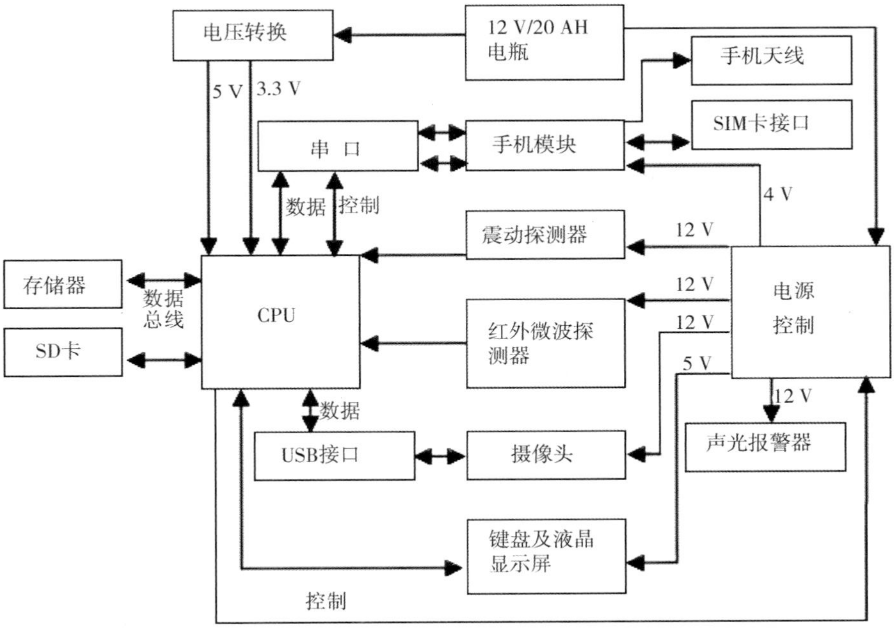

图 4-68　电路硬件结构设计图

（1）电瓶

由于弹药库内不容许使用交流电，内置两个 12 V/20 AH 电瓶，负责给整机供电，如图 4-69 所示。

（2）震动传感器

当人工影响天气作业点弹药库报警装置的机箱等外部部件遇到砸、撞等破坏时，震动传感器输出信号，由 CPU 处理，发出报警，如图 4-70 所示。

图 4-69　12 V/20 AH 电瓶

图 4-70　震动传感器

（3）底板

底板是报警装置电路的基础板，上面安装有电路电源管理、中央控制板、手机单机板、各种接口电路、数据卡插槽、SIM 卡插槽及一些附属电路，底板电路如图 4-71 所示。

电路电源管理实现电源转换和电源控制。

电源转换：电瓶电压通过 DC－DC 转换 生成 ＋5 V、＋4 V、＋3.3 V、＋1.8 V 电源。

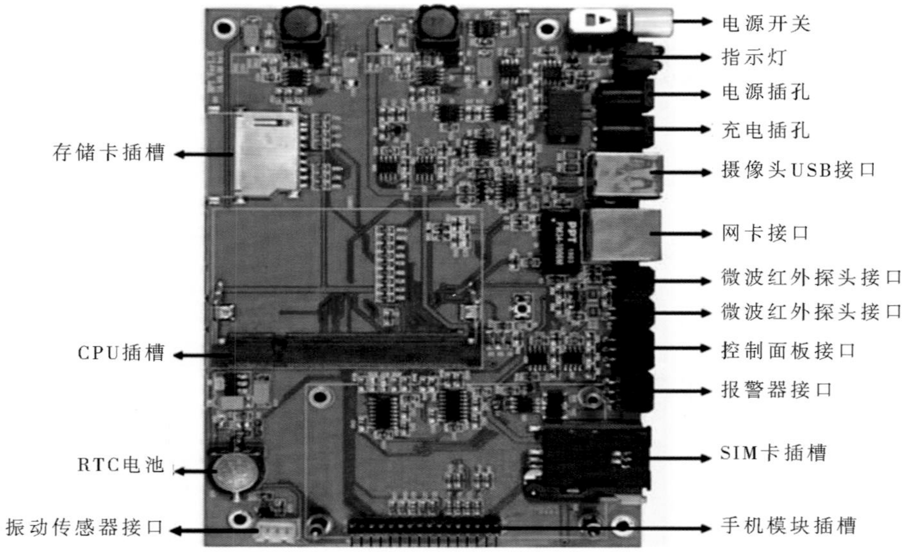

图 4-71　底板电路实物图

电源控制：对手机通信模块、两个红外微波双鉴探测器、两个摄像头电源、声光报警器进行开关控制，并当任意一个电瓶电压过低时能自动切换。

数据卡插槽可插进储存卡；SIM 卡插槽可插进 SIM 卡；CPU 插槽可安装中央控制板；手机模块插槽可安装手机单机板；各种接口电路适配于接口；一些附属电路实现辅助等功能。

（4）中央控制板

中央控制板电路由含语音编码解码、以太网、CPU、存储器等组成。实物正面如图 4-72 所示，实物背面如图 4-73 所示，中央控制板以 ARM 公司的 ARM RISC 处理器为核心，在嵌入式处理器基础上添加电源电路、时钟电路等构成了一个嵌入式核心控制模块。辅以存储器（SDRAM、ROM、Flash）、通用设备接口和 I/O 接口（A/D、D/A、I/O）、嵌入式以太网控制器、语音编码器等，其中操作系统和应用程序都可以固化在 ROM 中，实现对整个报警装置的管理和控制。

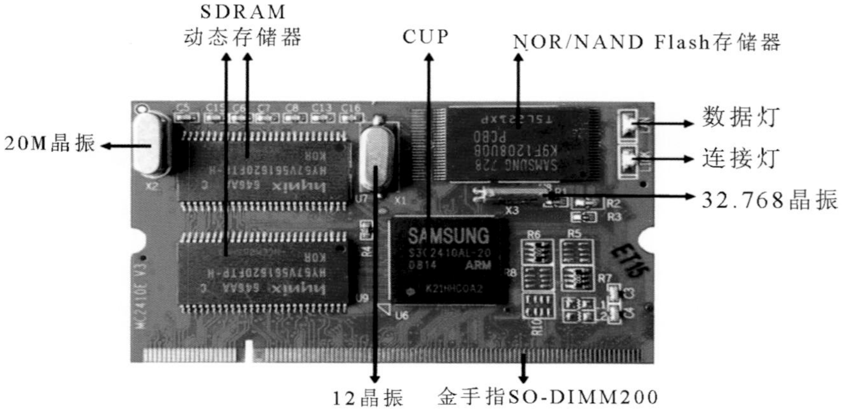

图 4-72　中央控制板正面实物图

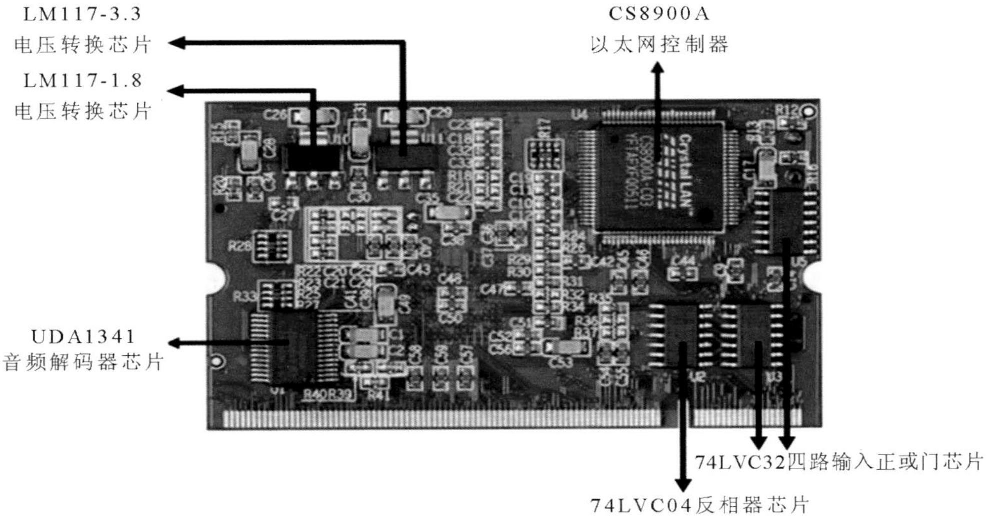

图 4-73　中央控制板背面实物图

（5）手机单机板

单板机选用德国 SIEMEMS 公司的 MC37I 模块，对外提供语音接口和 SIM 卡接口，能完成语音通话、SMS 短消息、GPRS 数据传输。实物正面如图 4-74 所示，实物背面如图 4-75 所示。

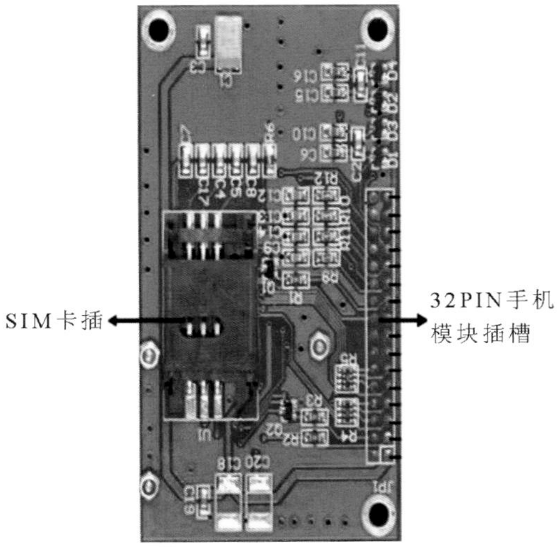

图 4-74　手机单板机正面图

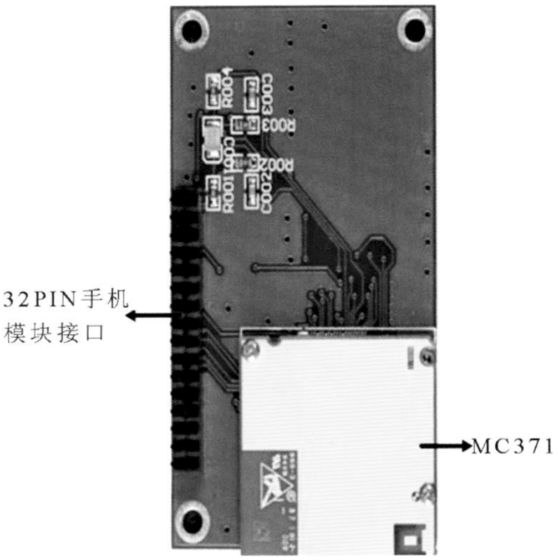

图 4-75 手机单板机背面图

（6）各种接口板

SD 卡接口、中央控制板接口、手机单机板接口、键盘接口、传感器接口、声光报警器接口、两路 USB 接口、串口和网线接口，用于内设和外设的连接，如图 4-76 所示。

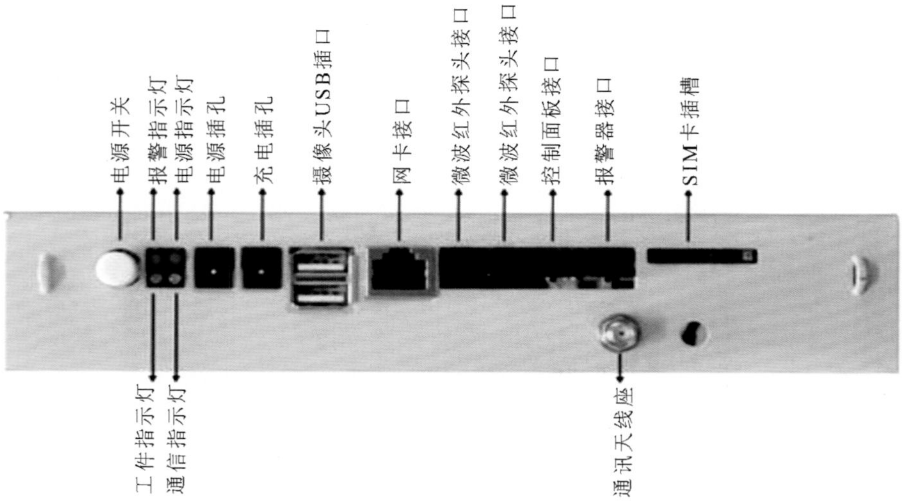

图 4-76　各种接口板实物图

4.5.2　软件结构

主要由引导程序、操作系统、文件系统、设备驱动程序、守护程序、监控报警软件等组成，如图 4-77 所示。

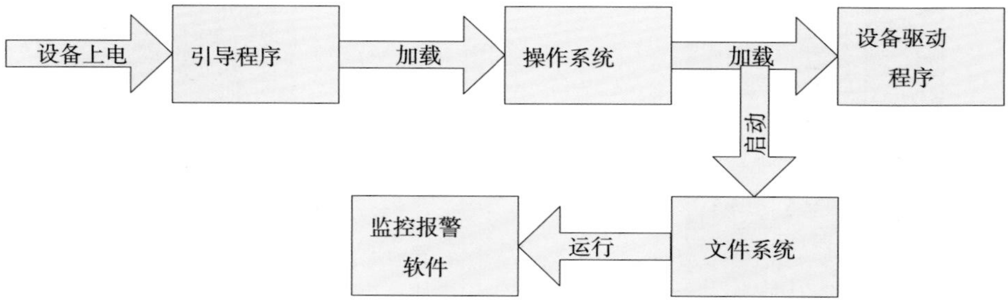

图 4-77　报警装置软件结构图

4.5.2.1　引导程序

引导程序 vivi 源代码完全开放，程序的组织也是完全依照 Linux 来设计的，其具体文件组织如下：

(1) arch/目录存放的是平台相关的代码，主要是系统启动时的汇编代码，vivi 运行的第一程序 head. s 就是放在这里。

(2) include/存放的是系统的头文件。

(3) driver/存放的是 Flash 和串口等的读写操作程序。

(4) lib/提供了整个 vivi 所共用的库函数。

（5）script/提供配置界面的程序。

（6）util/NAND Flash 操作的相关程序。

（7）Documention/ 文件的说明。

4.5.2.2 操作系统

操作系统为嵌入式 LINUX2.6.28，提供丰富的测试程序，包括 H.264/263，MPEG4，VC－1 视频文件解码，摄像头视频采集和编码，JPEG 编解码，TVOUT 输出等。驱动资源除视频图像处理外，还包括 2D/3D，看门狗，4 路串口，2 路 SD/MMC，1 路 10/100M 网口，AC97 音频，多种分辨率液晶屏的驱动等。采用 NFS 网络文件系统和 YAFFS2 格式文件系统，提供 nfs，ftp，telnet 等网络服务，使 Linux 下的应用程序开发更快捷。

4.5.2.3 文件系统

YAFFS2 文件系统是在文件系统 mount 的过程中由 read _ super 函数填充的，在内存中 superblock 里的 s _ magic 参数也是直接赋值的。

YAFFS 的文件数据存放在 chunk 中，chunk 和 NAND 页面大小相同，每个页面都标有一个文件 id 和 chunk 号，这些标识放在 OOB 中，chunk 号 = 文件位置 / chunk 大小。文件头信息在文件的第一个文件页面中，通过一个标志来指定。目录、设备和链接都使用相同的机制。第一个页面指明了对象的类型。

YAFFS2 删除的动作是把删除的对象移到一个特殊的隐藏的 unlink 目录中。只有当包含该对象的所有页面被擦除（通过跟踪系统中每个对象的大块数目，直到数目为 0）。当需要重写一个页面时，会写入一个新的页面替换相应大块，标识和原来的相同。除了这些标志以外，还有一个 2－bit 序列增加的数以防止在操作中出现断电等意外处理中断。通过这个数来仲裁有相同标志的两个页面。

yaffs2 的编译只要指定内核的位置，会自动使用配置信息。也可以 patch 到内核中，这样驱动的时候可以直接作为内核的一部分。

在 yaffs2 的 util 目录下有 mkyaffsimage 工具，运行 mkyaffsimage dir imagename 可以制作出 yaffs1 文件系统的镜像，通过 mkyaffsimage 制做出来的 image 其 OOB 中也包含它自己计算的 ECC 校验数据。

4.5.2.4 设备驱动

驱动网卡、声卡、摄像头、传感器驱动等设备。

4.5.2.5 监控报警软件

在管理主机上运行的监控软件可以管理多个报警终端，通过 GSM 无线移动通信网络和互联网与报警装置进行远程无线连接。通过电子地图直观显示警情库房的确切位置与报警类型，并详细显示报警弹药库的最新信息和现场监控画面。采用开放式结构，日后可容易地扩展为二级或二级以上联网方式，提供友好的报警查询统计、警情显示、报警内容、解决方法等功能。

（1）监控报警的组成

监控报警软件由配置模块、事件处理模块、通用功能模块、报文处理模块、主程序模块、发送任务处理模块、拍照模块、短信模块、手机模块、定时器处理模块、链表模块组成。

（2）监控报警软件软件功能

① 预警功能

探头 1 探测到有人或活动物体进入后唤醒所有设备，摄像头 1 启动开始以每秒 6 张的速度拍照，液晶屏提示输入撤防密码，5 至 30 秒内 1 秒拍摄 1 张照片。并发送预警短信到设置好的 5 组号码，内容为“预警：有人进入弹药库房！库房编号：＊＊＊”。并通过 GPRS 网络向监控中心发送预警信息、现场图像。

② 非法进入报警

30 秒内不撤防进入非法报警模式，发送报警信息到预设的 5 组电话号码，内容为“报警：有人非法进入弹药库房！库房编号：＊＊＊”。信息发送后轮流拨打设置好的 5 组电话号码直至有人接听或挂断，电话内容为警笛声，并通过 GPRS 网络向监控中心发送非法进入报警信息、现场图像。

③ 防破坏报警

如果有人试图破坏报警装置，报警装置的震动探测器会探测到入侵者走动或破坏报警装置活动时产生的震动信号来触发报警。发送报警信息，内容为“报警：有人正在破坏报警装置！库房编号：＊＊＊”，信息发送后轮流拨打设置好的 5 组电话号码直至有人接听或挂断，电话内容为警笛声，并通过 GPRS 网络向监控中心发送破坏报警信息、现场图像。

④ 电瓶容量低报警

内置 12 V/20 AH 电瓶两个，将两个电池用比较器比较，比较器输出端接，CPU 的中断 1，2，用于低电压休眠唤醒，任何一个如电量不足，会自动切换到另一个电瓶供电，并发送短信到预设的电话号码提示电瓶 1 或 2 电量不足，内容为“电瓶电量不足，请及时更换，库房编号：＊＊＊”。

⑤ 弹药入库出库记录

在安装报警装置的小保险柜柜门上的数字键盘输入存取弹药的数量后，通过 GPRS 网络向监控中心上传存取的数量和库存数量，随后发送短信到预设的电话号码。

⑥ 拍照

在 5 秒钟两个摄像头依次拍照，6 张/秒。以后 1 张/秒，至撤防，撤防后 1 张/3 秒拍照，直至重新布防。

⑦ 休眠

布防后，等所有信息发送完成后，CPU、手机模块进入休眠，状态，摄像头电源关闭，只留探头工作，工作电流：＜80 mA，一旦有人、活动物进入，即刻进入全速工作，唤醒所有外设工作，工作电流：＜300 mA，然后预警。

（3）监控报警软件流程

监控报警软件流程如图 4-78 所示。

4.5.3　工作原理

报警装置在待机状态下，主要是红外微波双鉴探测器在工作，其他的工作组件处于休眠状态，只有在微波红外双鉴探测器探测到信号时，才会启动整体系统工作。这样做是为了由电瓶供电的整机降低整机功耗，同时也满足了弹药库内不能使用交流电的条件。

两个摄像头和两个红外微波探头组成了两组探测装置，每一组有一个摄像头和一个红外微波双鉴探测器，第一组对准弹药库缓冲间的门，第二组对准弹药存储柜。为了节约存储图像的空间和占有 CPU 控制时间，通过红外微波探头来决定哪个摄像头进行工作，当第一组红外微波探头探测到信息，则第一组摄像头工作，第二组红外微波探头探测到信息则第二组摄像头工作，当两个红外微波探头同时探测到信息，则第二组摄像头工作。这样解决了大量信息采集时对数据线的拥堵现象。

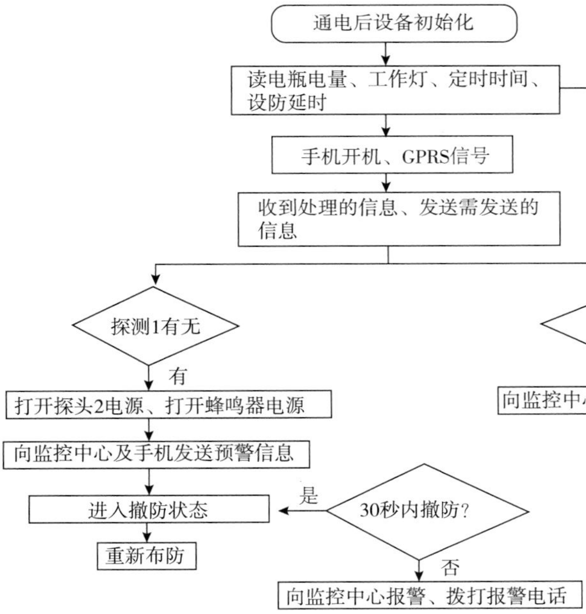

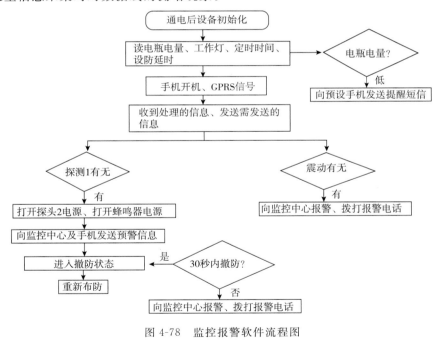

图 4-78　监控报警软件流程图

报警装置工作流程，如图 4-79 所示。

4.5.4　报警装置的操作使用

4.5.4.1　开机

用报警装置机箱钥匙打开箱门，按下白色电源开关接通电源，绿色指示灯亮表示设备

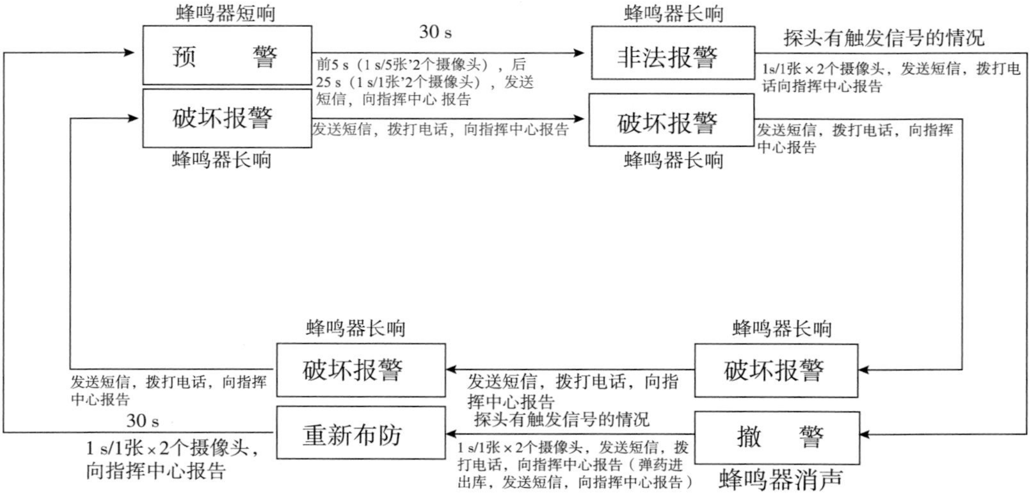

图 4-79　报警装置工作流程图

上电，红色指示灯亮表示 CPU、手机模块开始工作。设备开始进行初始化、读入配置信息、产生事件获取线程、监控信息初始化等结束后终端通过手机模块到监控中心进行远程注册并获得系统时间，如果监控中心计算机未开启或无法连接的情况下手动输入系统日期和时间。

开机后显示“＊＊＊＊＊＊”，界面如图 4-80 所示，大约 4～5 s 初始化完成后提示输入密码，界面如图 4-81 所示，按数字键输入预设的 6 位密码进入系统菜单，界面如图 4-82 所示。

图 4-80　开机等待界面图

图 4-81　密码输入界面图

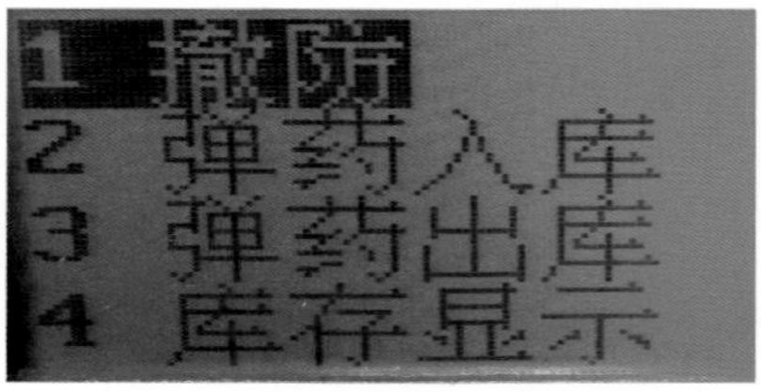

图 4-82　系统界面图

4.5.4.2　撤防/重新布防

在布防状态下对弹药库进行监控和在撤防状态下上传现场图像以便日后查询是报警装置的主要功能。

系统默认为布防状态，在布防状态下探测器如果探测到活动目标会发送预警信息到预设的五组电话号码，内容为“预警：有人进入弹药库房！库房编号＊＊＊＊＊＊”，并发送预警图片到监控中心计算机上。报警装置显示屏上提示输入密码，30 秒内不能输入正确密码后进入报警状态，启动声光报警器报警，发送报警信息到预设的 5 组电话号码，内容为“报警：有人非法进入弹药库房！库房编号＊＊＊＊＊＊”，报警信息发送完后拨打报警电话到预设的 5 组电话号码直至有人接听。在布防状态下当有人试图破坏报警装置时所产生的震动会被震动探测器探测到，并发送报警信息到预设的 5 组电话号码，内容为“报警：有人正在破坏报警装置！库房编号 * * * * * *”。在探测器探测到活动目标后 30 秒内输入正确密码进入撤防状态，同时撤防选项变为重新布防，界面如图 4-83 所示。

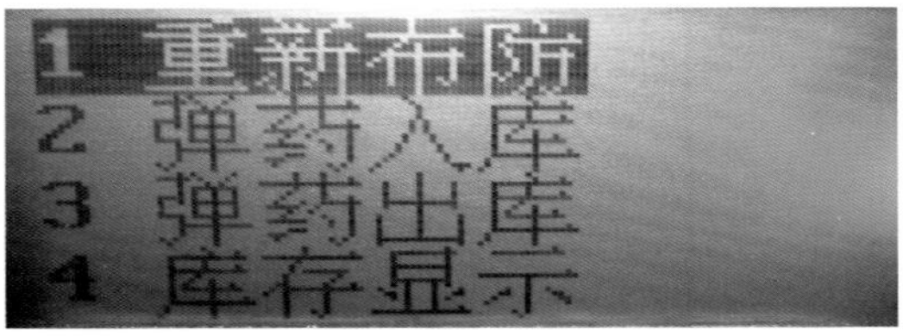

图 4-83　重新布防选项界面图

在撤防状态下报警器不报警、不拨打报警电话、不发送报警短信，但报警装置会每隔 3 秒拍摄 1 张现场图像发送到监控中心计算机上，以便监控中心了解现场存取弹药情况和日后查询。在作业人员完成相关工作后需重新布防时选重新布防选项按下“#”号键确认进入重新布防。重新布防后，报警装置的探测器会有 30 秒的延时，以便工作人员离开弹药库。报警装置发送完所有未发送的图片和信息以后关闭键盘电源、手机休眠、探测器 2、摄像头 2 都进入休眠状态，只留下探测器 1 工作，工作电流：<80 mA，当探测器 1 探测到活动目标后：

（1）唤醒手机；

（2）打开摄像头 1 电源；

（3）清空监控信息记录表，记录监控信息：捕获时间；

（4）登录 GPRS，成功后向中心发送 1 预警信息 2 预警图片（最新图片）；

（5）若失败发送预警短信到短信号码；

（6）检测摄像头 1 设备驱动是否加载，若已加载，打开摄像头 2 电源；摄像头 1 开始拍照。工作电流<300 mA。

（7）拍照；在 5 秒钟两个摄像头依次拍照，6 张/秒。以后 1 张/秒，直到撤防，撤防后 1 张/3 秒拍照，直至重新布防。

（8）输入正确密码后按“#”号键切换撤防/重新布防状态，在重新布防后提示输入 6 位预设密码。

4.5.4.3　弹药入库

在弹药入库时按“*”号键切换到弹药入库选项，如图 4-84 所示。

按“#”号键进入弹药入库选项，按数字键输入入库炮弹和火箭弹数量，如果输入有误按“*”号键进行删除，在确认输入密码无误后长按“*”号键 2 秒切换炮弹和火箭弹选项，输入完成后按“#”号键确认，如需返回上一级菜单长按“#”号键 2 秒（所有菜单返回上一级目录均是此操作，以下不再重复），显示“———”表示存储成功，存储完成后自动返回上一级菜单。通过 GPRS 发送入库信息到监控中心计算机，若中心无回应则以短信的形式发送入库信息到预设的手机号。

4.5.4.4 弹药出库

在弹药出库时按“＊”号键切换到弹药出库选项，界面如图 4-85 所示。

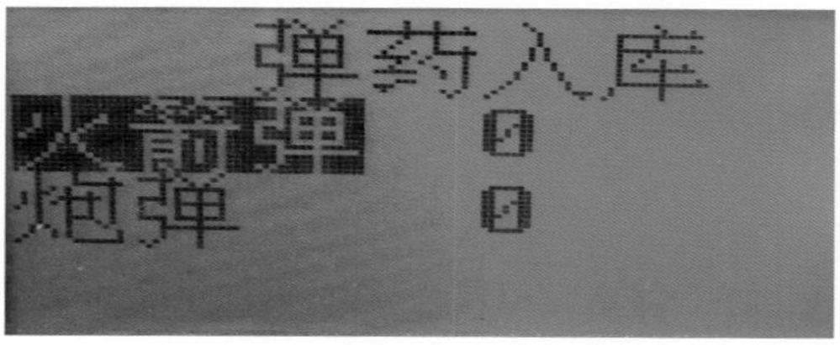

图 4-84　弹药入库界面图

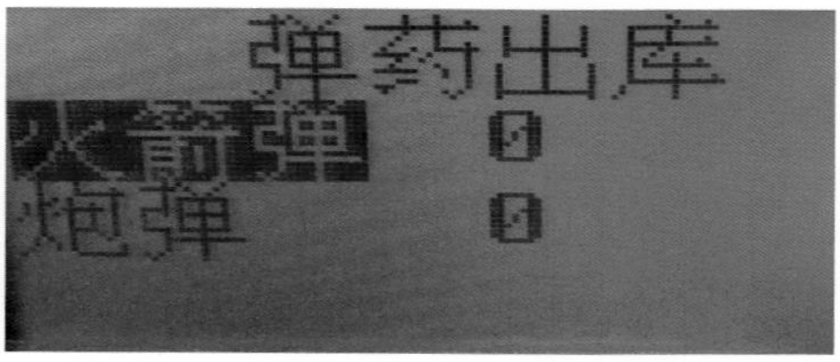

图 4-85　弹药出库界面图

按“＃”号键确认进入弹药出库选项，按数字键输入出库炮弹和火箭弹数量，如果输入有误按“＊”号键进行删除，在确认输入密码无误后长按“＊”号键 2 秒切换炮弹和火箭弹选项，输入完成后按“＃”号键确认，显示“———”表示存储成功，存储完成后自动返回上一级菜单。通过 GPRS 发送出库信息到监控中心计算机，若中心无回应则以短信的形式发送入库信息到预设的手机号。

4.5.4.5 库存显示

按“＊”号键切换到库存显示选项，按“＃”号键确认进入库存显示，界面如图 4-86 所示。

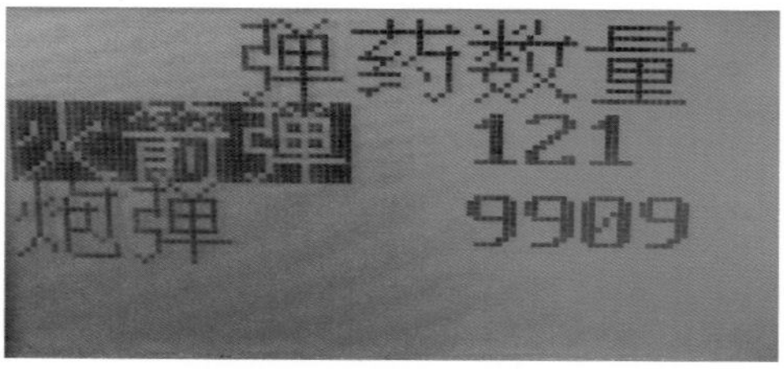

图 4-86　弹药库存界面图

显示当前库存的炮弹和火箭弹数量，数值根据输入的入库炮弹、火箭弹数量和出库的炮弹和火箭弹数量计算后得到。查询完毕后按“＃”号键返回上一级菜单。如果库存显示和实际不符，在排除丢失的可能性后核对每次弹药入库和出库是否都进行了输入或是否输入有误，监控中心计算机上会有每次输入的弹药出入库记录可以进行历史查询。

4.5.4.6 信息提取

按“＊”号键切换到信息提取选项，按“＃”号键确认进入信息提取选项。按“＊”号键切换报警信息和照片信息选项，界面如图 4-87 所示。

按“＃”号键确认，显示成功，如图 4-88 所示，后自动返回上一级菜单。表示已将相应信息上传到监控中心计算机上。

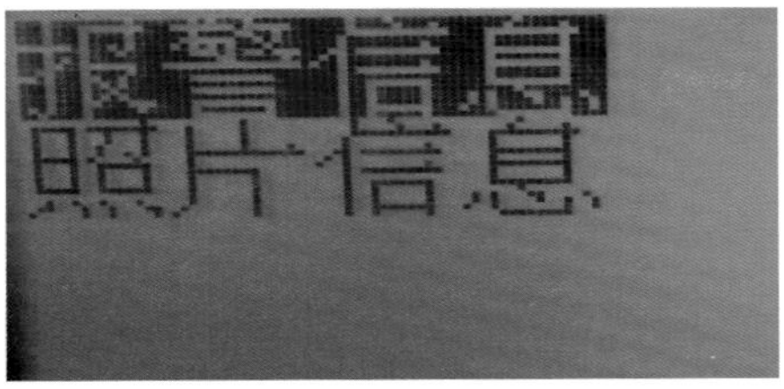

图 4-87　信息提取界面图

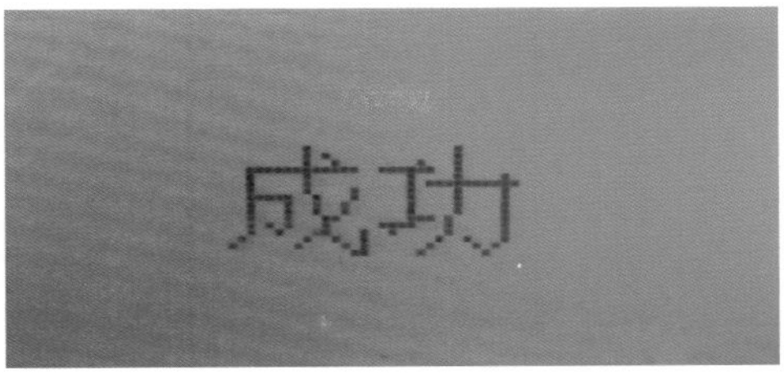

图 4-88　信息提取成功界面图

4.5.4.7　设置

(1) 库房编号设置

按“*”号键切换到库房编号设置选项，按“#”号键确认进入库房编号设置选项，界面如图 4-89 所示。

按数字键输入 6 位的库房编号，界面如图 4-90 所示。

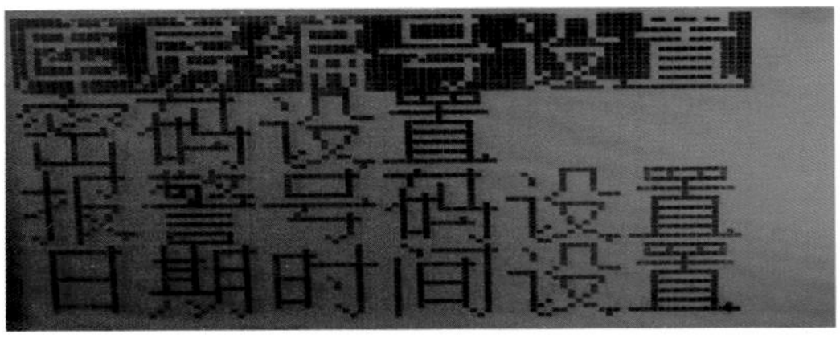

图 4-89　设置界面图

图 4-90　库房编号设置界面图

如果输入有误按“*”号键进行删除，该号码在预警和报警时发送到预设的电话号码和监控中心计算机上以标识相应的弹药库。设置成功后显示“———”表示存储成功，存储完成后自动返回上一级菜单。

(2) 密码设置

用于初始化密码或修改现有密码，按“*”号键切换到密码设置选项，按“#”号键确认进入密码设置选项，界面如图 4-91 所示。

在“请输入密码”选项下按数字键输入 6 位密码，如果输入有误按“*”号键进行删除，在确认输入密码无误后长按“*”号键 2 秒切换到请确认密码选项再次输入密码，完成后按“#”号键确认显示“———”表示存储成功后自动返回上一级设置菜单。

(3) 报警号码设置

用于设置预警和报警时发送信息和拨打电话的 5 组电话号码，按“*”号键切换到报警号码设置选项，按“#”号键确认进入报警号码设置选项，如图 4-92 所示。

图 4-91　密码设置界面图

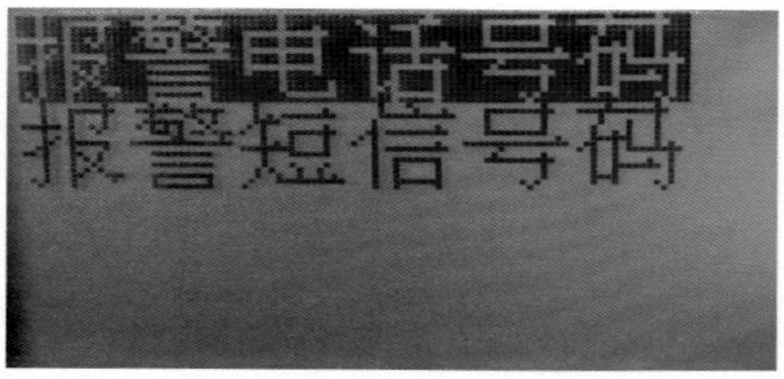

图 4-92　报警号码设置界面图

可以设置 5 组电话号码，在报警装置报警后先发送报警短信到预设好的 5 组短信号码，界面如图 4-93 所示。

然后拨打预设好的 5 组报警电话号码直到有人接听为止。按键盘数字键输入电话号码，如输入有误按“＊”号键删除，输入完 1 组电话号码后长按“＊”号键 2 秒切换到下一组电话号码。输入完成后按“＃”号键确认，显示“———”表示存储成功后自动返回上一级选项。

（4）日期时间设置

在监控中心计算机打开的情况下报警装置会自动到计算机上注册并获取系统时间，在无法进行远程无线注册时需手动输入系统时间，按“＃”号键确认进入日期时间设置选项，界面如图 4-94 所示。

图 4-93　报警电话号码设置界面图

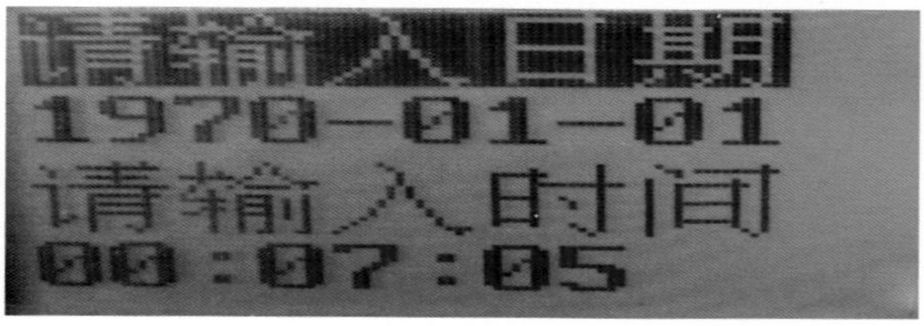

图 4-94　时间设置界面图

按“＃”号键进入选项，按数字键输入当前日期，格式为“＊＊＊＊—＊＊—＊＊”，年（4 位）、月（2 位）、日（2 位），“—”为系统自动输入。

按“＊”号键切换到请输入时间选项，按数字键输入当前时间，格式为“＊＊：＊＊：＊＊”，时（2 位）、分（2 位）、秒（2 位）。日期和时间输入完成后按“＃”号键确认，如果格式输入无误显示“———”表示存储成功后自动返回上一级选项。如格式输入有误则无法存储（如 2 位的日只输入了 1 位）。

（5）软件更新

在监控中心计算机打开的情况下按“＃”号键确认开始进行软件更新，报警装置会自动通过 GPRS 网络到监控中心计算机的相应目录下载最新的系统软件，下载完成后显示“———”表示软件下载成功后自动返回上一级菜单。

（6）通信地址

按“＃”号键确认进入通信地址选项，界面如图 4-95 所示。

输入监控中心的 IP 地址和端口号，按“＊”号键切换 IP 地址和端口选项，按数字键输入。IP 地址格式为：“＊＊＊.＊＊＊.＊＊＊”端口格式为 5 位数字，按“#”号键确认，如果格式输入无误显示“———”表示存储成功后自动返回上一级选项。一般在初始化设置好后不要随意更改。

（7）工作方式

① 工作方式 1

待机状态下只开启 1 个探测器，对准缓存间的门监测，当探测到活动目标后再开启探测器 2 和其他外设，以便减小待机功耗，界面如图 4-96 所示。

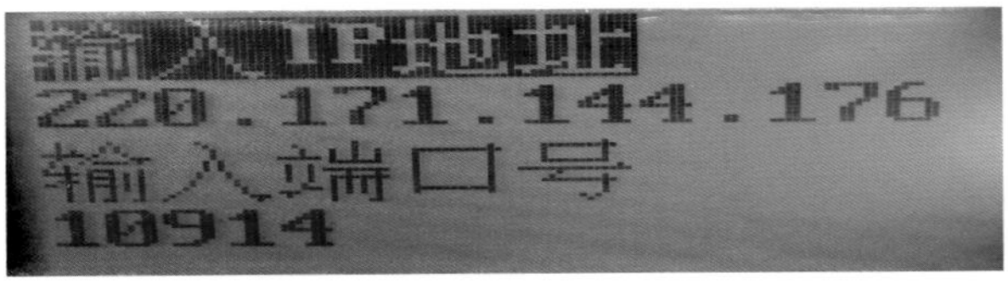

图 4-95　通信地址设置界面图

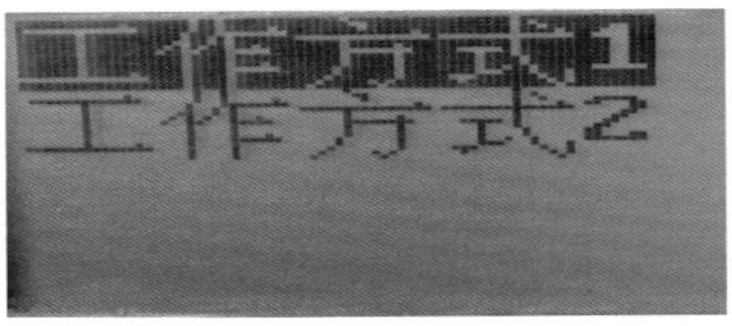

图 4-96 工作方式选择界面图

② 工作方式 2

待机状态下开启 2 个探测器，当 2 个探测器中的任何一个探测到活动目标后开启摄像头、手机模块等其他外设，各弹药库根据情况选择工作方式。按“＊”号键切换工作方式 1 和工作方式 2，按“#”号键确认，显示“———”表示存储成功后自动返回上一级选项。

4.5.5　报警装置的安装

报警装置主机安装在弹药库与缓冲间的隔墙上，一个红外、微波探头和一个摄像头对准弹药库内危险品保险柜的门，另一个红外、微波探头和一个摄像头对准缓冲间的门，便于对两个房间的监视，报警装置的声光报警器安装缓冲间外的屋檐下，便于人体对声光的感应。如图 4-97 所示。

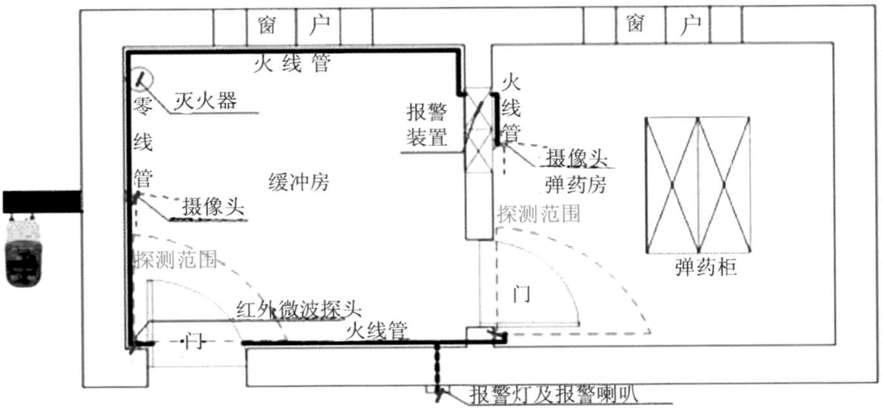

图 4-97　报警装置安装示意图

4.5.6 检测

（1）探测器及摄像头探测能力

微波和红外探测距离：设备安装高度为 2 m，以人体穿着较厚衣物，只露出头和手为被探测目标，以 2～3 m/s 的移动速度正对探测器做侧向移动，在 8 m 内两种探测方式都可探测到目标，但有一定的漏报率，在 6 m 处内误报率小于百分之一（在上百次试验中无漏报和误报），探测距离随人体和探测器轴线角度的增大而减小。在 90°边沿探测范围处，探测距离减小到 6 m 时两种探测方式都可以探测到目标。

（2）震动传感器灵敏度

在 1 cm 范围内移动报警装置，震动传感器即会报警，轻拍报警装置也会报警，可以确保在有外力破坏情况下进行报警。

（3）信息及图片传输时间

从报警装置通过移动 GSM 和 GPRS 网络发送信息及图片到监控中心计算机需 10～20 s，在网络较为繁忙的情况下延时较长。监控中心每分钟接收图片约 7～10 张。

4.5.7 报警装置主要技术指标

报警装置主要技术指标见表 4-7。

表 4-7 报警装置主要技术指标一览表

项　目	技术指标
工作电压（V）	9～16
消耗电流（mA）	≤ 80（待机时）
探测距离（m）	10
探测目标速度（m/s）	0.3～3
探测角度	100°
传感器	红外、微波、震动传感器
工作温度（℃）	－10～＋50
工作相对湿度	＜95％，无凝露
安装高度（m）	1.7 － 2.5
GPRS 传图时间（s）	10 S－30
CPU 主频（M）	200

4.5.8 功能

（1）撤防和重新布防。

（2）电话报警。

（3）短信报警。

（4）声光报警。

（5）信息上传（弹药出入库数量、报警类型、监控图像）。

（6）弹药入库显示。

（7）弹药出库显示。

（8）弹药库存显示。

（9）信息提取（提取监控记录和图像）。

（10）设置菜单（库房编号设置、密码设置、报警电话号码设置、报警短信电话号码设置、监控 IP 地址设置、时间和日期输入）。

（11）软件更新（本地软件升级和远程升级）。

（12）电量不足提示。

4.5.9 特点

（1）无线网络报警。

（2）电话、短信、网络、声光四种报警形式。

（3）中文操作界面。

（4）可靠性设计，使用硬件看门狗、守护程序保证系统软件可靠地运行。

（5）微波、红外、摄像三种探测方式。

（6）安装、操作简单易行。

（7）使用两块 12V30Ah 大容量电瓶供电，灵活的电源管理，保证设备长时间工作。

4.5.10 维护保养和注意事项

（1）每月一次用吸尘器吸去报警装置外体与里层积尘。

（2）定期检查报警器有没有进水受潮的情况，防患于未然。

（3）定期检查报警装置外部各信号线是否完好。

（4）定期检测报警装置与指挥中心联网工作是否完好。

（5）避免特殊物质引起的异常报警。

（6）出现故障应由专业人员进行排查。

4.5.11 常见故障排除方法

（1）报警装置显示屏无显示

打开报警装置主机箱，用万用表测量电瓶端电压是否低于 10 V，如电压过低及时给电瓶充电。

（2）报警装置信息无法上传监控中心

① 信息通过移动通信网络进行传输，查询报警装置手机卡是否欠费。

② 将报警装置存储卡取出，通过读卡器连接电脑，检查存储卡容量是否已满。

③ 将手机卡取出，擦拭连接点后重新插入手机卡槽。

④ 将手机核心板取出，擦拭连接点后重新插入核心板卡槽。

（3）报警装置不报警

在探测器附近移动看指示灯是否亮，如指示灯不亮重新连接探测器和底板之间的连接线。

（4）报警装置运行异常

关闭电源开关后重新启动，大多数软件运行故障在初始化时重新加载驱动程序后会恢复正常。

（5）无法运行或损坏

等待专业人员去修复。

4.6 人工影响天气作业点安全射界参考图设计与制作

新疆地域辽阔，是我国开展人工影响天气作业规模最大的省份之一。截至目前，全疆15个地州、78个县（市）开展了人工影响天气工作，有1562个人工影响天气固定和流动作业点分设在乡村，拥有作业高炮650余门、火箭发射系统800多套，新疆每年消耗人雨弹近15万余发，火箭弹3万余枚，如此大的用弹量，人工影响天气作业安全规范问题一直备受各界广泛关注。

特别是近几年来，随着农村经济的发展，住宅和各类建设物数量增加，对以前的主要射击方向和弹着陆区域，现在的作业人员变得模糊不清，37 mm人工防雹增雨炮弹的不炸弹头和火箭弹残壳掉进民房的事件时有发生，严重地影响了作业安全。如何让作业人员了解作业点周围环境和主要射击方向弹着陆区域的情况就显得尤为重要，在现有技术条件下，提出了人工影响天气作业点安全射界参考图为解决这一问题的方案。

4.6.1 术语和定义

（1）人工影响天气作业点（weather modification station）：

实施地面人工增雨防雹作业的固定地点。

（2）未爆弹丸（unexploded projectile）：

炮弹火箭弹被击发后，因故障未能在空中爆炸的炮弹火箭弹部件。

（3）初始方位角（initial azimuth）：

地理坐标正北方位，即0°方位角。

（4）射击方位角（firing azimuth）：

高炮、火箭射击时，从正北方向线起，即初始方位角起，沿顺时针至炮管或火箭发射导轨轴线在地面垂直投影线之间的水平夹角。

（5）射击仰角（firing elevation）：

高炮、火箭射击时，炮管或火箭发射导轨轴线与水平面的垂直夹角。

（6）射程（range）：

未爆弹丸由射出点至同一水平面落点的距离（改写 QX/T 151—2012，术语 5.4）。

（7）安全射界（shot safety zone）：

通过对射击方位角、仰角的控制，避免空中未爆弹丸落地时造成地面人员或重要设施损伤，所选取的安全落区范围。

4.6.2　安全射界的选取

安全射界的选取应遵守如下原则：

（1）弹丸落点范围内无城镇、村庄、学校等人口集聚区和油库、化工厂、电厂、铁路、国道、水库、军事单位等重要设施区。

（2）四周与邻近人口密集区和重要设施区避让 100 m 以上。

（3）在低海拔地区（海拔高度≤1500 m），极坐标径向，弹丸落点对应的远近距离范围≥1 km；极坐标法向，弹丸落点对应的左右宽度范围≥1.5 km。

（4）在高海拔地区（海拔高度≥1500 m），极坐标径向，弹丸落点对应的远近距离范围≥1.5 km；极坐标法向，弹丸落点对应的左右宽度范围≥2 km。

4.6.3　射界参考图结构

（1）底图

底图宜选用 1∶25 万或以上比例尺的地理信息地图，其优点在于色块清晰，容易分辨各地理位置与设施；图层多样，可对图层进行添加、删除或修改等操作。

（2）水平距离圈

以作业点为圆心，以 1 km、10 km 为半径绘制实线闭合圆，最外圈半径 10 km；按 1 km间隔在横轴上自圆心向右（正东方向），即 x 轴正轴方向依次标注距离刻度。

（3）射击距离圈

以作业点为圆心，以 45°～80°射击仰角下弹丸未爆射程为半径按 5°间隔划红色虚线闭合圈；对应的射击仰角数值在纵轴上自圆心向上（正北方向），即 y 轴正轴方向依次标注。

（4）方位初始角及方位角划分

地理坐标正北方向，为方位初始角，记为 0°。自方位初始角起，15°为一间隔，顺时针划分至 345°，标注 0°、90°、180°、270°等字样的方位角刻度。

（5）安全射界图形、编号及范围表

安全射界图形是以作业点为圆心的扇形区域，以绿色填色。自方位初始角起，即地理坐标正北方向 0°角起，沿顺时针方向，以阿拉伯数字 1、2……顺序编号，并居中标于安全射界图形内。安全射界范围表是按安全射界编号由小到大次序列表，标注于射界图下部。

（6）标题等标注信息

安全射界图上方居中标注图题："××××作业点高炮（火箭）安全射界图"；安全射界图下部依次标出下列内容：作业点编号；详细地址；经纬度；海拔高度；站点类型；绘制人、审核人、绘制单位及绘制时间。

4.6.4 设计制作

（1）通过经纬度确定作业点在电子地图上的位置

基于 MapInfo 地理信息系统，通过作业点经纬度确定作业点在电子地图上的位置。在获得所需作业点精确经纬度信息后，将它导入地理信息地图，使得原本没有作业点位置显示的地图中显示我们所需要的作业点的精确位置，在后期作图时，这个标注出的位置就是此作业点安全射界图的原点坐标。所有作业点的经纬度信息可导入地图形成一个新的图层，方便显示、使用和修改。

（2）标注地理信息及调整显示图层

基于 ArcGIS 平台，通过地理信息系统，标注出以县为单位的所有作业点的地理信息，调整图层，并根据所需求比例截取需作图作业点为中心的地理信息地图。输出图像矩形边长为 2953 dpi，文档矩形边长为 50 cm，表示距离为 23.91 km（约 24 km）。射界图制作比例为 1∶4.8 万（1∶4.782 万）。

（3）整体布局设计

基于 Photoshop 图片合成软件，对整体布局进行调整和规范，通过高炮和火箭的弹道高度距离数据，在电子地图上标注出安全作业区域及文字说明，配以作业区域的方位、仰角角度表。

4.6.5 安全射界参考图

下面以设计制作的新疆维吾尔自治区乌苏市哈图布呼镇作业点，高炮安全射界参考图的样图为例，介绍安全射界参考图的组成结构和使用方法。

4.6.5.1 结构

乌苏市哈图布呼镇作业点高炮安全射界参考图的样图，由底图、标题等标注信息、角度距离刻度圈、安全射界图主图、安全射界范围表格、遥感参考地图、图例等组成，结构如图 4-98 所示。

（1）底图

安全射界图的底图宜选用 1∶25 万以上比例尺的地理信息地图，其优点在于色块清晰，容易分辨城镇、村庄、学校等人口集聚区和油库、化工厂、电厂、铁路、国道、水库、军事单位等重要地理位置与设施；图层多样，可选择添加需要图层与删除不需要图层。

（2）标题等标注信息

在安全射界图上方居中标注标题：“××××作业点高炮（火箭）安全射界图”。

在安全射界图下部依次标出下列内容。

作业点名称：所属县（市、区）及名称。

作业点编号：按中国气象局规定的 9 位编号。

经纬度：单位为度，精度为 0.01°。

海拔高度：单位为 m，精度为 0.1 m。

作业点类型：高炮（火箭）。

在安全射界图下方标注绘制人、审核人、绘制单位和绘制时间。

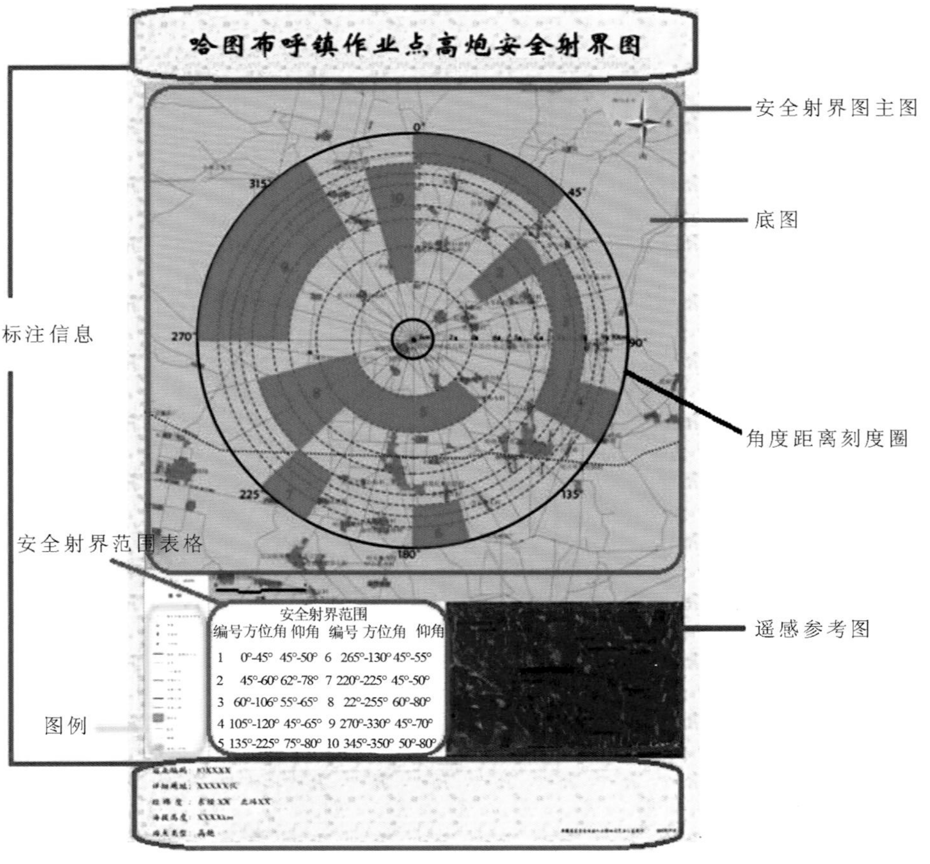

图 4-98　哈图布呼镇作业点高炮安全射界参考图结构图

（3）角度距离刻度圈

角度距离刻度圈中包括：

① 以作业点为圆心，以 1 km、10 km 为半径绘制的实线闭合水平距离圈。

② 以作业点为圆心，以45°～80°射击仰角范围内弹丸未爆射程为半径，按5°间隔划红色虚线闭合射击距离圈。

③ 以作业点为圆心的绿色扇形区域为安全射界范围。

④ 以及横轴距离刻度标注、纵轴角度刻度标注、方位角标注和自方位初始角起沿顺时针方向对安全射界进行的标号。

（4）安全射界参考图主图

底图与角度距离刻度圈叠加，联合构成了安全射界图主图。

（5）安全射界范围表格

安全射界范围表是按安全射界编号由小到大次序列表，包含安全射界在安全方位角范围内对应的安全作业仰角范围，标注于射界图下部。

（6）遥感参考地图

对应地理信息地图的作业点遥感地图，用于对炮点周边的地形地貌、建筑设施及人口聚集点等重要地理信息进行对比参考。

（7）图例

地图上各种符号、图形及颜色所代表内容与指标的说明，有助于更好地认识地图。

4.6.5.2 使用方法

当该作业点准备进行高炮作业时：

（1）以其高炮安全射界参考图为基准；

（2）参照天气强度、速度、路径等作业条件；

（3）对照着射界参考图主图中的安全射界范围，每一块安全射界范围都会在安全范围表格中有编号对其方位角与仰角范围进行标注；

（4）选择最合适作业的方位及仰角，要求是选取的方位角、仰角在安全射参考界范围内进行作业。安全射界参考范围外的方位及仰角视为禁止作业区域。

4.6.6 主要特点

（1）安全射界范围及安全射界图绘制规范

新疆人工影响天气作业点安全射界图技术规范项目的研制，规范了安全射界范围的选取原则，以及安全射界图绘制的各项参数设置，具有作业点安全作业区域和禁止作业区域的划分，利用地理信息系统显示出详细地理环境与要素。解决人工影响天气作业点规范作业的问题，为人工影响天气安全作业方向和范围提供一个系统、直观、明确的指导规范。

（2）地理信息地图的运用

新疆人工影响天气作业点安全射界图的底图选用1∶25万以上比例尺的地理信息地图。相比于谷歌地图与低精度遥感地图，其优点在于色块清晰，容易分辨各地理位置与设施；图层概念的引入，图层多一样，可根据实际需求选择添加或删除图层并对图中信息做出修改。

第 5 章　人工影响天气作业弹药

人工影响天气作业弹药是指人工影响天气作业使用的人雨弹、防雹增雨火箭弹、地面碘化银焰条、机载碘化银焰条、机载碘化银焰弹等，通过相应的运载工具将这些催化剂播撒到云中，促使云、降水按预定方向加速发展，达到增雨防雹目的。

5.1　增雨防雹火箭弹

5.1.1　结构原理

增雨防雹火箭弹主要由发动机（固体燃料）、播撒舱、伞舱（或自毁装置）、尾翼组成，如图 5-1 所示。

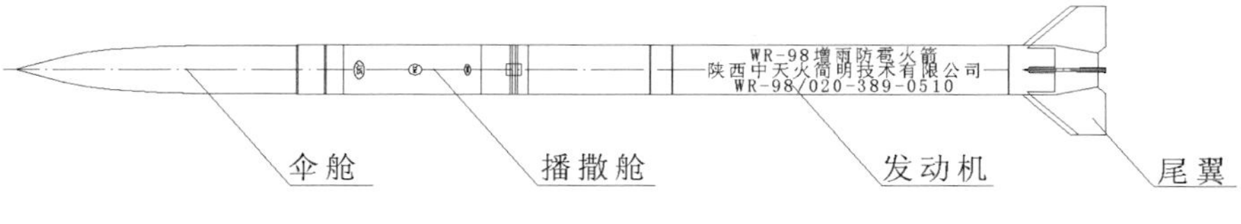

图 5-1　增雨防雹火箭弹结构图

5.1.1.1　发动机

发动机是指自带推进剂而不依赖外界空气，由反作用喷射流获得推力的喷气推进系统。发动机分为固体火箭发动机和液体火箭发动机，增雨防雹火箭弹所用发动机一般为固体火箭发动机，发动机是全弹的运载动力装置，主要由燃烧室、固体推进剂药柱、喷管、点火装置等组成，结构如图 5-2 所示。

5.1.1.2　稳定装置

尾翼是火箭的稳定装置，用以稳定火箭的飞行姿态，一般采用整体注塑尾翼或折叠式刀型尾翼。尾翼式火箭弹的飞行稳定性，主要是借助尾翼所产生的升力，使火箭弹的压力中心移至质心之后。这样，火箭在飞行过程中处于静稳定状态。如果稳定的火箭受到某种干扰因素使其纵轴偏离飞行速度方向时，火箭依靠空气动力作用使攻角（火箭纵轴方向与飞行速度方向的夹角）减小并恢复到原来的飞行速度方向。尾翼的形状和翼面尺寸取决于火箭飞行速度和静稳定度要求。

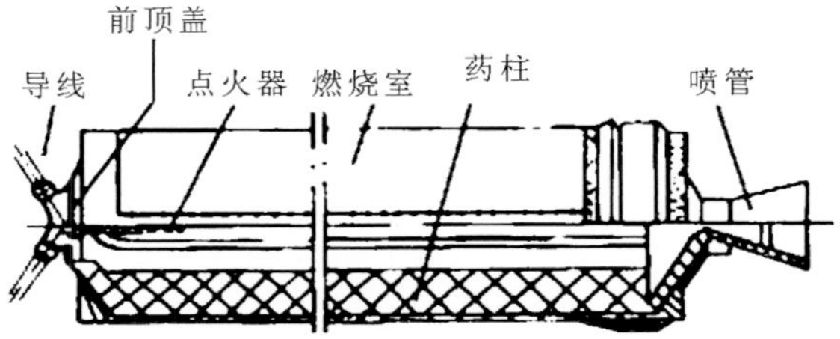

图 5-2　固体火箭弹发动机结构图

5.1.1.3　播撒装置

火箭的播撒装置是用来将碘化银等催化剂通过燃烧分散成小颗粒播撒入云层中。播撒装置由壳体、挡板、喷嘴、焰剂药块和延时点火装置等组成。根据设计方法不同，播撒装置在火箭弹上的位置可以在中部和头部，结构如图 5-3 所示。

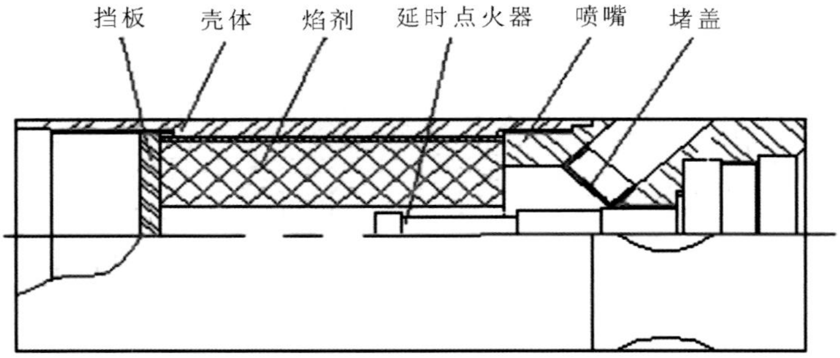

图 5-3　播撒装置结构示意图

当火箭飞行至一定高度后，延时点火器点火，焰剂药块被点燃，焰剂药块燃烧产生的气溶胶粒子通过 4 个喷嘴向外喷射，形成一个柱状播撒带。播撒轨迹如图 5-4 所示。

5.1.1.4　安全着陆装置

安全着陆装置包括降落伞安全着陆方式和自炸安全着陆方式。

（1）降落伞安全着陆装置

降落伞安全着陆装置由伞舱壳体、减速装置（降落伞）和抛伞装置等组成，结构如图 5-5 所示。

① 伞舱壳体

伞舱壳体是用来装降落伞的容器，通常采用 ABS 工程塑料、酚醛布管、玻璃布管等非金属材料。伞舱壳体位于火箭弹头部，伞舱壳体又充当火箭弹的整流罩，因此，制成圆锥形、圆弧形、椭球形等以减少火箭弹飞行阻力。当伞舱壳体位于火箭弹中部时，只需采用圆柱形。

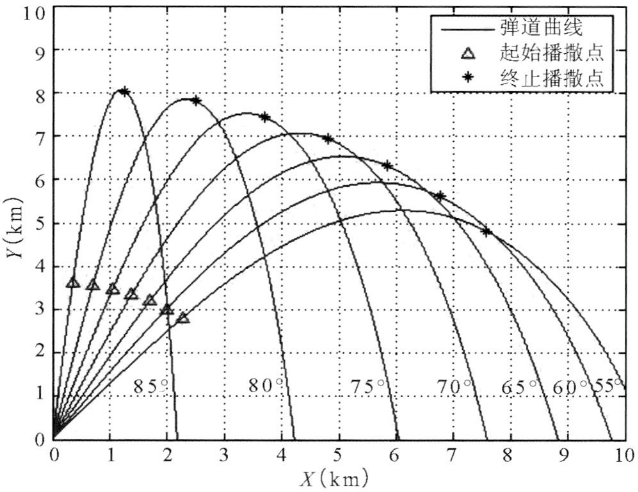

图 5-4　播撒轨迹示意图

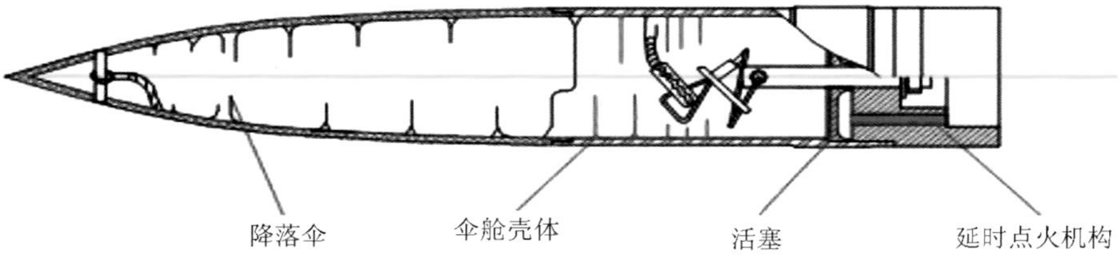

图 5-5　降落伞安全着陆装置示意图

② 减速装置（降落伞）

减速装置一般采用降落伞，每发火箭弹通常都携带大、小两个降落伞。降落伞是用柔性纺织物制成的一种伞状气动减速装置。火箭弹残骸质量一般为几千克的量级，所以降落伞系统比较简单，通常由伞衣、伞绳和开伞装置组成。

③ 延时机构

延时机构可以采用火工品延时机构和电子式延时机构。火工品延时机构受称量精度、温度、湿度等诸多因素的影响，误差在±2 s 左右，但由于结构简单，可靠性较高，是目前火箭弹普遍使用的延时机构。电子延时机构采用阻容式时间控制器，其基本原理是利用 RC 充电、放电原理。火箭弹发射前，在发射架上进行充电，可控硅通导。延时结束，点火器安全发火，点燃主装药。电子延时机构控制时间精确，但体积较大，另外需要发射前充电，不方便使用，目前用得较少。

④ 开伞机构

开伞机构通常采用活塞式机构和切割索式开伞机构。活塞式开伞机构由底座、黑火药、导向螺杆、活塞等组成，环形槽中的黑火药被延时机构点燃后燃烧产生的压力推动活塞急速向前运动，活塞猛烈撞击伞舱壳体向前运动，使得降落伞被抛出。

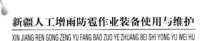

切割索式火工开伞机构由连接座、螺帽、火帽、保险簧、击针、延时器、传爆管、环形切割索等组成。工作原理是利用炸药装药的聚能原理，由炸药索爆炸产生的聚能射流剪切箭体，抛出降落伞。

(2) 自炸安全着陆装置

自炸安全着陆装置由自毁延期点火装置、一级延期管、二级延期管、头部自毁体、中部自毁体、尾部自毁体等组成。工作原理是在火箭弹播撒结束后启动自炸机构，将火箭弹箭体炸成较小的碎片降落到地面。

5.1.2 工作原理

增雨防雹火箭弹由专用的火箭发射装置进行装载和定向点火发射。作业时，将火箭弹装入火箭发射架的发射轨道内，由火箭发射控制器完成测试。电发火装置启动发动机和播撒装置的延时机构工作，发动机推进火箭弹升空入云，达到预定时间后，延时机构点燃播撒装置工作，播撒完碘化银催化剂后，启动安全着陆装置，使火箭弹在空中自毁或用伞安全降落到地面，工作流程如图 5-6 所示。

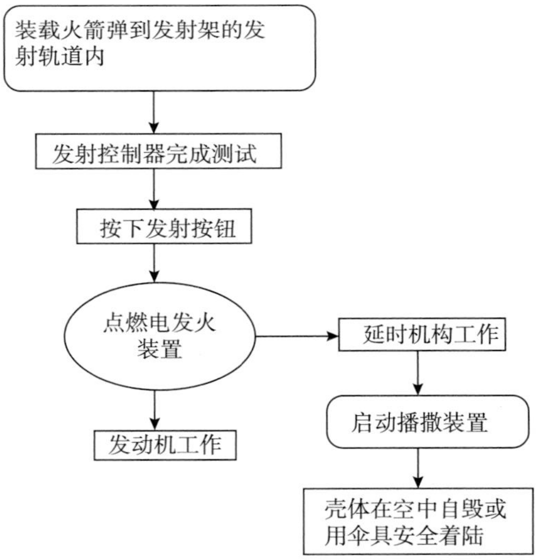

图 5-6 火箭弹工作流程图

5.1.3 BL-1 型增雨防雹火箭弹

5.1.3.1 结构原理

BL-1 型增雨防雹火箭弹是江西九三九四厂产品，属自毁式火箭弹，由壳体、尾翼、发动机、点火机构、播撒装置、自毁装置等组成，如图 5-7 所示。

图 5-7　BL—1 型增雨防雹火箭弹

5.1.3.2　工作原理

火箭弹点火升空后，发动机工作，同时焰剂点火具工作，按预定时间 15 s 点燃催化剂，使之在 3000～7000 m 的云层中以线播方式形成一条催化带，经过 14～16 s 的播撒后，自毁装置的延期管点燃烟火剂，使弹体在不低于 3000 m 高度自毁，残骸碎成不大于 100 g 的絮状碎片自由飘落。工作流程如图 5-8 所示，作业发射如图 5-9 所示。

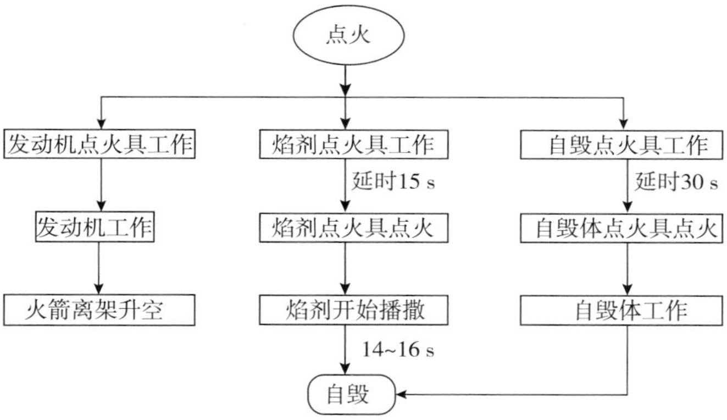

图 5-8　BL-1 型增雨防雹火箭弹工作流程图

图 5-9　实弹发射图

5.1.3.3　BL-1 型弹道轨迹与数据表

弹道轨迹如图 5-10 所示。弹道数据见表 5-1。

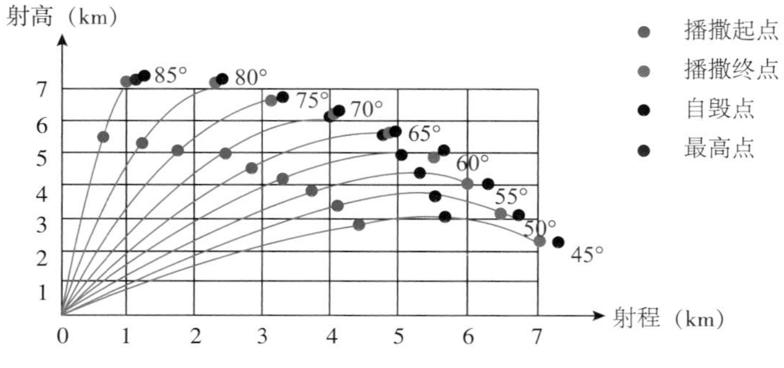

图 5-10　弹道轨迹图

表 5-1　BL-1 型增雨防雹火箭弹弹道数据一览表

射角（°）	播撒起点		播撒起点		自毁点		最高点	
	射高（km）	射程（km）	射高（km）	射程（km）	射高（km）	射程（km）	射高（km）	射程（km）
55°	3.805	3.725	3.970	6.076	3.849	6.308	4.320	5.311
60°	4.208	3.307	4.881	5.504	4.849	5.641	4.922	5.079
65°	4.547	2.836	5.506	4.795	5.493	4.922	5.510	4.684
70°	4.836	2.323	6.06	3.987	6.066	4.1	6.066	4.111
75°	5.068	1.775	6.523	3.089	6.547	3.181	6.565	3.352
80°	5.238	1.199	6.874	2.111	6.914	2.178	7.011	2.442
85°	5.342	0.605	7.095	1.73	7.146	1.108	7.249	1.260

5.1.3.4　主要技术参数

BL-1 型增雨防雹火箭弹主要技术参数见表 5-2。

表 5-2　BL-1 型增雨防雹火箭弹主要技术参数一览表

项　目	技术参数
弹径（mm）	φ56
弹长（mm）	775
质量（kg）	2.1
桥路电阻（Ω）	0.55～0.95
射角 85 度射高（km）	≥7
催化剂携带量（g）	180
催化剂工作时间（s）	≥15
催化剂播撒高度（km）	3～7
AgI 含量（g/枚）	10.8
催化剂成核率（个/g）AgI（−10 ℃）	1.8×10^{15}（2 m^3 云室）
方向射界（°）	0～360
高、低射界（°）	45～85
最大残骸质量（g）	100
使用温度（℃）	−20～+50
贮存温度（℃）	−40～+50
贮存相对湿度（℃）	≤75%RH
贮存年限（年）	3
发射可靠度（%）	99

5.1.4　WR-98 型增雨防雹火箭弹

5.1.4.1　结构原理

WR-98 型增雨防雹火箭弹是陕西中天火箭有限公司的产品，属活塞式增雨防雹火箭弹，伞式安全着陆，由发动机、催化剂播撒系统、降落伞式安全着陆系统和尾翼组成，如图 5-11 所示。

图 5-11　WR-98 型增雨防雹火箭弹

5.1.4.2　工作原理

火箭弹接受点火电信号后，发动机点火器点火，将推进剂点燃，火箭升空，焰剂点火具和伞舱延期管也同时点火，焰剂点火具为延期点火具，延时 7～9 s 后将焰剂点燃，焰剂燃烧产生的 AgI 气溶胶从喷嘴喷出，焰剂燃烧结束时，延期管将开伞机构中开伞药点燃，开伞药燃烧产生的气体推动活塞向前运动将伞舱壳体打开，伞衣张开拖曳火箭弹残骸安全降落。工作流程如图 5-12 所示，实弹射击如图 5-13 所示。

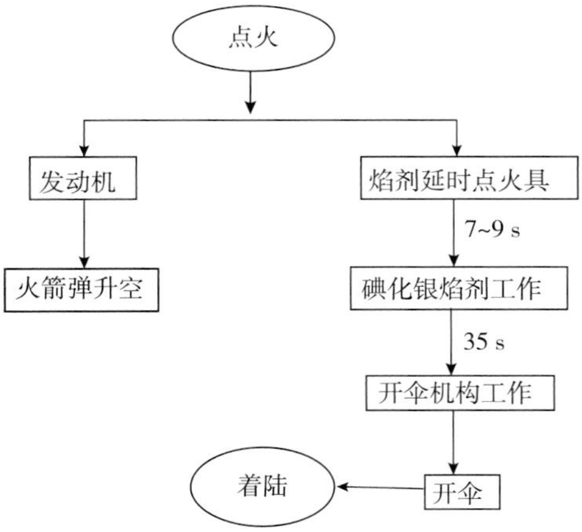

图 5-12　WR-98 型增雨防雹火箭弹工作流程图

图 5-13　实弹发射图

5.1.4.3　WR-98 型弹道轨迹与数据表

弹道轨迹如图 5-14 所示。弹道数据见表 5-3。

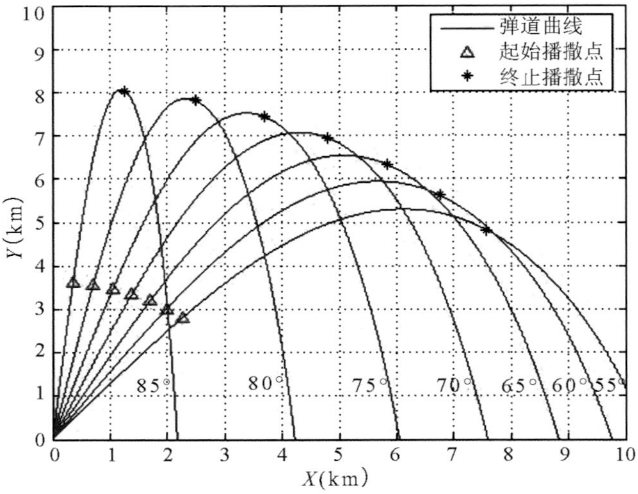

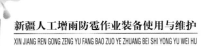

图 5-14 弹道轨迹图

表 5-3 WR-98 型增雨防雹火箭弹弹道数据一览表

发射角 (°)	最高点 y/x（km)	发射角 (°)	最高点 y/x（km)	发射角 (°)	最高点 y/x（km)
45	4.10/6.18	60	5.90/5.28	74	7.20/3.23
47	4.35/6.12	62	6.12/4.99	76	7.34/2.82
50	4.72/6.00	64	6.32/4.80	78	7.60/2.43
52	4.97/5.85	66	6.53/4.41	80	7.90/2.11
54	5.20/5.93	68	6.72/4.15	83	8.03/1.51
56	5.45/5.53	70	6.89/3.84	85	8.09/1.09
58	5.68/5.37	72	7.05/3.51		

注：1. y：表示最大高度

2. x：表示与最大高度对应的水平距离

5.1.4.4 主要技术参数

WR-98 型增雨防雹火箭弹主要技术参数见表 5-4。

表 5-4 WR-98 型增雨防雹火箭弹主要技术参数一览表

项目	技术参数
弹径（mm）	ϕ82
弹长（mm）	1450±5
全弹质量（kg）	8.2±0.1
最大射高（km）	8.0（85°）±0.5

续表

项目	技术参数
使用温度（℃）	－15～＋50
贮存温度（℃）	－30～＋45
发射成功率（%）	≥99
催化剂携带量（g）	725±10
播撒时间（s）	≥35（35～48）
AgI 成核率（个/g）（－10 ℃）	1.8×10^{15}
AgI 含量（g）	36±1
残骸落地速度（m/s）	≤8
残骸质量（g）	3700
落地方式	伞降
点火系统阻值（Ω）	A 组 0.6　B 组 0.75
贮存期（年）	3
贮存湿度（%）	≤70
发动机工作时间（s）	2.6
火箭弹离架速度（m/s）	40

5.1.5　HJD-82B 型增雨防雹火箭弹

5.1.5.1　结构原理

HJD-82B 型增雨防雹火箭弹是中国人民解放军第三三零五工厂的产品，属切割索式增雨防雹火箭弹，降落伞式安全着陆。由壳体、尾翼、发动机、点火机构、播撒装置、安全装置等组成，如图 5-15 所示。

图 5-15　HJD-82B 型增雨防雹火箭弹

5.1.5.2　工作原理

（1）平时状态

箭内惯性发火机构的火帽被保险簧顶在前方，弹簧抗力小于弹丸在膛内迅速向前运动产生的惯性力，但远远大于平时勤务处理产生的径向力，可以保证储存、搬运等安全。

（2）发射状态

火箭弹接受点火电信号时，发动机点火器点火，将推进剂、焰剂同时点燃，火箭升空，焰剂燃烧产生的 AgI 气溶胶从喷管喷出。发射时，由于弹丸迅速向前运动产生惯性力，使膛内惯性发火机构中的火帽向后压缩保险簧，撞击击针而发火。火焰经连接座纵孔点燃延时药剂，经一定时间燃烧，引燃传爆管，传爆管爆炸后输出的爆轰波引爆环形切割索，环形切割索切割箭体，抛降落伞出仓，完成整个作用过程如图 5-16 所示，实弹射击如图 5-17 所示。

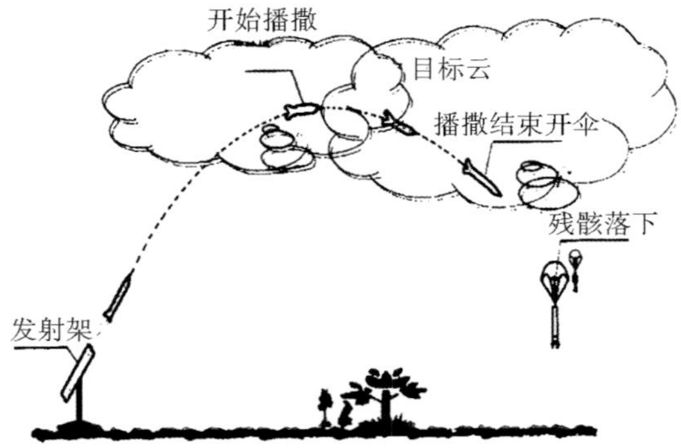

图 5-16　HJD-82B 型火箭弹工作过程示意图

图 5-17　实弹射击图

5.1.5.3　HJD-82B 弹道轨迹与数据表

弹道轨迹如图 5-18 所示。弹道数据见表 5-5。

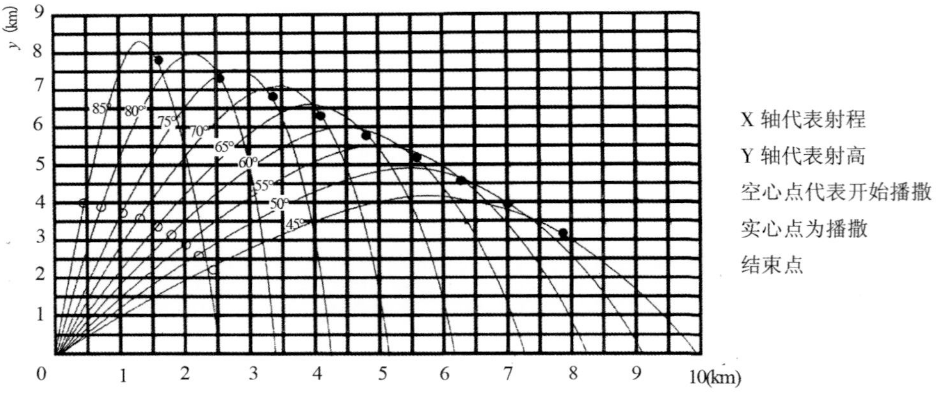

图 5-18　弹道轨迹图

表 5-5 HJD-82B 型增雨防雹火箭弹弹道数据一览表

发射角 (°)	播撒起点		播撒终点		最高点	
	射高 (m)	射程 (m)	射高 (m)	射程 (m)	射高 (m)	射程 (m)
85	4000	400	7800	1600	8200	1200
80	3900	800	7400	2500	7900	2000
75	3700	1000	6800	3300	7500	2600
70	3600	1300	6200	4100	7100	3400
65	3400	1500	5800	4800	6600	4000
60	3100	1900	5100	5600	6000	4600
55	2900	2000	4600	6300	5600	5100
50	2500	2200	3300	7000	4900	5600
45	2200	2400	3100	7800	4200	6000

5.1.5.4 主要技术参数

HJD-82B 型增雨防雹火箭弹主要技术参数见表 5-6。

表 5-6 HJD-82B 型增雨防雹火箭弹主要技术参数一览表

项 目	技 术 参 数
弹径 (mm)	ϕ66
弹长 (mm)	1387
全弹质量 (kg)	7.4
最大射高 (km)	8.2 (85°)
使用温度 (℃)	−15～+45
贮存温度 (℃)	−45～+50
发射成功率 (%)	≥99
催化剂携带量 (g)	720
播撒时间 (s)	35～45
AgI 成核率 (个/g) (−10℃)	1.68×10^{15}
AgI 含量 (g)	12
残骸落地速度 (m/s)	≤6
残骸质量 (g)	≤2900
落地方式	伞降
点火系统阻值 (Ω)	0.6～1.5
贮存期 (年)	4
贮存相对湿度 (%)	≤75
发动机工作时间 (s)	0.6
火箭弹离架速度 (m/s)	76

5.1.6 RYI-6300 型增雨防雹火箭弹

5.1.6.1 结构原理

RYI-6300 型增雨防雹火箭弹是陕西中天火箭有限公司的产品，伞式安全着陆。由壳体、尾翼、发动机、点火机构、播撒装置、安全装置等组成，如图 5-19 所示。

图 5-19 RYI-6300 型增雨防雹火箭弹

5.1.6.2 工作原理

火箭点火发射 10 s 后，催化剂被延时点火机构点燃，沿火箭飞行弹道连续播撒 22 s；播撒结束后，安全回收装置开始工作，由两个降落伞带着火箭残骸以小于 8 m/s 的速度着陆。

工作流程如图 5-20 所示，实弹射击如图 5-21 所示。

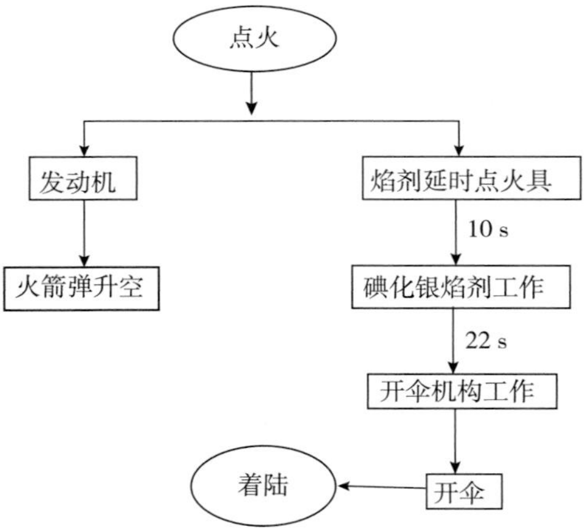

图 5-20 RYI-6300 型增雨防雹火箭弹工作流程图

图 5-21 实弹发射图

5.1.6.3 RYI-6300 弹道轨迹与数据表

弹道轨迹如图 5-22 所示。弹道数据见表 5-7。

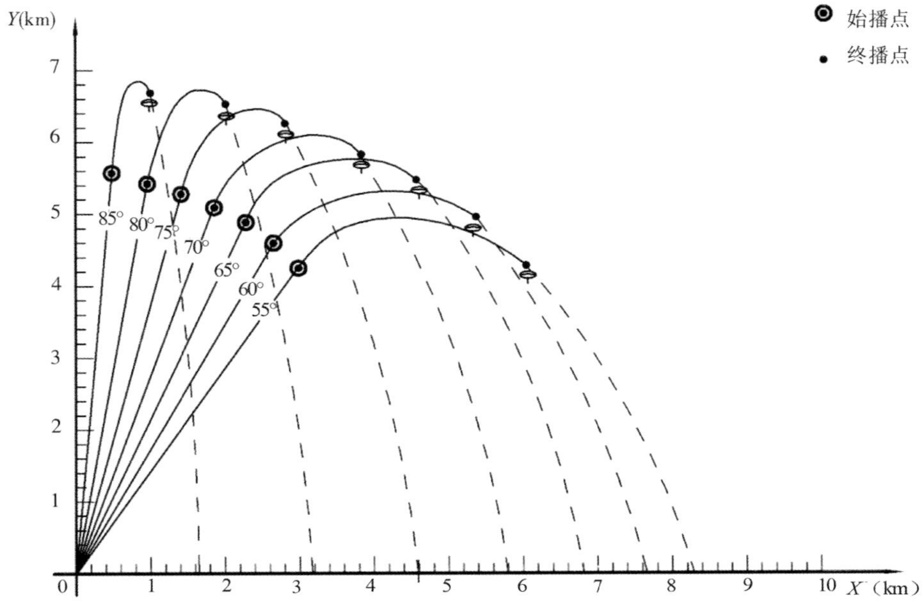

图 5-22　弹道轨迹图

表 5-7　RYI-6300 型增雨防雹火箭弹弹道数据一览表（500 m 海拔）

发射角（°）	播撒起点		最高点		播撒终点		理论落点
	射程（m）	射高（m）	射程（m）	射高（m）	射程（m）	射高（m）	射程（m）
85	543	5295	842	6335	946	6181	1499
80	1073	5197	1644	6200	1869	6023	2911
75	1591	5050	2393	5977	2757	5764	4191
70	2095	4865	3071	5673	3594	5415	5311
65	2572	4634	3672	5323	4370	4981	6256
60	3023	4358	4185	4885	5075	4505	7024
55	3441	4042	4585	4464	5703	3968	7623
50	3823	3689	4882	3913	6248	3332	8055
45	4165	3304	5083	3494	6708	2655	8327

5.1.6.4　主要技术参数

RYI-6300 型增雨防雹火箭弹主要技术参数见表 5-8。

表 5-8　RYI-6300 型增雨防雹火箭弹主要技术参数一览表

项目	技术参数
弹长（mm）	1350

续表

项目	技术参数
弹径（mm）	ϕ66
射高（射角 85°）（m）	≥6300
离轨速度（m/s）	≥55
全弹质量（g）	5450
催化剂总质量（g）	500
含 AgI 量（g）	10
成核率（−10℃时）（个/g）	1.03×10^{15}
催化剂燃烧时间（s）	22
残骸质量（g）	≤2800
残骸落地速度（m/s）	≤8
点火系统电阻（Ω）	0.2～0.8
使用温度（℃）	−30～45
贮存温度（℃）	−40～50
贮存期（年）	3

5.2 焰管

焰管分为地面烟炉使用的地面碘化银焰管和机载碘化银焰管两种类型，焰管燃烧产生大量活化的碘化银凝华核，地面碘化银焰条在管烟炉里燃烧产生的烟雾随上升气流进入目标云中进行催化，主要解决山区及交通不便以及航线密集地区的增雨防雹作业需求，如图 5-23 所示；机载焰条由作业飞机携带直接在云中燃烧催化，是目前飞机播撒催化剂的主要方法，如图 5-24 所示。

图 5-23 地面焰条在烟炉里燃烧作业图

图 5-24 机载焰条在云中燃烧作业图

5.2.1 ZY-2 型地面焰管

5.2.1.1 结构

ZY-2 型地面焰管是陕西中天火箭有限公司的产品，由壳体、焰剂药剂、后堵头、喷管、点火药盒、堵盖等组成。壳体径向有两个固定销钉，用来将烟条卡在播撒器卡环中。为保证烟条端面燃烧，将焰剂所有表面进行包覆，壳体和喷管采用耐烧蚀性能较好的环氧基复合材料，烟管结构如图 5-25 所示，焰管实物如图 5-26 所示，烟炉作业如图 5-27 所示。

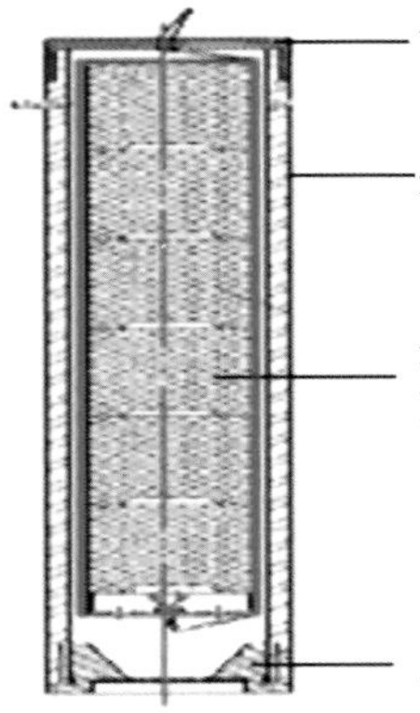

图 5-25　烟管结构图

图 5-26　焰管

图 5-27　地面烟炉作业图

5.2.1.2　主要技术参数

ZY-2 型焰管主要技术参数见表 5-9。

表 5-9　ZY-2 型焰管主要技术参数一览表

项　目	技术参数
催化剂类型	BR－91－Y
焰条规格（mm）	ϕ48×320
焰条总质量（kg/根）	0.9
焰条有效质量（kg/根）	0.5
AgI 含量　（g/根）	7.5
播撒时间　（min/根）	5±1
焰条同时工作数量（根）	≤3
控制点火方式	手机短信
工作温度　（℃）	－40～70
工作相对湿度（%）	20～100
使用方式	安装在地面烟炉里

5.2.2　ZY-1 冷云机载焰管

5.2.2.1　结构

ZY-1 型冷云机载焰管是陕西中天火箭有限公司的产品，机载焰管结构与 ZY-1 型地面焰管类似，由于功能不同，碘化银催化剂的配方也不同。ZY-1 型机载焰管如图 5-28 所示，安装如图 5-29 所示。

图 5-28　ZY-1 机载焰管实物图

图 5-29　ZY-1 机载焰管安装图

5.2.2.2　主要技术参数

ZY-1 型机载焰管主要技术参数见表 5-10。

表 5-10　ZY-1 冷云机载焰管主要技术参数一览表

项目	技术参数
焰条直径（mm）	$\phi 60$
焰条长度（mm）	964±1
焰条质量（kg）	4.0±0.2
焰剂携带量（每根）（kg）	2.5±0.2
焰条燃烧时间（min）	25±2（空中）
焰条点火电流（A）	1
AgI 成核率	1.8×10^{15}/g AgI

5.2.3　RYG-1 型地面焰管

5.2.3.1　结构

RYG-1 型地面焰管是内蒙古北方民爆器材有限公司的产品，由接电铜片、底座、壳体、催化剂药柱、自毁装置、喷管、防潮塞组成，烟管结构如图 5-30 所示，实物如图 5-31 所示，作业如图 5-32 所示。

5.2.3.2　主要技术参数

RYG-1 型地面焰管主要技术参数见表 5-11。

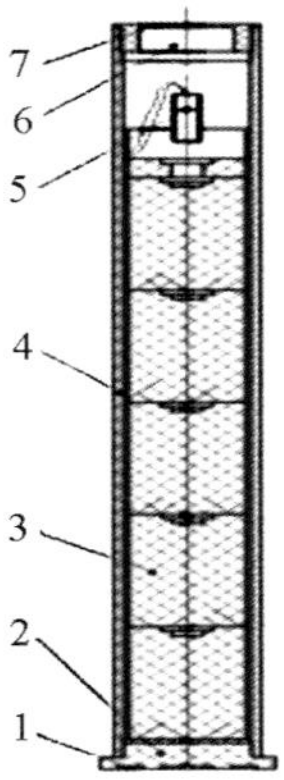

图 5-30　烟管结构图

图 5-31　烟管实物图

图 5-32　地面烟炉作业图

表 5-11　RYG-1 型地面焰管主要技术参数一览表

项　目	技术参数
管长（mm）	398
管径（mm）	ϕ46.5
质量（g）	925
催化剂重量（g）	535
碘化银含量（g/根）	11
成核率（−10℃）（个/g）	1.03×10^{15}
催化剂燃烧时间（min/根）	6
催化剂燃烧温度（℃）	1260
使用温度（℃）	−30～45
储存温度（℃）	−40～50
烟管同时工作数量（根/套）	≤9
储存期（年）	3

5.2.4　Y 系列焰管

5.2.4.1　结构

Y 系列焰管是国营九三九四厂的产品，主要有 Y1000-1A 型、Y400-2 型和 Y700-2B 型三种，其中 Y1000-1A 型通过飞机将催化剂播撒到高空过冷云层中或与远程控制碘化银地面催化系统配套用于特定的高山、高海拔地区地形云系；Y400-2 型是通过飞机将催化剂播撒到高空过冷云层中，实施人工增雨防雹作业；Y700-2B 型与远程控制碘化银地面催化系统配套使用。由连接座、短路线、触环、挂销、外管、催化剂药柱、消焰筒、防潮胶带等组成，结构如图 5-33 所示，烟管如图 5-34 所示，作业如图 5-35 所示。

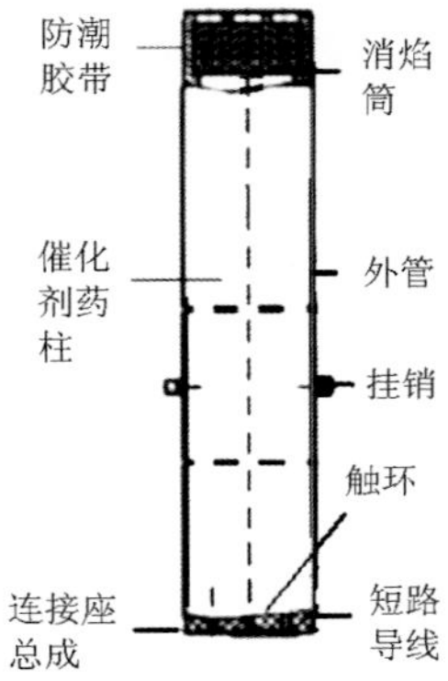

图 5-33　烟管结构图

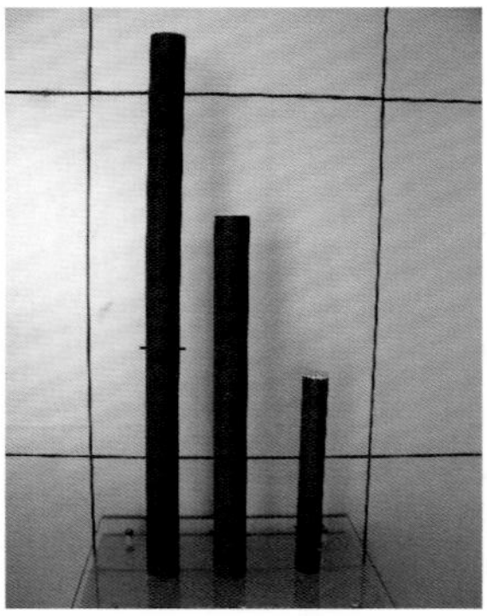

图 5-34　烟管实物图

图 5-35　地面烟炉作业图

5.2.4.2　主要技术参数

Y 系列焰管主要技术参数见表 5-12。

表 5-12　Y 系列焰管主要技术参数一览表

项　目	型　号		
	Y1000-1A	Y400-2	Y700-2B
尺寸（mm）	ϕ60×1000	ϕ46.5×400	ϕ60×687
质量（kg）	4.2	1.0	3.2
催化方式		燃烧播撒	
催化剂携带量（g）	≥ 2100（碘化银含量 AgI content≥125）	≥ 500（碘化银含量 AgI content≥35）	≥ 900（碘化银含量 AgI content≥40）
地面燃烧时间（min）	≥15	≥4	≥9
烟条成核率（个/g）（−10℃）（2m³）	1.8×10^{15}	1.8×10^{15}	1.8×10^{15}
桥路电阻（Ω）	1.6～3.0	1.4～2.0	1.5～3.0
使用温度范围（℃）		−40～ +50	
可靠度（在置信水平 0.7 的条件下）		≥ 99%	
使用寿命（年）		3	

5.3　焰弹

焰弹由导电铜片、弹体、飞行体、催化剂药柱、密封盖等组成。将焰弹装入焰弹播撒器中，由飞机携带到达作业区域后，通以直流电后点燃 AgI 焰剂，将焰弹发射到云层中燃烧并播撒作业，在喷射过程中产生大量含有碘化银颗粒的气溶胶凝华核。

5.3.1　F 系列焰弹

5.3.1.1　结构

F 系列焰弹是国营九三九四厂的产品，主要有 FY-1 型和 FY-2 型两种，由外管、催化剂药包、封盖等组成。产品实物如图 5-36、5-37 所示，焰弹播撒器实物如图 5-38 所示。

图 5-36　FY-1 型焰弹

图 5-37　FY-2 型焰弹

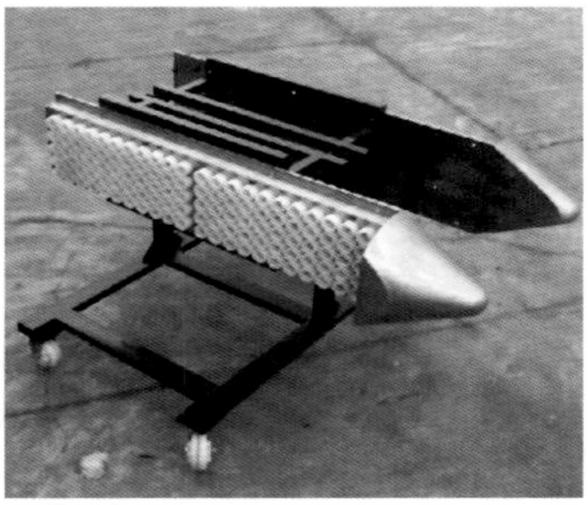

图 5-38　焰弹播撒器

5.3.1.2　主要技术参数

F 系列弹弹主要技术参数见表 5-13。

表 5-13　F 系列焰弹主要技术参数一览表

项 目	型 号	
	FY-1	FY-2
弹长（mm）	77	122
外管直径（mm）	ϕ26.4	ϕ39.3
桥路电阻（Ω）	2.4～3.8	2.4～3.8
质量（g）	45±2	130±1
性能要求	对焰弹施加 1.2 A±0.05 A 直流电流，应可靠发火，无爆炸，无断火，燃烧稳定，燃烧时间为 20 s±2 s	对焰弹施加 1.2 A±0.05 A 直流电流，应可靠发火，燃烧稳定，燃烧时间不少于 40 s。
保质期（年）	3	3

5.3.2　RYZ-1 型焰弹

5.3.2.1　结构

RYZ-1 型焰弹是内蒙古北方民爆器材有限公司的产品，主要由导电元件、点火机构、弹壳、飞行体、密封盖等组成。结构如图 5-39 所示，产品实物如图 5-40 所示。

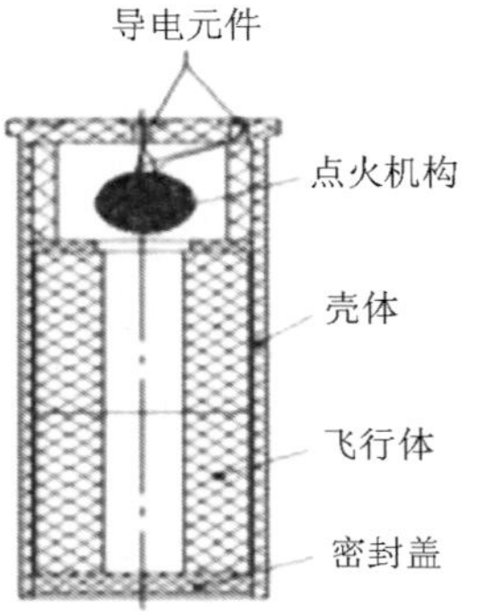

图 5-39　RYZ-1 型焰弹结构图

图 5-40　RYZ－1 型焰弹

5.3.2.2　主要技术参数

RYZ-1 型焰弹主要技术参数见表 5-14。

表 5-14　RYZ-1 型 焰弹主要技术参数一览表

项　目	技 术 参 数
弹长（mm）	122.5
弹径（mm）	ϕ39.3
全弹质量（g）	153±3
催化剂总质量（g）	90±2
Ag I 含量（g /个）	3
成核率（—10℃时）（个/ g）	1.03×10^{15}
催化剂燃烧时间（s）	15
故障率（%）	<3
点火电阻（Ω）	2.5 ～ 3.6
使用温度（℃）	—30 ～ 45
储存温度（℃）	—40 ～ 50
储存期（年）	2

5.4　JD-89 Ⅱ 型增雨防雹炮弹

我国人工增雨防雹广泛采用的高炮是 37 高炮，高炮的口径为 37 mm，37 高炮配有增雨防雹炮弹（简称“人雨弹”）。人雨弹的弹头有 1 克碘化银催化剂，由 37 mm 高射机关炮将弹头发射到目标云爆炸，产生冲击波和碘化银催化剂的两种作用，达到人工防雹增雨的目的。

5.4.1　结构

JD-89 Ⅱ 型人雨弹是中国人民解放军第三三零五工厂的产品，主要由引信、弹丸、药筒、发射装药及底火组成，实物如图 5-41 所示，37 mm 高炮如图 5-42 所示。

图 5-41　JD-89 Ⅱ 型防雹增雨弹

图 5-42　37 mm 高炮

5.4.2　JD-89 Ⅱ 型弹道轨迹与数据表

弹道轨迹如图 5-43 所示。弹道数据见表 5-15。

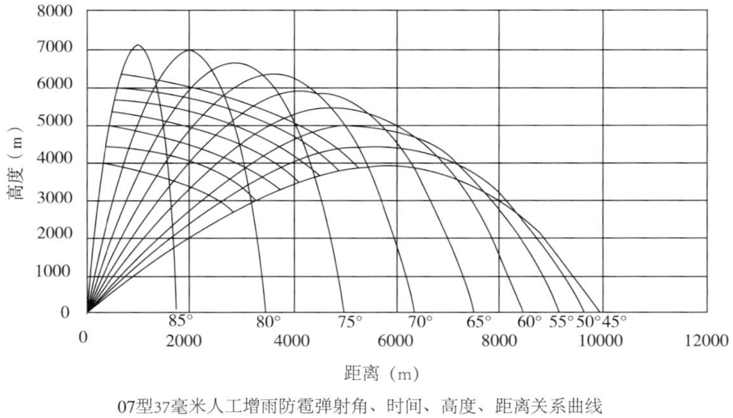

图 5-43　JD-89 型人雨弹弹道曲线图

表 5-15　JD-89 型防雹增雨弹弹道数据一览表

仰角 / 自炸（s）	85°	80°	75°	70°	65°	60°	55°	50°	45°
8	3754 /348	3691 /1033	3626 /1296	3513 /1269	3340 /1678	3204 /1981	3006 /2203	2739 /2527	2544 /2770
10	4257 /403	4184 /804	4107 /1196	3975 /1502	3765 /1952	3613 /2291	3383 /2553	3071 /2918	2844 /3195
12	4697 /456	4613 /908	4525 /1351	4375 /1698	4143 /2192	3961 /2584	3699 /2878	3345 /3287	3068 /4594
14	5080 /507	4987 /1008	4888 /1500	4718 /1882	4459 /2431	4225 /2863	3901 /3186	3566 /3636	3278 /3974
16	5411 /555	5307 /1104	5198 /1623	5010 /2059	4723 /2619	4438 /3131	4157 /3483	3738 /3980	3422 /4334

续表

自炸（s）＼仰角	85°	80°	75°	70°	65°	60°	55°	50°	45°
18	5693/602	5597/1198	5459/1781	5203/2233	4940/2881	4694/338	4341/3767	3866/4289	3538/4678

注：(1) 自炸（s）为引信自炸时间

(2) 仰角为高炮射击仰角

(3) 表中间的数字为弹头炸点高度（m）/水平距离（m）

5.4.3 主要技术参数

JD-89Ⅱ型防雹增雨弹主要技术参数见表5-16。

表5-16 JD-89Ⅱ型防雹增雨弹主要技术参数一览表

项目		技术参数
平均初速（m/s）		≥950
初速或然误差（m/s）		≤5
平均膛压（MPa）		≤264.8
允许单发最大膛压（MPa）		≤306
炮弹质量（kg）		1.26
炮弹全长（mm）		382.02～385.97
弹丸重量（kg）		0.6
炸药质量（g）		≥36
发射药参考质量（kg）		0.202
碘化银含量（g）		1
破片	最大弹体破片质量（g）	≤30不限
	最大弹体破片质量（g）	≤50允许2片≤70允许1片
射高	有效作用高度（m）	2000～6000
	最大身高（m）	
成冰核率	碘化银成冰核率（个/g）	9×10^{9}（−10 ℃时） 1.5×10^{15}（−20 ℃时）
引信瞎火率		≤1/30
引信自炸时间（s）		9～12　13～17
播撒剂含量（g）		
底排剂药柱质量（kg）		
底排燃烧时间（s）		
底排瞎火率		
包装箱外形尺寸（mm）		603×496×183
每箱数量（发）		20
装弹木箱全重（kg）		38

第 6 章　地面焰管播撒系统

地面焰管播撒系统由地面碘化银烟炉、地面焰管、点火控制器、控制软件四大部分组成。地面碘化银播撒装置（简称“烟炉”）为户外固定设备，安装在海拔相对较高的地区。焰管提前放置在烟炉内，在具备气象条件的情况下，通过室内计算机软件发出检测、点火信号，点燃焰条，焰条产生的碘化银烟雾在烟道的导引下，进行催化作业，形成大量的人工冰核，随着上升气流进入云层，从而激发降水，达到人工增雨、防雹的目的。烟炉可以任意放置在山区足够高的地点，不受空域管制的限制，可以全天候、长时间、连续、大剂量作业，解决了空域管制严、高炮火箭射程达不到、交通不便、居住和生活困难区域的人工影响天气作业，同时还具有节省人力、费用低廉，运输、安装、使用、维护方便、安全可靠等优点，因此，近年来得到广泛应用。

烟炉作业点布设，最重要的是要遵守两点：一是要有较强的上升气流，烟炉作业点布设位置尽量选择在山区的迎风坡，通过空气上升运动，这样可以保证有一定量的碘化银粒子被带入云中，也就是选择有利于地形云形成、发展的山谷或河谷源区。二是要有丰沛的云水资源，新疆的山区多于盆地，山区云水资源远远大于平原。境内的山地、平原、戈壁和沙漠占地面积比例大致为 2：1：1，根据新疆降水特征显示，大降水中心往往位于山区，这样布点更有利于开展地面烟炉人工增雨作业。如图 6-1 所示。

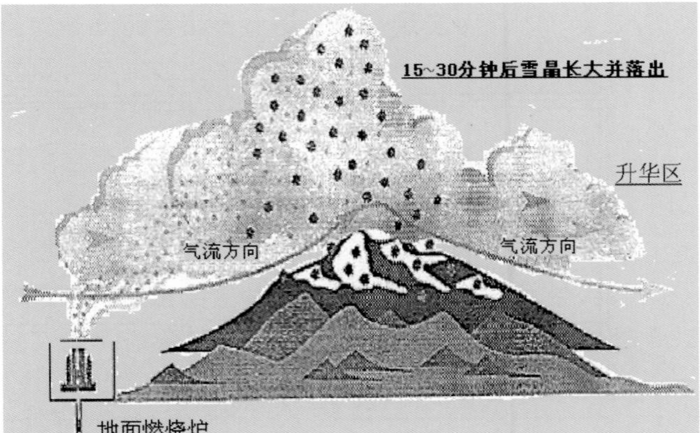

图 6-1　地面碘化银烟布设位置与作业示意图

根据新疆人工增雨防雹的需要，先后引进了陕西中天火箭技术有限公司生产的ZY-2型地面碘化银烟炉播撒系统、内蒙古北方保安民爆器材有限公司生产的RYJ-1型地面碘化银烟炉播撒系统和江西新余国泰火箭技术有限公司生产的DL40-1型地面碘化银烟炉播撒系统，这些烟炉先后布设在新疆乌鲁木齐市、昌吉回族自治州、奎屯河—玛纳斯河流域、博尔塔拉蒙古自治州、伊犁、巴音布鲁克等地的山区，进行人工增雨防雹作业。

6.1 ZY-2型地面焰管播撒系统

6.1.1 结构原理

ZY-2型地面焰管播撒系统是陕西中天火箭技术有限公司自主开发研制的新产品。该系统由地面播撒装置（烟炉）、地面焰条、点火控制器、控制软件组成，可远程遥控地面播撒装置（烟炉）进行作业。

6.1.1.1 地面播撒装置

地面播撒装置由支座、发烟室、烟道等组成，结构、外形尺寸如图6-2所示，实物如图6-3所示。

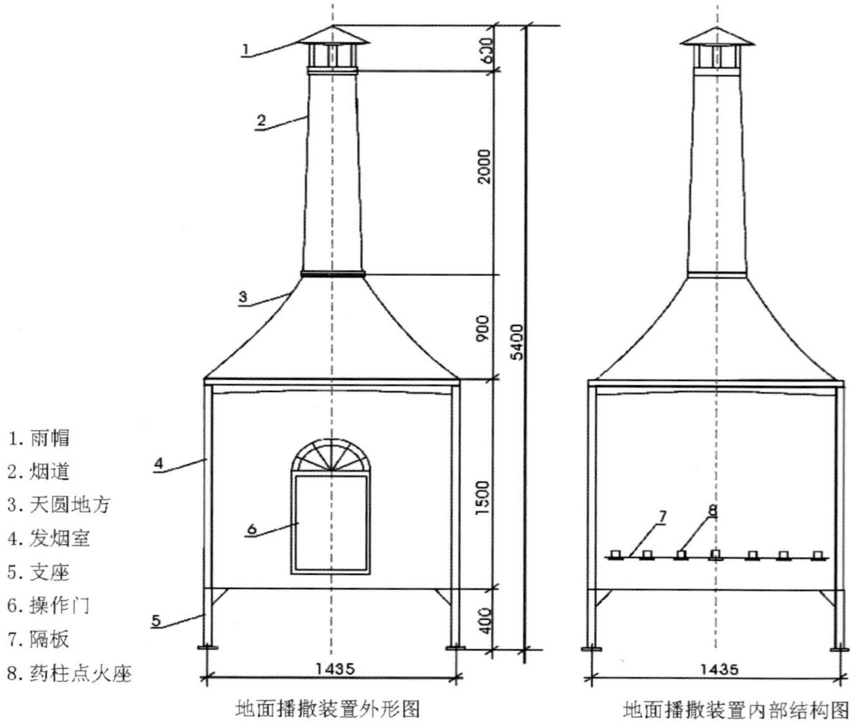

图6-2 ZY-2型地面播撒装置外形结构图（单位：mm）

图 6-3　ZY-2 型地面播撒装置

6.1.1.2　地面焰管

ZY-2 型地面焰管由壳体、焰剂药剂、后堵头、喷管、点火药盒、堵盖等组成。壳体径向有两个固定销钉，用来将烟条卡在播撒器卡环中。为保证烟条端面燃烧，将焰剂所有表面进行包覆，壳体和喷管采用耐烧蚀性能较好的环氧基复合材料，烟管结构如图 6-4 所示，焰管在烟炉中燃烧如图 6-5 所示。

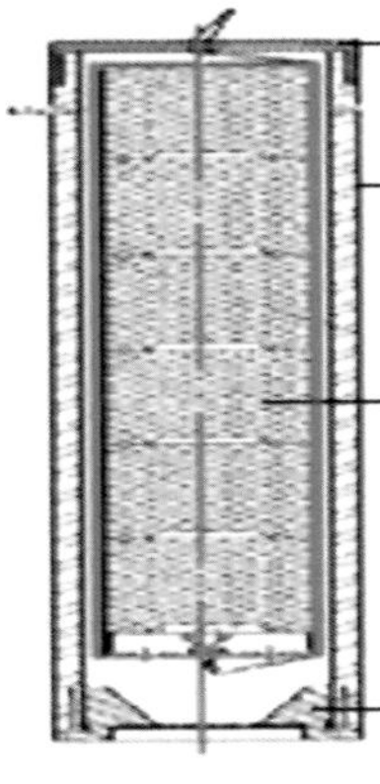

图 6-4　烟管结构图

图 6-5　焰管在烟炉里安装和燃烧

催化剂采用 BR-91-Y 型高效碘化银焰剂，焰剂燃烧产生含碘化银复合冰核气溶胶，具有很高的成核率，每克 AgI 在 -10 ℃条件下静态成核率可达 1.8×10^{15} 个；-12 ℃时 5 min核化率平均为 90%，易于在云中产生冰核。

6.1.1.3　ZY-2 型点火控制器

ZY-2 型点火控制器由太阳能板、蓄电池、稳压器、信号接收/发送器等组成，是终端控制器的指令执行机构。

6.1.1.4　终端控制器

终端控制器由计算机、信号接收/发送器和控制软件组成，可远程遥控 ZY-2 型点火控制器，实现对焰管的遥控检测和点火。

ZY-2 型地面焰管播撒系统控制结构和链接，如图 6-6 所示。

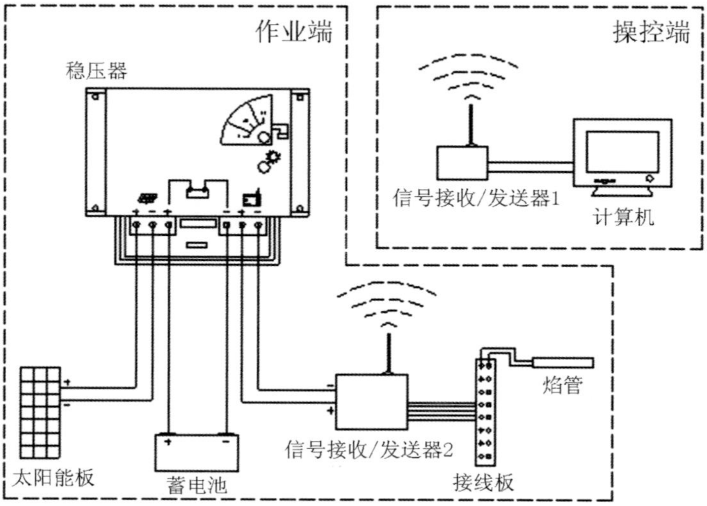

图 6-6　ZY-2 型地面烟管播撒系统控制结构和系统连线图

6.1.2　安装

6.1.2.1　地面播撒装置安装地点的选择

地面焰管播撒系统作业效果与地面播撒装置的选址和气象条件密切相关，架设位置非常重要，应在专业人员的指导下选择合理的地面播撒装置安装地点。布设作业点时，要根据当地的天气气候特征，布设在上升气流区，有短信信号且有上升气流流过山的迎风面，并在合适的气象条件下进行作业，方能取得最佳效果。

6.1.2.2　设备安装基础

（1）烟炉安装基础

烟炉安装基础用钢筋混凝土浇筑，预留孔 16 个孔（100×100×250），预留孔内安装 16－M20×300 地脚螺栓，用 250＃细石砼进行二次浇筑。这 16 个地脚螺栓应与烟炉支架连接孔配装，安装基础设计见图 6-7。

（2）点火控制器安装基础

点火控制器安装基础用钢筋混凝土浇筑，预留孔（200×200×150）用 250＃细石砼进行二次浇筑。安装基础设计见图 6-8。

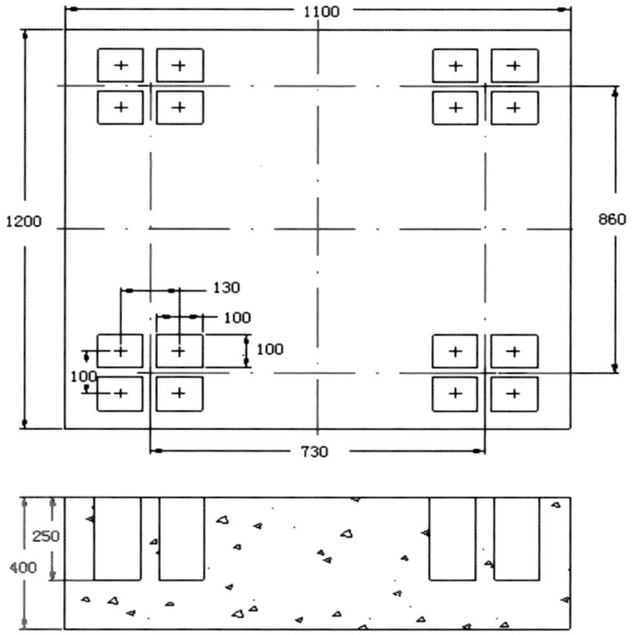

技术要求：

1. 配16–M20×300–BG/T799–1988地脚螺栓，16套螺母、平垫图
2. 基础深度400
3. 基础为200#钢筋混凝土，预留孔内浇250#细石砼

图 6-7　烟炉安装基础设计图

6.1.2.3　设备组装

基础养护达到要求后，在基础上进行组装，其组装顺序如下：

（1）组装支架：将底盘、支腿、连接杆用 M12×30 的螺栓、螺母连接固定牢固，在基础上调平，用 16 个地脚螺栓固定牢固；

（2）组装中间架：将安装盘、支杆用 M6×35 的螺栓、螺母连接固定牢固；

（3）组装雨篷：将雨罩、架板、夹板用 M6×20 的螺栓连接固定；

（4）底板、中间架依次放在支架上，用 6—M10×35 的螺栓固定牢固；

（5）将罩体放在支架上，并根据当地主要风向将通风门迎风设置，用 18— M10×45 的螺栓固定牢固；

（6）将球形盖放在罩体上，用 M10×50 的螺栓固定牢固；

（7）将烟筒孔口盖上不锈钢丝网与雨篷固连，雨篷夹紧钢圈内侧垫橡胶板，并连接 3—ϕ6×7000的钢丝绳；

（8）将烟筒放在球形盖上，用 M10×50 的螺栓固定牢固；

（9）将钢丝绳与地面固连；

(10) 将点火控制器参照图 6-8 安装；

(11) 按照图 6-6 连接控制系统线路，接头用防水胶带包裹，固定导线；

(12) 将操作软件按照引导安装程序装入计算机。详细操作见《ZY-2 地面焰条播撒装置控制软件》电脑光盘。

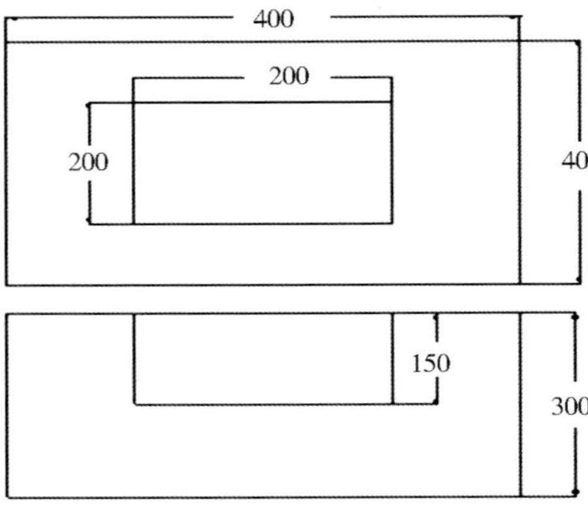

图 6-8 点火控制器安装基础设计图

注：点火控制器安装基础位置应在烟炉安装基础位置西方向 1.5 m 左右。

6.1.3 系统调试

6.1.3.1 检查

(1) 检查设备的连接固定，要求各部件固定牢固；

(2) 按照图 6-6 检查线路连接，要求正确无误，连接可靠；

(3) 检查控制系统工作，要求信号反馈、检测、点火正常。

6.1.3.2 操作

(1) 将 36 根焰条插到安装孔内，顺时针旋转将烟条固定销卡入卡钩；

(2) 将焰条点火导线与接线板连接；

(3) 关闭安装门和通风门，锁好门锁。请仔细阅读《ZY-2 地面焰条控制程序》电脑光盘，并进行下列操作；

(4) 启动电脑控制程序，发出线路检测指令；

(5) 待检测指令返回，根据屏幕提示一切正常后，发出点火指令，点燃焰条的数量可根据作业需要一支点燃 5 分钟后再点燃下一支，也可同时点燃数支焰条，但同时点燃数量要小于 3 支；

(6) 按计算机提示，及时发出终止指令，使系统处于待机状态。

6.1.4　工作原理

完成 ZY-2 型地面焰管播撒系统的安装和调试后，由终端控制器（计算机）发出检测指令，满足检测标准，终端控制器（计算机）发出点火指令，点火控制器执行指令，输出点火电源，点燃焰管，焰管燃烧产生的烟雾在烟道的指引下，随上升气流进入目标云中进行催化作业。

6.1.5　系统使用

6.1.5.1　控制程序安装

该软件采用目前市场比较成熟的 Delphi7 程序语言技术平台，能够实现远程查询。运行过程中对计算机硬件配置要求较低，操作系统为 WindowsXP/2000 以上的所有操作系统均可。

(1) 在安装光盘中运行“PL－2303 Driver Installer. exe”，安装数据线驱动，安装完成后将数据线连接到电脑 USB 串口。

注：目前标配的短信发送模块使用了 USB 转串口芯片，通讯端口号是动态生成的，有可能因为计算机的配置、所插的 USB 端口不同或新装了其他硬件而不同，可以从＜控制面板＞＜系统＞＜硬件＞＜设备管理器＞＜端口＞中查看，插拔短信发送模块一次，在＜端口＞中消失又重新出现的串口就是系统应选择的串口。

(2) 在安装光盘中选择运行“setup. exe”，如图 6-9 所示。

(3) 选择“我同意此协议”，点击“下一步”，见图 6-10。

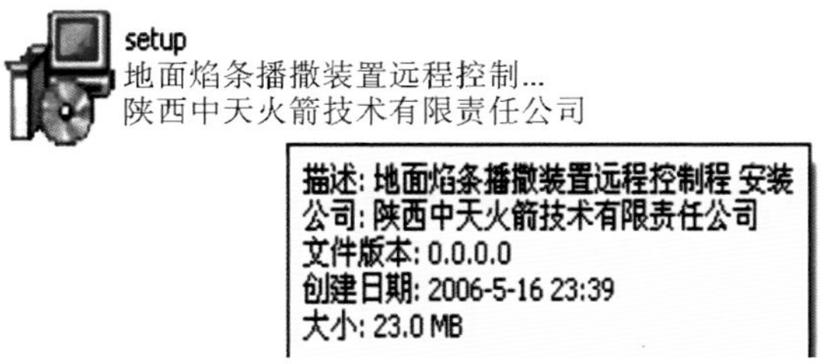

图 6-9　运行“setup. exe”界面图

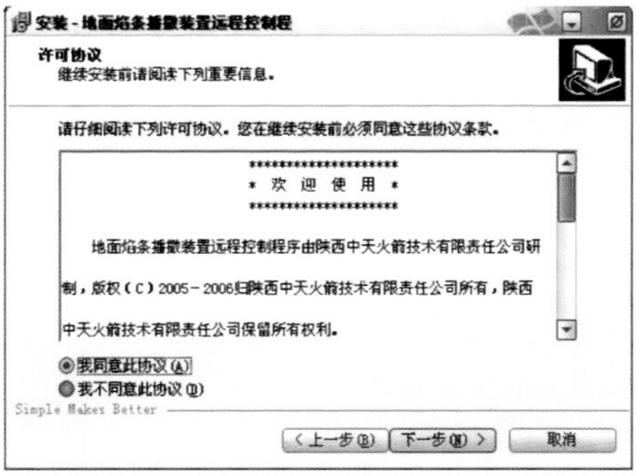

图 6-10　“我同意此协议”界面图

(4) 点击“下一步”后，选择“创建桌面快捷方式”，“创建快速运行栏快捷方式”，点击“下一步”，见图 6-11。

(5) 点击“下一步”，再点击“安装”即可完成。

(6) 开始－＞程序，运行程序即可。见图 6-12。

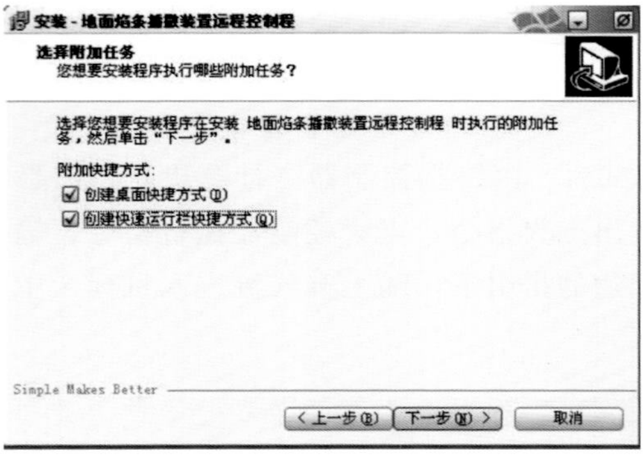

图 6-11 “创建快速”界面图

图 6-12 进入程序运行界面图

6.1.5.2 系统登陆

（1）进入登陆

系统启动后，首先出现的是用户登陆单元，用户登陆单元界面如图 6-13 所示。

（2）登陆

用户在系统登录窗口根据系统提示，选择用户名后，输入密码，点击“确定”即可进入系统。点击“取消”即可取消本次登录。

（3）说明

① 系统第一次使用时，系统的用户密码为“000000”，请进入以后使用操作用户管理单元，对系统的用户进行设置，保证系统的运行安全。

② 系统登陆的用户将成为系统默认的系统管理员，以及系统操作员。

③ 系统用户分为“系统管理员”和“系统操作员”两个类型，系统操作员将被限制使用系统的部分功能，不具备对远程终端操控能力。

6.1.5.3 系统配置

（1）SIM 卡设置

① 进入 SIM 卡配置界面见图 6-14。

图 6-13 用户登陆单元界面图

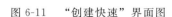

图 6-14 进入 SIM 卡配置界面图

② 在系统主菜单系统配置项目下选择 SIM 配置即可进入 SIM 卡信息设置单元，SIM 卡信息设置单元界面如图 6-15 所示。

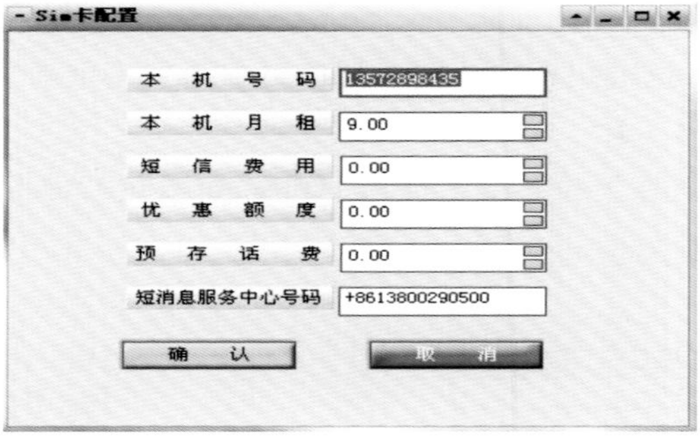

图 6-15 SIM 卡信息设置单元界面图

③ 在“本机号码”输入控制器所用的 SIM 卡的号码。

④ 在“本地月租”输入控制器所用的 SIM 卡的月租；对话框右边的上下键可以微调数据，点击上键一次增加 0.1，点击下键一次减少 0.1，如图 6-16 所示。

⑤ 在“短信费用”输入控制器所用的 SIM 卡发一条短信的费用，对话框右边的上下键可以微调数据，点击上键一次增加 0.01，点击下键一次减少 0.01，如图 6-17 所示。

图 6-16 SIM 卡月租输入界面图

图 6-17 SIM 卡发一条短信的费用输入界面图

⑥ 在“优惠额度”输入控制器所用的 SIM 卡每月送的短信所折合成的钱数。

在“预存话费”输入用户所预存的话费，如图 6-18 所示。在“短消息服务中心号码”输入当地的短消息服务中心号码，如图 6-19 所示。点击“确定”完成设置并退出该单元。

图 6-18 “预存话费”输入界面图

图 6-19 当地短消息服务中心号码输入界面图

(2) 通讯端口配置

① 进入通讯端口配置界面如图 6-20 所示。

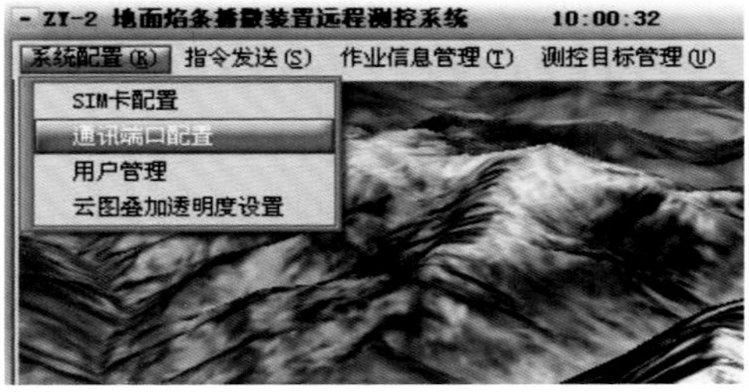

图 6-20 进入通讯端口配置界面图

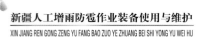

② 在系统主菜单系统配置项目下选择通信端口配置即可进入通讯端口设置单元，通讯端口配置单元界面如图 6-21 所示。

③ 选择通讯端口，在＜控制面板＞、＜系统＞、＜硬件＞、＜设备管理器＞、＜端口＞中查看，插拔短信发送模块一次，在＜端口＞中消失又重新出现的串口就是系统应选择的串口。

④ 设置波特率，一般在下拉菜单中选择 1200；如图 6-22 所示。

图 6-21　通讯端口配置单元界面图

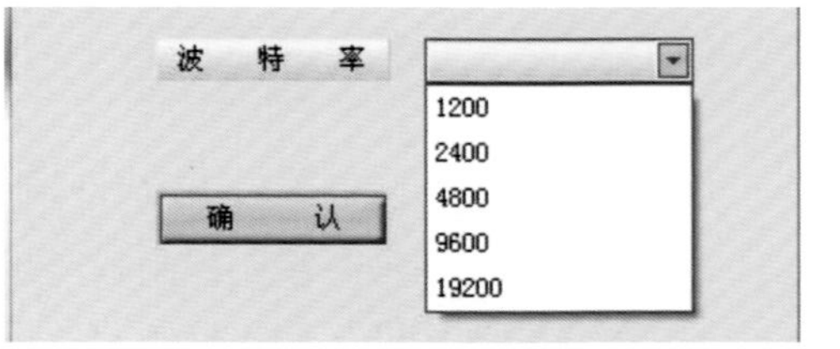

图 6-22　波特率设置界面图

⑤ 点击“确认”完成通讯端口配置并退出该单元；

⑥ 点击“取消”取消通讯端口配置并退出该单元。

6.1.5.4　作业区数据库维护

（1）作业区数据库维护

在系统主菜单测控目标管理项目下选择作业区数据库维护，可进入作业区数据库维护单元，界面如图 6-23 所示，作业区数据库维护单元界面如图 6-24 所示。

图 6-23　进入作业区数据库维护单元界面图

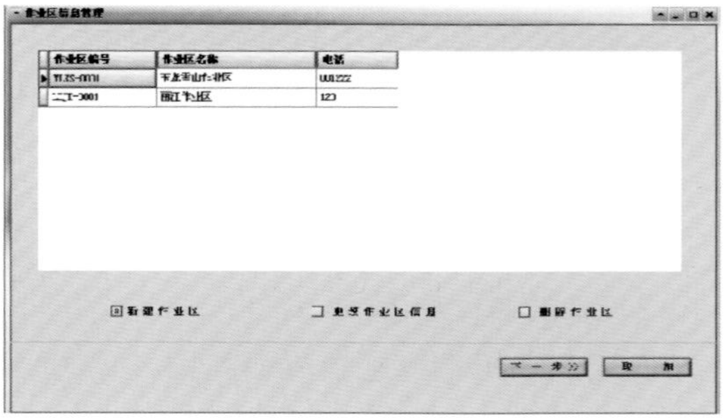

图 6-24　作业区数据库维护单元界面图

（2）新建作业区

① 选择“新建作业区”，点击“下一步”，可进入作业区信息管理单元，界面如图 6-25 所示。

② 编号规则

本系统的作业区编号采用 4 位拼音简码加 4 位序号组成，编码格式为“XXXX—0000”。

例：玉龙雪山作业区玉龙 1 号编号应为如下：YLXS－0001

③ 用户可以进行设置作业区的编号、名称和电话。

④ 点击“确认”完成作业区信息并退出该单元。

⑤ 点击“上一步”取消作业区信息设置并退出该单元。

(3) 更改作业区信息

① 选择“更改作业区信息”，点击“下一步”进入更改作业区信息界面，如图 6-26 所示。

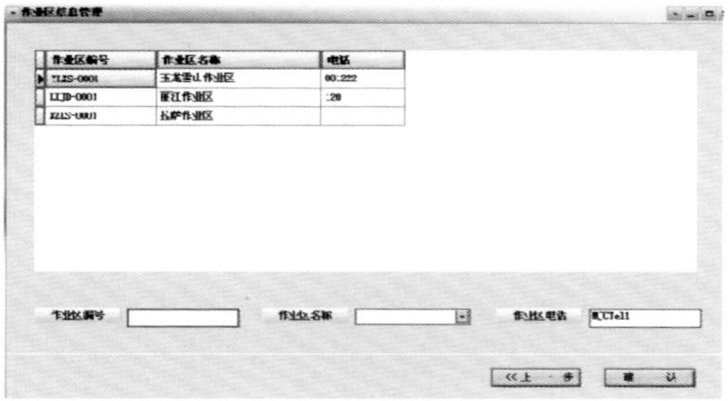

图 6-25　进入作业区信息管理单元界面图

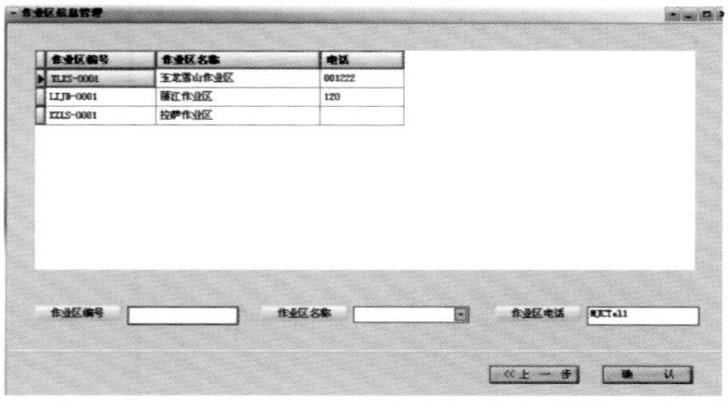

图 6-26　作业区信息界面图

② 用户可以进行修改设置作业区的编号、名称和电话。

③ 点击“确认”完成作业区信息并退出该单元。

④ 点击“上一步”取消作业区信息设置并退出该单元。

(4) 删除作业区信息

① 选择“删除作业区信息”，点击“下一步”进入删除作业区信息界面，如图 6-27 所示。

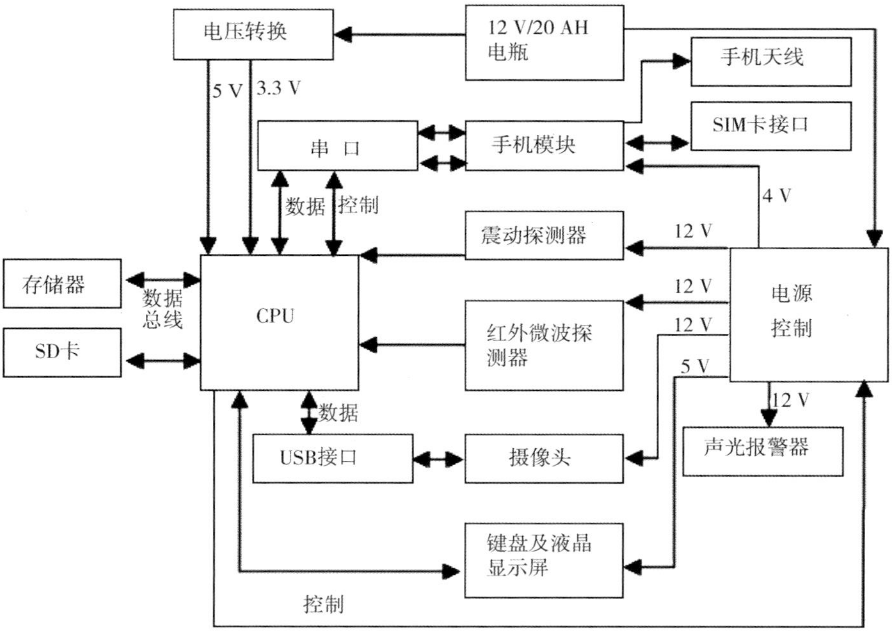

图 6-27　进入删除作业区信息界面图

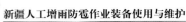

② 用户可以进行选择所要删除的作业区，如图 6-28 所示。

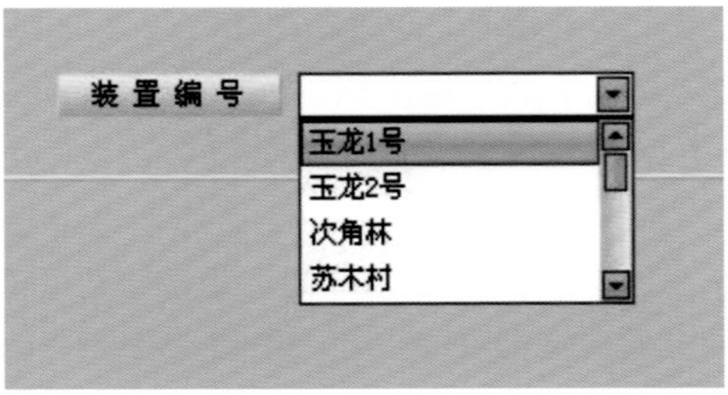

图 6-28　删除作业区界面图

③ 点击“确认”完成作业区信息并退出该单元。

④ 点击“上一步”取消作业区信息设置并退出该单元。

6.1.5.5　装置数据库维护

（1）装置数据库维护

① 在系统主菜单测控目标管理项目下选择装置数据库维护即可进入装置数据库维护单元，界面如图 6-29 所示。

② 装置数据库维护单元界面如图 6-30 所示。

图 6-29　进入装置数据库维护单元界面图

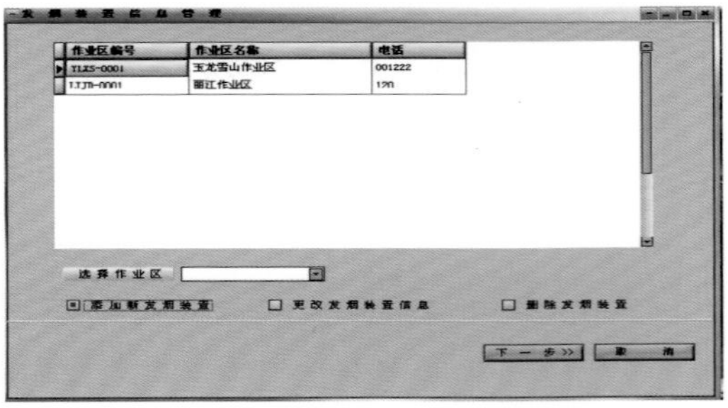

图 6-30　装置数据库维护单元界面图

（2）选择作业区

选择本控制器所在的作业区，界面如图 6-31 所示。

（3）添加新发烟装置

① 选择“添加新发烟装置”，点击“下一步”，即可进入发烟装置信息管理单元界面，如图 6-32 所示。

② 编号规则

本系统的作业区编号采用 4 位拼音简码加 4 位序号组成，编码格式为“××××－0000”。

例：玉龙雪山作业区编号应为如下：

YLXS－0001

本系统的装置编号采用 4 位拼音简码加 4 位序号再加加 4 位序号组成，编码格式为

“××××—0000—0000”。

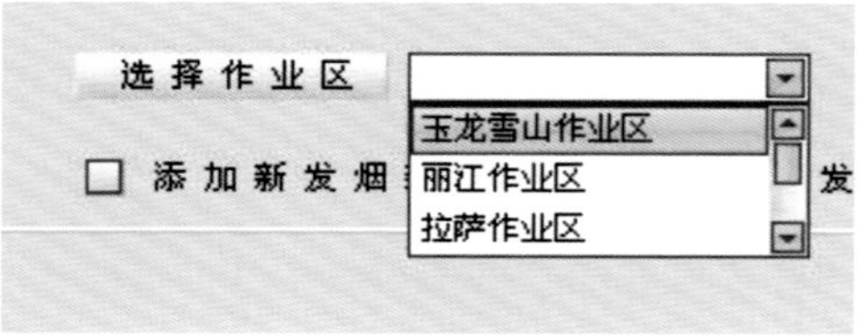

图 6-31　选择控制器所在作业区界面图

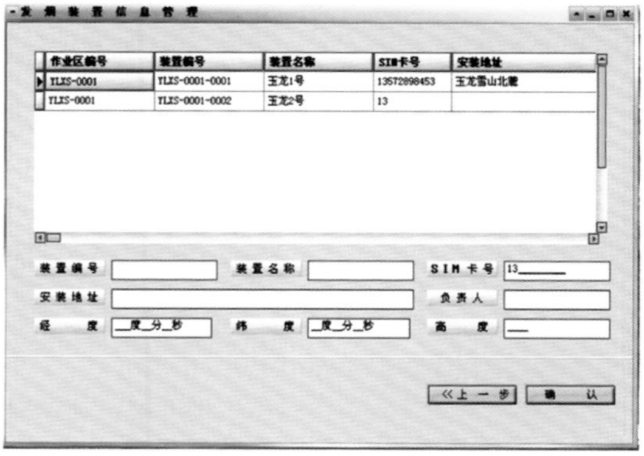

图 6-32　进入发烟装置信息管理单元界面图

玉龙雪山作业区玉龙 1 号编号应为如下：

YLXS—0001—0001

③ 用户输入装置编号和名称、SIM 卡号、安装地址、所处的经度、纬度和设备所在的高度。

④ 点击“确认”完成发烟装置信息并退出该单元。

⑤ 点击“上一步”取消发烟装置信息设置并退出该单元。

(4) 更改发烟装置信息

① 选择“更改发烟装置信息”，点击“下一步”进入更改发烟装置信息管理界面，如图 6-33 所示。

② 用户可以进行修改装置编号和名称、SIM 卡号、安装地址、所处的经度、纬度和设备所在的高度。

③ 点击“确认”完成发烟装置信息并退出该单元。

④ 点击“上一步”取消发烟装置信息设置并退出该单元。

(5) 删除发烟装置

① 选择“删除发烟装置”，点击“下一步”进入删除发烟装置信息管理界面，如图 6-34所示。

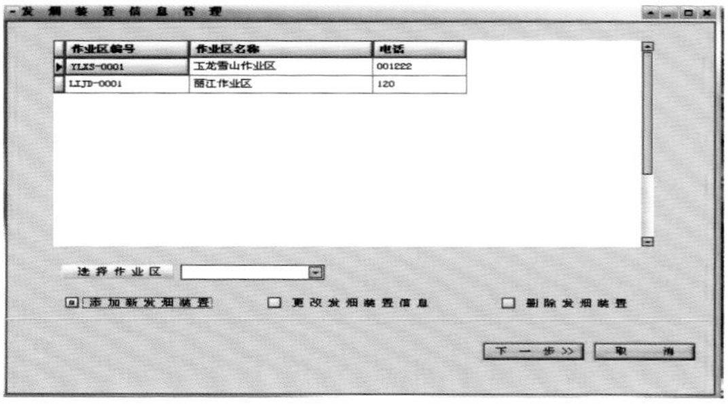

图 6-33　进入更改发烟装置信息管理界面图

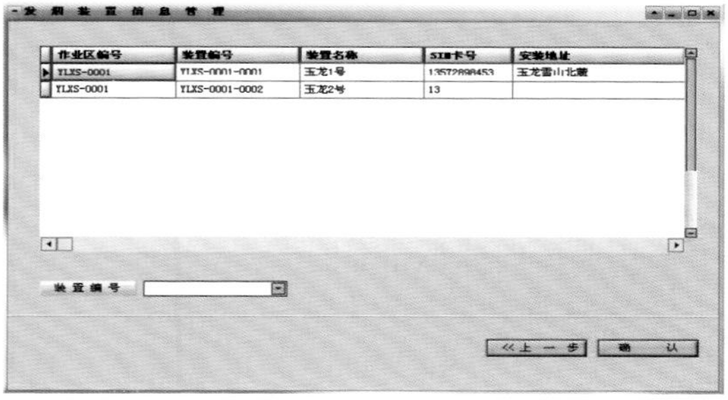

图 6-34　进入删除发烟装置信息管理界面图

② 用户选择所要删除的装置编号，界面如图 6-35 所示。

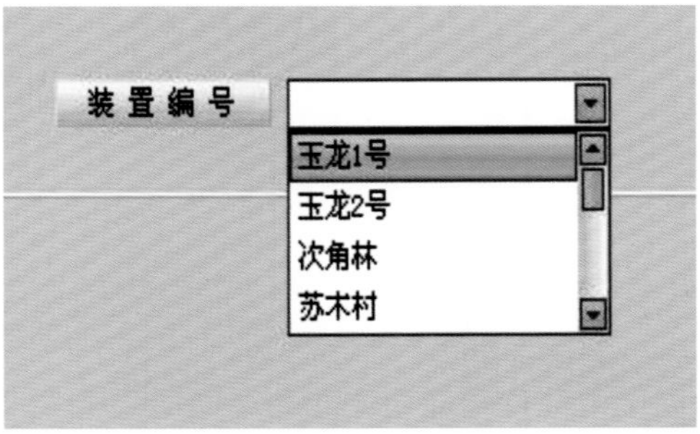

图 6-35　选择删除装置编号界面图

③ 点击“确认”完成发烟装置信息管理并退出该单元。

④ 点击“上一步”取消发烟装置信息设置并退出该单元。

6.1.5.6　话费管理

（1）进入话费管理界面

在系统主菜单资费管理项目下选择话费管理即可进入话费管理单元，界面如图 6-36 所示，话费管理单元界面如图 6-37 所示。

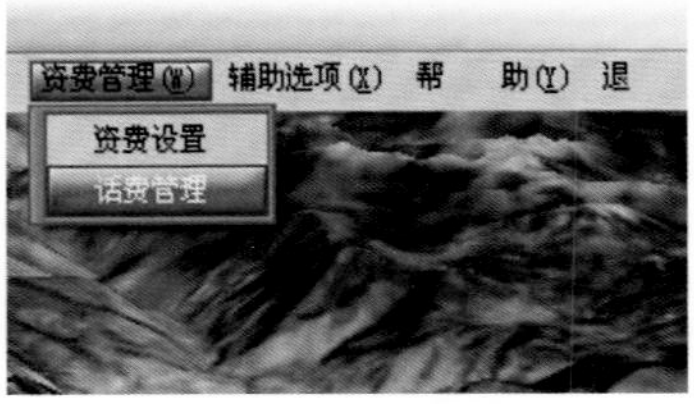

图 6-36　进入话费管理单元界面图

图 6-37　话费管理单元界面图

（2）预存话费设置

① 选择作业区界面如图 6-38 所示。

用户可在下拉菜单中选择本控制器所在的作业区，选择作业区后，备选数据报表只留下该作业区的数据信息。

② 选择装置界面如图 6-39 所示。

用户可在下拉菜单中选择本装置，选择装置后，备选数据报表只留下该装置的数据信息。

③ 在“预存话费”输入为控制器所用的 SIM 卡预存的话费；对话框右边的上下键可

以微调数据，点击键 一次增加 0.1，点击下键一次减少 0.1，界面如图 6-40 所示。

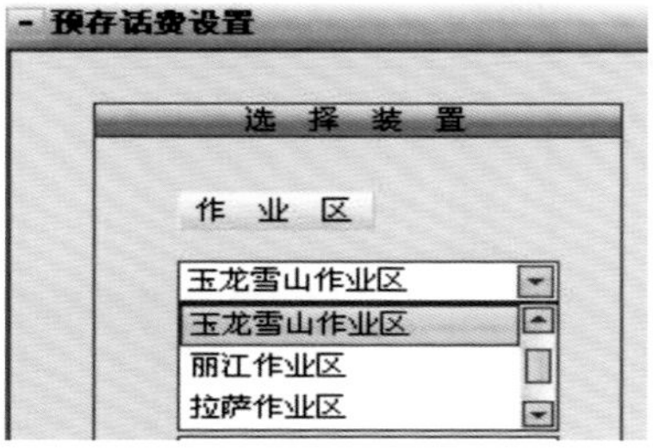

图 6-38 选择作业区界面图

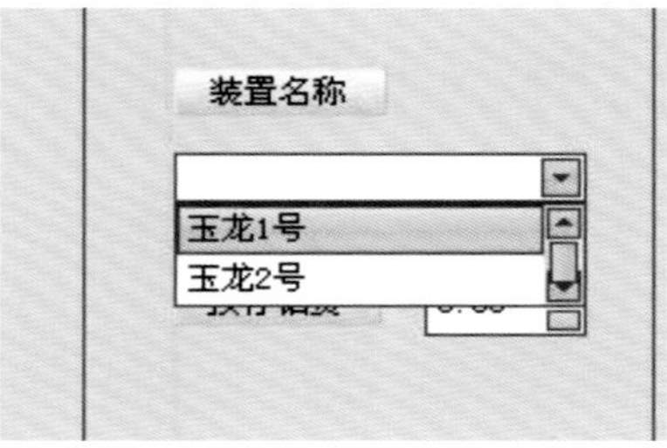

图 6-39 选择装置界面图

④ 点击“交费”完成设置；用户也可在对话框中选中要修改的数据，然后再点击“交费”界面如图 6-41 所示。

图 6-40 预存话费界面图

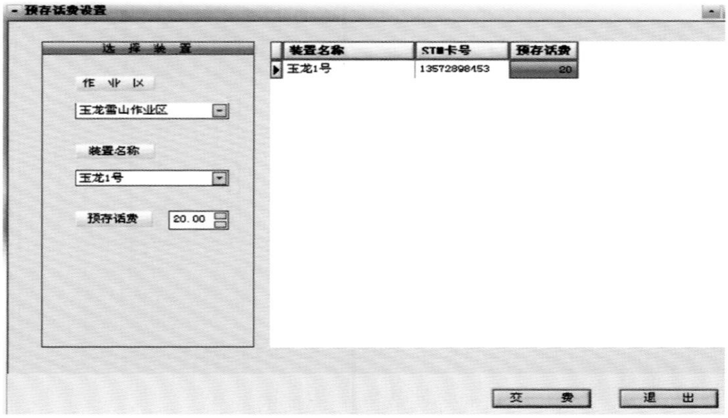

图 6-41 交费界面图

⑤ 点击“退出”取消设置并退出该单元。

⑥ 设置完成后，关闭并重启软件。

6.1.5.7 使用

(1) 进入系统主界面

完成系统登陆后，进入系统主界面，如图 6-42 所示。

(2) 进入指令发送

在系统主菜单下选择指令发送即可进入指令发送单元，界面如图 6-43 所示，指令发送单元界面如图 6-44 所示。

(3) 即时气象

① 选择作业区，操作界面如图 6-45 所示。

用户可在下拉菜单中选择本控制器所在的作业区，选择作业区后，备选数据报表只留下该作业区的数据信息。

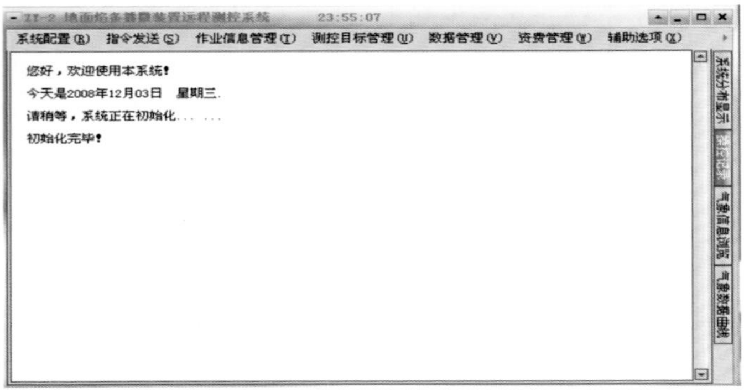

图 6-42 进入系统主界面图

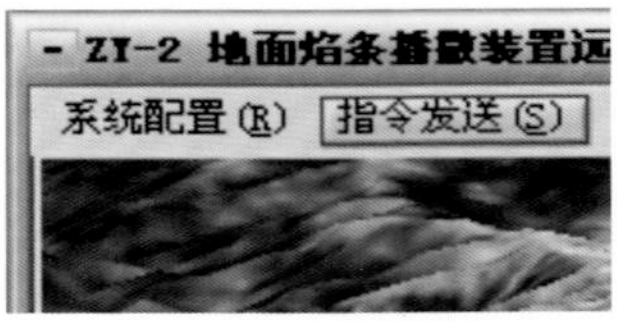

图 6-43 进入指令发送界面图

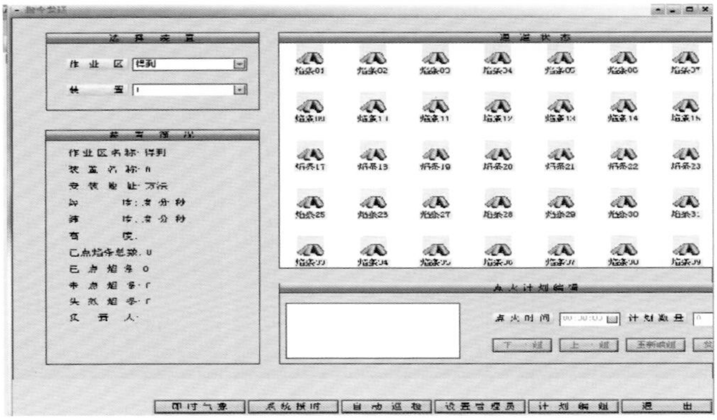

图 6-44 指令发送单元界面图

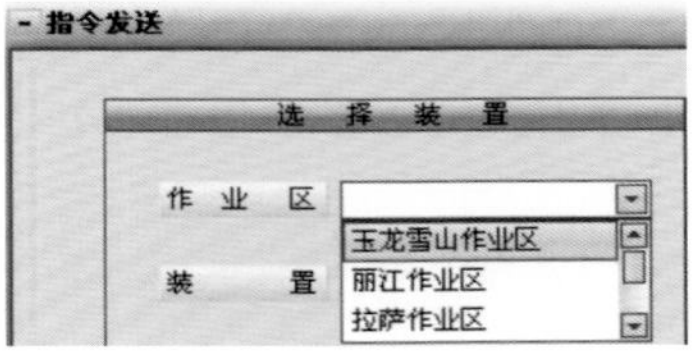

图 6-45 选择作业区操作界面图

② 选择装置，操作界面如图 6-46 所示。

③ 以上两项选择好后，装置简况和通道状态即可生效，界面如图 6-47 所示。

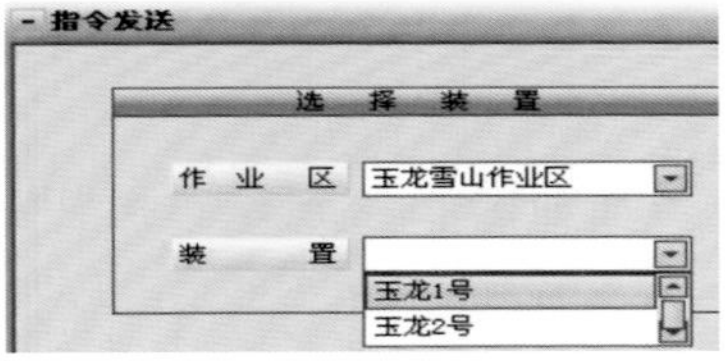

图 6-46 选择装置操作界面图

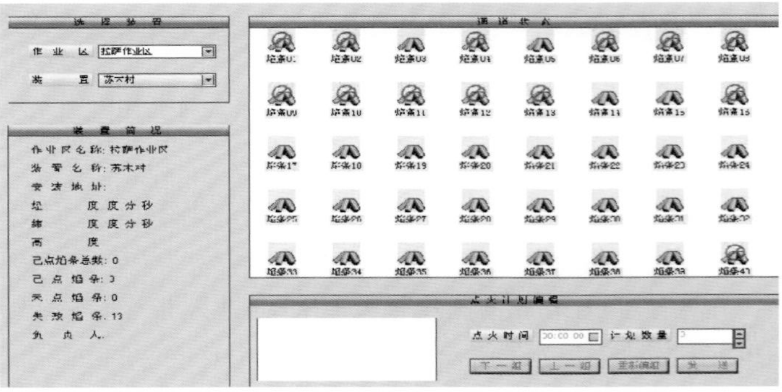

图 6-47 装置简况和通道状态界面图

④ 点击“即时气象”完成指令发送，系统操控记录中显示“指令发送成功”则表明指令已发向控制器；控制器在接收到指令后将回传一条距离当前时间最近的一条气象信息，界面如图 6-48 所示。

⑤ 点击“退出”退出指令发送。

(4) 系统授时

选择作业区，操作界面如图 6-49 所示。

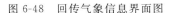

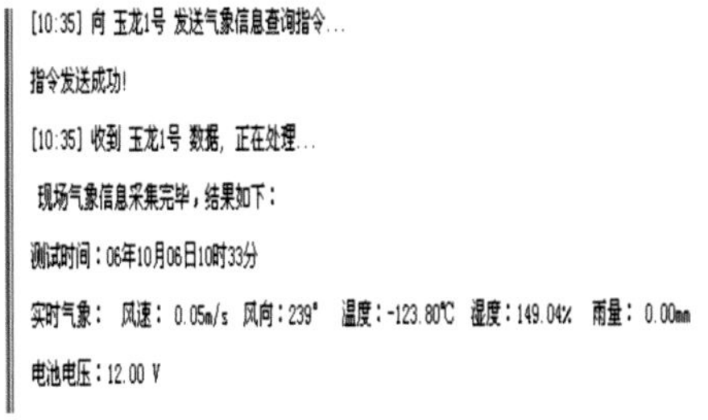

图 6-48　回传气象信息界面图

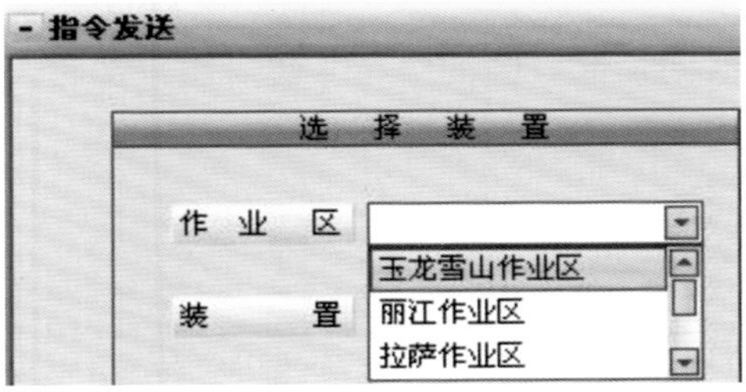

图 6-49　选择作业区操作界面图

用户可在下拉菜单中选择本控制器所在的作业区。

② 选择装置，操作界面如图 6-50 所示。

用户可在下拉菜单中选择本装置。

③ 以上两项选择好后，装置简况和通道状态即可生效，界面如图 6-51 所示。

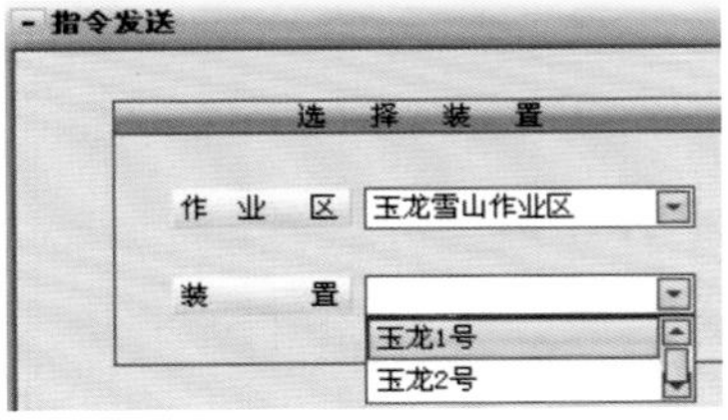

图 6-50　选择装置操作界面图

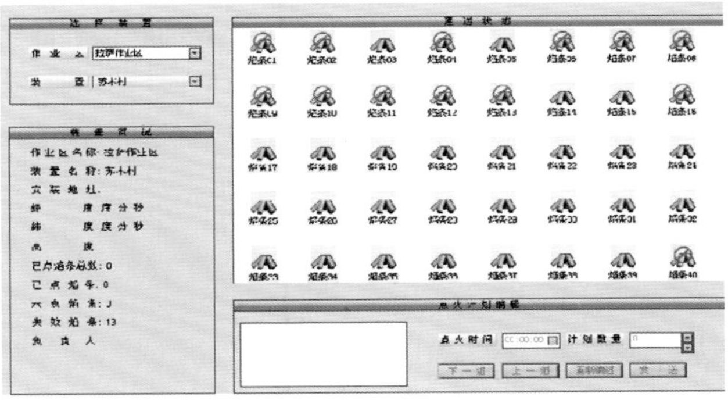

图 6-51　装置简况和通道状态界面图

④ 点击“系统授时”完成指令发送，系统操控记录中显示“指令发送成功”则表明指令已发向控制器；控制器在接收到指令后将回传一条系统时间同步成功的消息。有时因信号原因，一次授时不成功，可按原操作重新授时。

(5) 自动巡检

在装置简况和通道状态界面下，点击“自动巡检”完成指令发送，系统操控记录中显示“指令发送成功”则表明指令已发向控制器；控制器在接收到指令后将回传一条距离当前时间最近的一条状态信息，界面如图 6-52 所示。点击“退出”，退出指令发送。

(6) 设置管理员

在装置简况和通道状态界面下，点击“设置管理员”完成指令发送，系统操控记录中显示“指令发送成功”，控制器在接收到指令后将回传一条“管理员设置成功”(装置数据库维护中设置手机号，即管理员号码)。

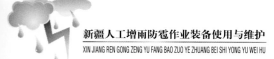

（7）计划编组

① 在装置简况和通道状态界面下，选择计划编组，系统的计划编组是根据用户编辑指令的时间形成的，每当用户选择计划编组时，系统都会自动生成一个编号为当前时间加1分钟的空指令集供用户编辑，然后点击“下一组”菜单，系统都会自动生成一个编号为当前时间加8分钟的空指令集供用户编辑，界面如图6-53所示。

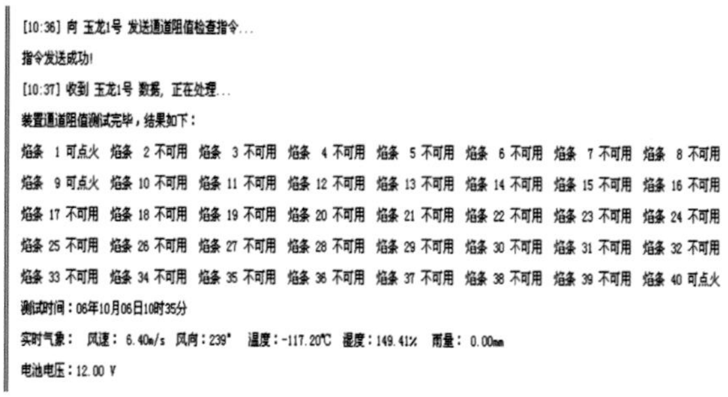

图 6-52 自动巡检状态信息界面图

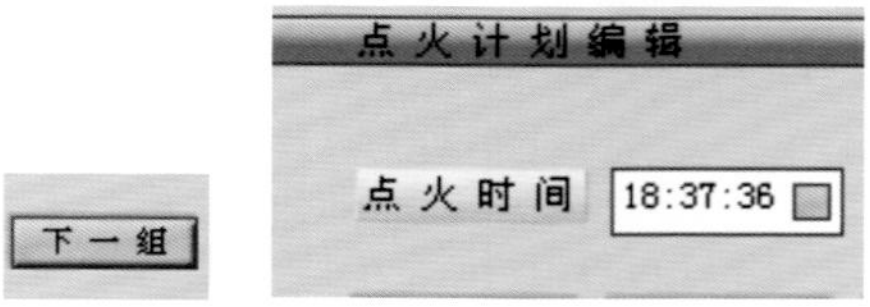

图 6-53 点火计划编辑界面图

② 然后再选择“计划数量”，点击计划数量右边方框上的上下箭头或直接输入需要点火的数量，界面如图6-54所示。

③“在计划编组”时，用户也可以在通道状态的对话框中，直接选定要点火的通道，双击鼠标左键即可（再双击鼠标左键即取消），界面如图6-55所示。

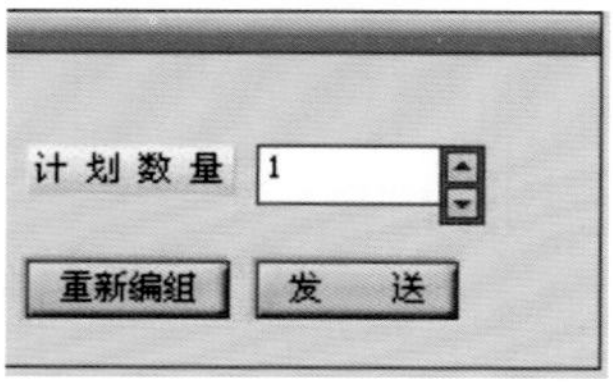

图 6-54 输入点火数量界面图

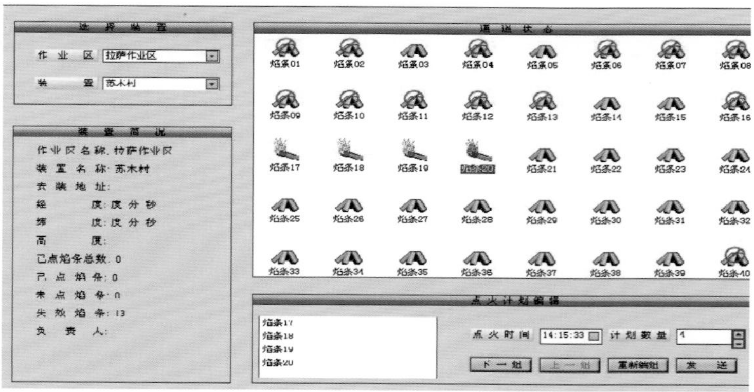

图 6-55 选定要点火通道界面图

④ 用户如需查看各组的点火时间和点火数量时，点击“上一组”和“下一组”即可，界面图6-56所示。

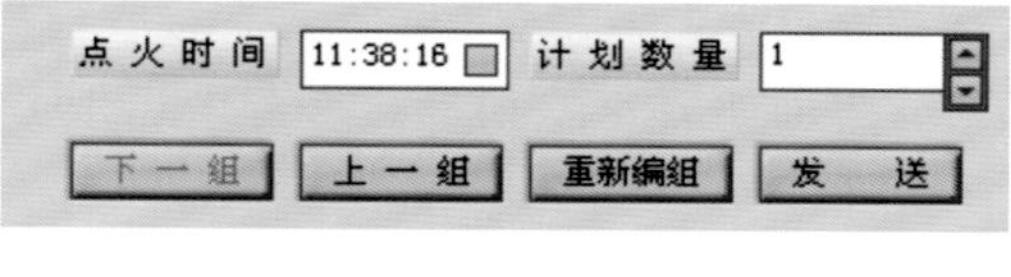

图 6-56 查看“上一组”和“下一组”点火时间和点火数量界面图

⑤ 用户如需重新编组，点击“重新编组”即可取消上次操作并进入重新编组，选择其他指令编号进行编辑，方法为点击“指令编辑”按钮，然后再需要改变的指令内容上按下鼠标左键，系统即出现可选内容，用户直接选择或输入及可完成该内容的编辑。

⑥ 用户完成该内容的编辑后，点击“发送”。

指令已向控制器发出，控制器在收到指令后将按该指令计划执行；系统操控记录中显示“指令发送成功”则表明指令已发向控制器，目标终端已按该指令进行工作了。

⑦ 点击“退出”退出指令发送。

(8) 更换焰条

① 进入更换焰条

在系统主菜单作业信息管理项目下，选择更换焰条菜单，界面如图 6-57 所示，可进入更换焰条单元，界面如图 6-58 所示。

图 6-57　选择更换焰条界面图

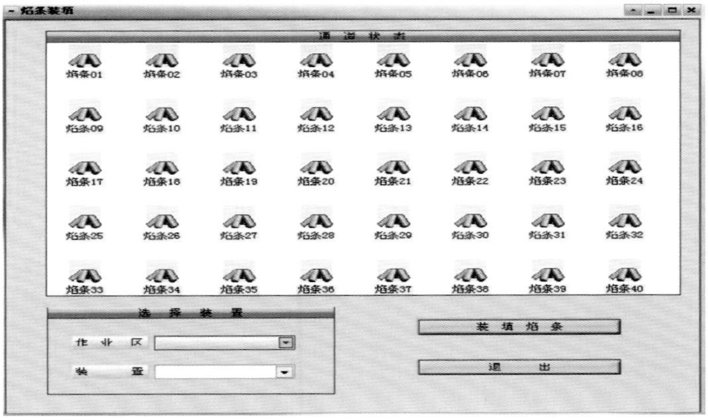

图 6-58　更换焰条界面图

② 选择作业区

用户可在下拉菜单中选择本控制器所在的作业区，操作界面如图 6-59 所示。

③ 选择装置

用户可在下拉菜单中选择本装置，操作界面如图 6-60 所示。

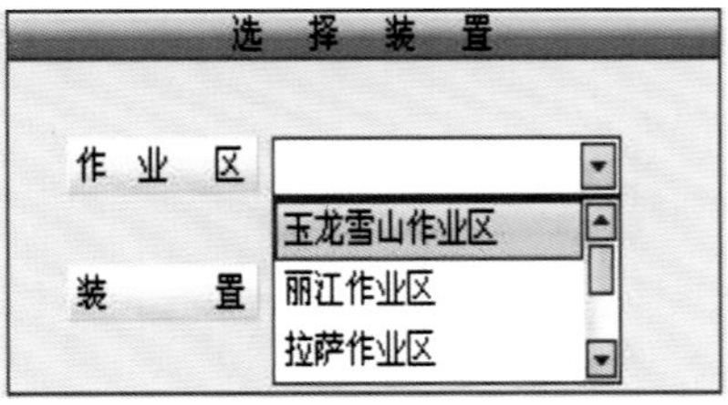

图 6-59　选择本控制器所在的作业区操作界面图

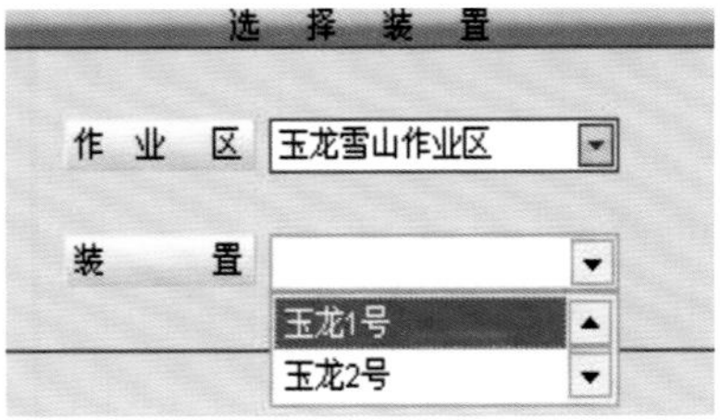

图 6-60　选择本装置操作界面图

④ 通道状态

以上两项选好后，通道状态即可生效，界面如图 6-61 所示。

⑤ 装填烟条

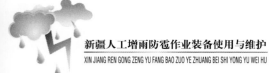

选择“装填烟条”即可更换烟条，界面如图 6-62 所示。

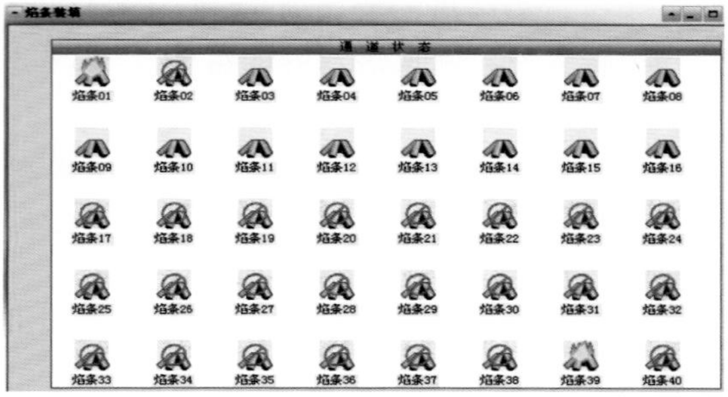

图 6-61　通道状态界面图

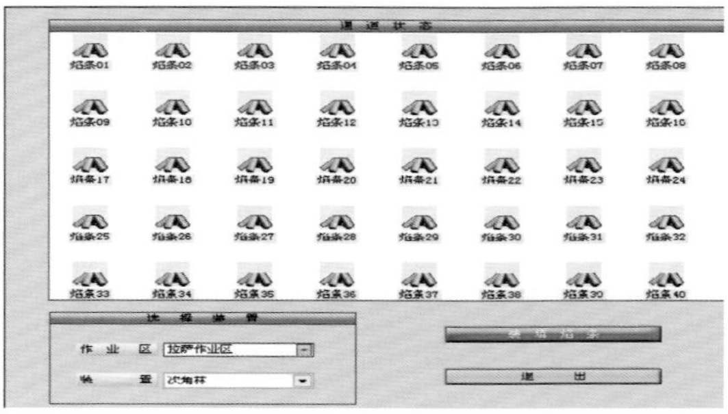

图 6-62　选择装填烟条界面图

⑥ 退出

点击“退出”，取消更换焰条操作，并返回主界面。

6.1.6　主要性能指标

ZY-2 型地面烟炉主要性能指标，见表 6-1。

表 6-1　ZY-2 型地面烟炉主要性能指标一览表

项　目	指　标
催化剂类型	BR－91－Y
焰管规格（mm）	φ48×320
焰管总质量（kg/支）	0.9
焰管有效质量（kg/支）	0.5
焰管 AgI 含量（g/支）	7.5
焰管最大装载数量（支）	48
焰管播撒时间（min/支）	5±1
焰管同时工作数量（支）	≤3
控制点火方式	手机短信
供电方式	太阳能供电系统
控制距离	手机信号覆盖的地方
工作温度（℃）	－40～70
工作相对湿度	20%～100%
电池寿命（年）	＞1
电池能量	7 个连续阴天可靠工作
设备自重（kg）	约 400

6.1.7　设备维护及注意事项

（1）安装焰条轻拿、轻放，防止跌落、撞击，焰条喷口方向避开人体；
（2）为了防止森林火灾，定期清除播撒装置周围 3 m 以内的杂草；
（3）每年检查一次播撒装置安装的牢固性；
（4）锁芯表面用防水胶带密封，以防长期不用锁芯生锈；
（5）金属构件表面如有漆面脱落要及时补漆，以防生锈。

6.2　RYJ-1 型地面焰管播撒系统

6.2.1　结构原理

RYJ-1 型地面焰管播撒系统是内蒙古北方保安民爆器材有限公司在原地面烟炉的基础上开发的新产品，该产品采用太阳能供电远程遥控作业，其控制距离不受限制，可布置气候条件适宜的地区，实现焰管的远程遥控检测、点火和自动播撒。本产品除可在手机信号覆盖的地区使用外，还可选择安装在北斗接收装置对可覆盖没有手机信号的所有区域，实现中国境内无盲点覆盖。控制中心根据气象信息进行作业点选择、功能设置，实现科学作业，达到适时有效增雨（雪）催化目的。

RYJ-1 型地面焰管播撒系统由地面播撒装置、烟管、点火控制系统组成。可单体使用，也可三个组合在一起使用，是目前国内装载焰管数量最多、点火控制方式最全的地面焰管播撒系统。

6.2.1.1　地面播撒装置

地面播撒装置外形似欧式尖顶建筑，又称景观烟炉，由雨帽、烟囱、炉顶、炉镗、烟管固定装置、烟管、收渣盒、烟炉底座、接线板、门、控制器等组成，结构如图 6-63 所示，实物如图 6-64 所示。

6.2.1.2　地面焰管

地面焰管由接电铜片、底座、催化剂药柱、壳体、电点火头、喷管、防潮塞组成，结构如图 6-65 所示，实物如图 6-66 所示。

6.2.1.3　点火控制系统

本系统由点火控制器、内置电池、无线通信模块、太阳能充放电控制、防盗报警系统组成。系统工作框图如图 6-67 所示。

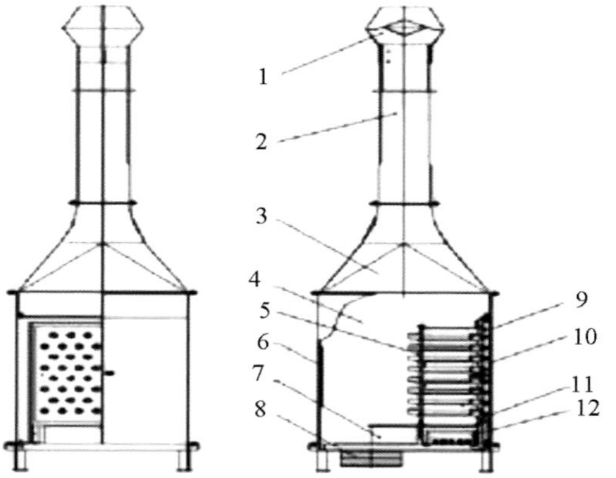

图 6-63　RYJ-1 型景观烟炉结构示意图

1—雨帽；2—烟囱；3—炉顶；4—炉镗；5—烟管固定装置；
6—烟管；7—收渣盒；8—烟炉底座；9—接线板；10—箱门；11—控制器

图 6-64　RYJ-1 型景观烟炉实物图

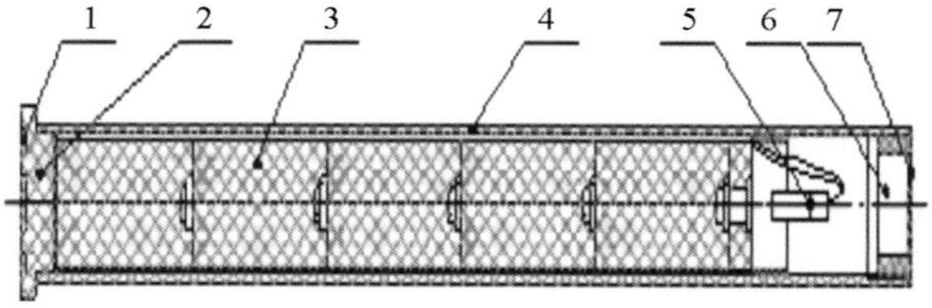

图 6-65　地面焰管结构示意图

1—接电铜片；2—底座；3—催化剂药柱；4—壳体；
5—电点火头；6—喷管；7—防潮塞

图 6-66　地面焰管实物图

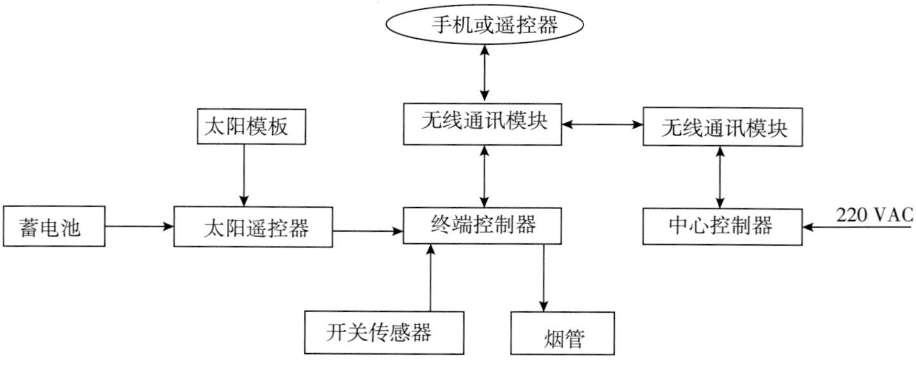

图 6-67　点火控制系统工作框图

6.2.2 安装

6.2.2.1 地面播撒装置安装地点的选择

有上升气流的山的迎风面。

6.2.2.2 设备安装基础

(1) 烟炉安装基础

烟炉安装基础用钢筋混凝土浇筑，安装基础设计见图 6-68(a)。

(2) 点火控制器安装基础

点火控制器安装基础用钢筋混凝土浇筑，安装基础设计见图 6-68(b)。

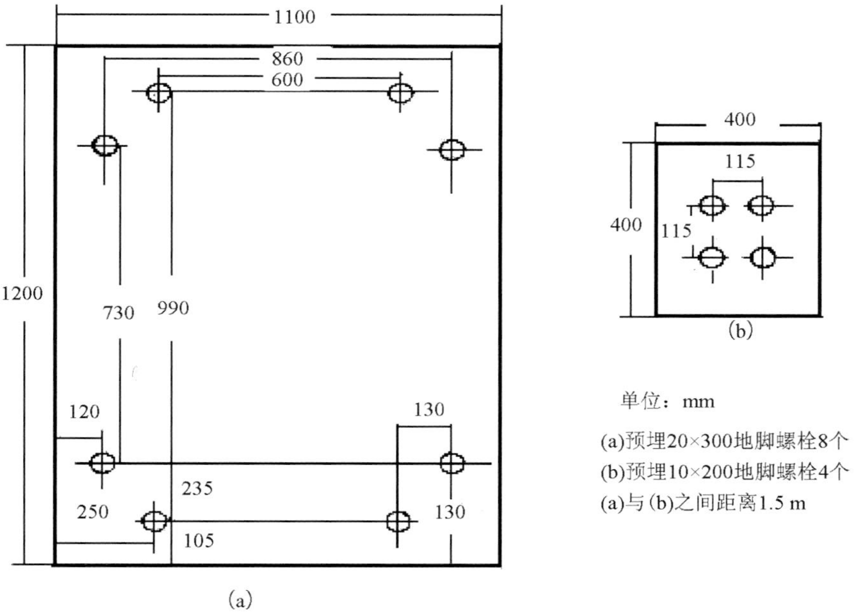

图 6-68 烟炉安装基础和点火控制器安装基础设计图

(a) 地面播撒装置；(b) 点火控制器

6.2.2.3 设备组装

基础养护达到要求后，在安装基础上用螺栓分件进行组装。烟炉基础（底座）、控制器基础（底座）及拉线底座安装位置如图 6-69 所示。

6.2.3 工作原理

中心控制器采用密码无线通信远程获取地面播撒装置信息，输入烟管点火时间、点火数量，使烟管在选定时间正常点火，燃烧催化剂，通过烟炉将催化焰剂播撒释放于空中，并在上升气流的作用下抬升到云中，达到催化增雨（雪）目的。

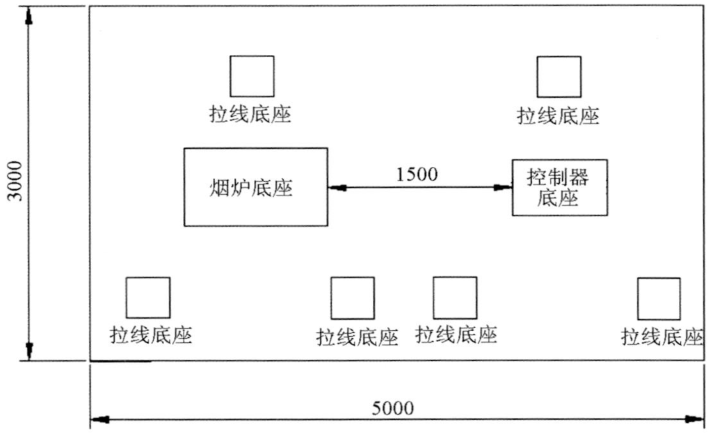

图 6-69 烟炉底座、控制器底座及拉线底座位置示意图

6.2.4 系统使用

6.2.4.1 中心控制器

中心控制器面板如图 6-70 所示。

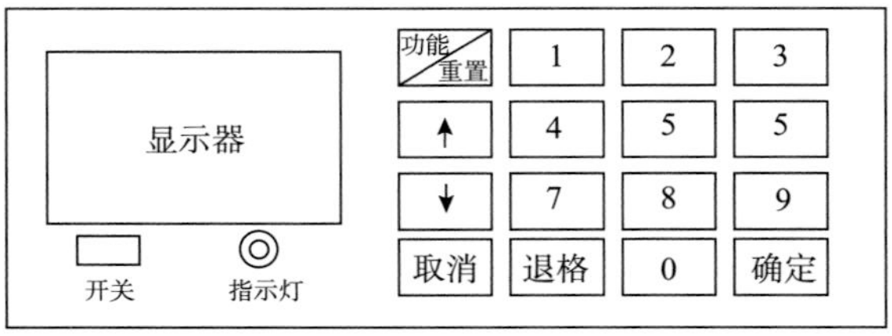

图 6-70 中心控制器面板图

功能/重置—— 调用功能菜单或数字输入时重新设置。

↑—— 上翻。

↓—— 下翻。

取消 —— 取消当前操作，返回上级菜单。

退格 —— 数字输入时后退一格。

确定 —— 确认当前操作，进入下级菜单或返回上级菜单。

0～9 —— 数字键。

6.2.4.2　点火控制器

点火控制器前面板，1：烟管空灯（绿灯），烟管为空时亮；2：点火灯（黄灯），正在点火时亮；3：电源灯（红灯），通电时亮；4：开关，按一下切换通断，按的时间要略长。如图 6-71 所示。

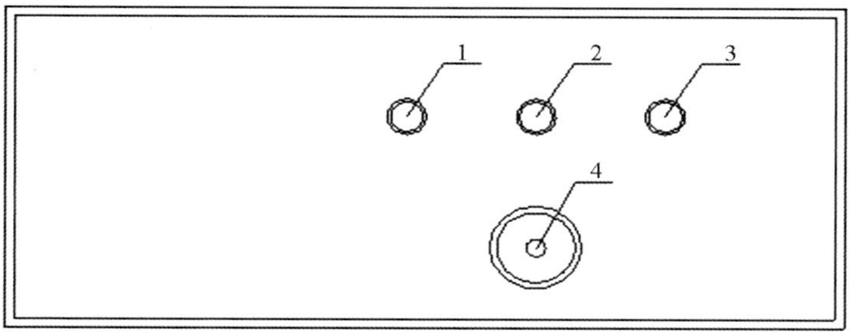

图 6-71　点火前面板图

左面板、右面板，1、2 点火输出接口，连接烟管号为 1～56；3、4 点火输出接口，连接烟管号为 57～112；5、6 点火输出接口，连接烟管号为 113～168；7 备用接口；8 厢门开启传感器接口，针 2、3 无正负，针 1 空；9 外接电源接口，针 3 负，针 2 正，针 1、4 空；10 太阳能板接口，针 2 正，针 3 负，针 1 空；11 穿天线孔。左面板如图 6-72 所示，右面板如图 6-73 所示。

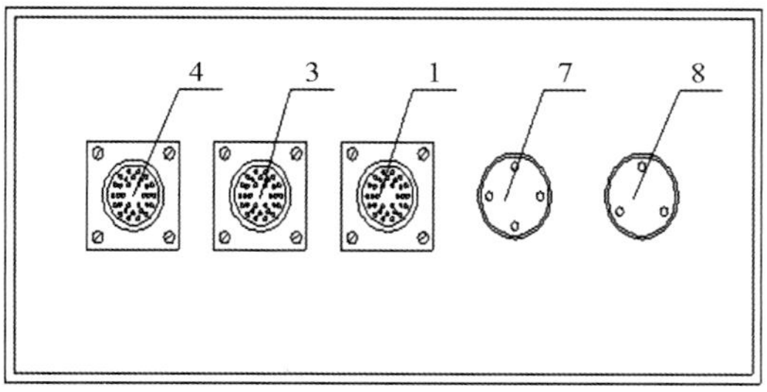

图 6-72　左面板图

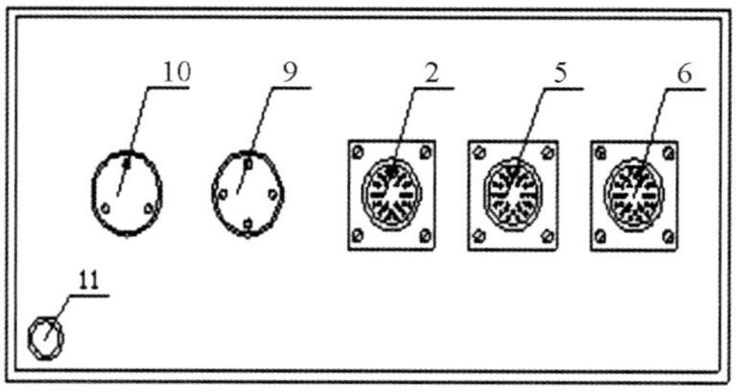

图 6-73　右面板图

6.2.4.3　连接

（1）传感器接口：可连接开关传感器。

（2）太阳能板接口：直接通过本接口直接连接太阳能板。

（3）外接电池接口：本品已内含蓄电池，本接口可悬空。

（4）电源开关：使用前接通电源。

（5）指示灯：红灯亮表示电源已接通工作正常，黄灯亮表示正在点火，绿灯亮表示无烟管。

（6）输出接口：连接烟管点火装置。

6.2.4.4 点火工具

（1）远程手机短信操作，通过手机短信获取烟炉信息，进行各项设置。
（2）远程控制终端操作，在控制中心通过控制软件进行各项设置。
（3）无移动信号地区，使用手持遥控器在距烟炉 200 米以内点火作业。

6.2.4.5 点火方式

（1）定时点火，指定点火时间和点火个数，可设置 4 组。
（2）间隔点火，特定时间段内点火间隔，可指定时间段、间隔时间和点火个数。
（3）即时点火，可指定点火个数实现即时点火。

6.2.4.6 功能

（1）焰管状态检验
焰管状态分 3 种情况：
① 可用；
② 无烟管；
③ 有故障。
箱门关闭和系统上电后，检验所有焰管状态，用指令查询焰管状态时，检验①②状态，有故障的不检验；当点火时发生点火头烧不断时，将该焰管定为有故障状态。
（2）自动检查是否点火成功
在点火检测通电电流，如点火头正常通电并在特定时间内烧断，则认为点火成功，焰管状态设为未安装；如点火头不能正常电认为点火失败，焰管状态设为未安装；如点火头正常上电但不能在特定时间烧断认为点火成功，焰管状态设为有故障。
（3）可设置使用炉体个数和焰管个数，屏蔽不使用炉体或焰管。
（4）点火顺序由上至下，并有三个烟炉自动找均功能。
（5）可记录焰管点火情况。
（6）箱门开启自动报警、低电压自动报警和现场监视功能。

6.2.4.7 使用说明

以手机短信控制方式为例，介绍本系统的各项指令与返回信息。
（1）通讯设置
波特率 9600，数据位 8 bit，停止位 1 bit，偶校验。
（2）指令类型码
系统时间查询：指令码：XC；查询内容：当前时间设置；
定时发射查询：指令码：DC；查询内容：定时发射时间和个数设置，包含 4 个定时器；

发射记录查询：指令码：PC；查询内容：发射记录查询，5 条发射记录；

系统时间设置：指令码：XS；系统时间包括：年，月，日，时，分，秒；

即时发射设置：指令码：JF；包括发射个数；

定时发射设置：指令码：DF；包括发射时间；发射个数；共四个定时器；

清楚存储器记录：QQ；

远端复位指令：RS；

保留指令：0x37；

回答指令：指令码：OK。

（3）通讯格式

数据头（1 byte）＋指令字（2 byte）＋数据（nbytes）＋数据尾（1 byte）

数据头：A

数据尾：E

（4）查询烟炉剩余状态

指令格式：数据头（A）＋指令命令字（YC）＋数据尾（E），例如：AYCE

（5）烟条装载

指令格式：数据头（A）＋指令命令字（YZ）＋装载焰管序号＋数据尾（E）

例如：AYZ1E，装载第一个烟条　AYZ51E，装载第 51 个焰管。其中，AYZ999E 为装载所有焰管，AYZ996E 为装载第一个烟炉内的焰管（1～56），AYZ997E 为装载第二个烟炉内的焰管（57～112），AYZ998 为装载第三个烟炉内的焰管（113～168）。

（6）烟条卸载

指令格式：数据头（A）＋指令命令字（YX）＋卸载焰管序号＋数据尾（E）

例如：AYX1E，卸载第一个烟条　AYX51E，卸载第 51 个焰管。其中，AYX999E 为卸载所有焰管，AYX996E 为卸载第一个烟炉内的焰管（1～56），AYX997E 为卸载第二个烟炉内的焰管（57～112），AYX998 为卸载第三个烟炉内的焰管（113～168）。

（7）即时点火

即时点火设置：数据头（A）＋指令字（JF）＋焰管序号＋数据尾（E）

例如：AJF18E 即时发射 18 条焰管

（8）点燃一支焰管

指令格式：数据头（A）＋指令字（YD）＋焰管序号＋数据尾（E）

例如：AYD128E，单独点燃第 128 支焰管

（9）定时点火

定时器设置：数据头（A）＋指令字（DF）＋年月日时分＋点火数量＋数据尾（E）

例如：ADF0808080808003E，注：点火数量 3 位，前补零。

定时器查询：数据头（A）＋指令字（DC）＋数据尾（E）

例如：ADCE

（10）间隔点火设置

间隔时间设置：数据头（A）＋指令字（JG）＋日期 1（年月日时分：10 位）＋日期

2（年月日时分：10位）＋间隔时间（2位）＋点火数量（2位）＋数据尾（E），例如：AJG0811170855081117095502O1E

间隔时间查询：AJCE

（11）系统时间：

系统时间设置：数据头（A）＋指令字（XS）＋年月时日分秒（12 byte）＋数据尾（E）

例如：AXS081019141406E

系统时间设置：数据头（A）＋指令字

（12）历史查询

历史查询：数据头（A）＋指令字（FC）＋数据尾（E）

例如：AFCE

（13）远端复位

例如：ARSE

（14）传感器状态查询和上报

指令格式：数据头（A）＋指令命令字（SR）＋数据尾（E）

例如：ASR001000E

（15）低电压报警

当系统电压低于11.2 V时，系统报警

报警数据为：APDE

（16）烟条全空报警

当所有烟炉焰管状态都未装载或有错误时，系统报警

报警数据为：AYKE

（17）回答指令

正确回答：数据头（A）＋OK＋数据尾（E）

错误回答：数据头（A）＋NO＋错误数据（2字节）＋数据尾（E）

6.2.4.8 操作程序及相关要求

（1）该装置适合布置在有上升气流地区使用。

（2）作业人员必须熟读说明书，掌握工作原理及基本操作技能，经培训合格后方可上岗工作。

（3）烟管装填：打开触头门，对烟管进行完好检查，手握完好烟管端座，喷口向前，逐支将烟管装入固定装置内定位。关锁好触头门，确保电路整体完好接触。

（4）用电缆线两端插头将触头门板插座与控制器连接，太阳能连接，有必要时可外接蓄电池。

（5）根据作业点每年作业需求情况，将烟管提前装入烟炉内，最大装填量168支，单体装填量为56支。

（6）首先打开电源开关，观察指示灯情况，红灯亮表示电源已接通，黄灯亮表示已安

装好烟管。

（7）作业前检查、检测系统功能，一切正常后，等待适宜天气实施作业。

（8）按控制器命令格式说明进行通讯设置，按命令类型码进行定时发射设置，间隔点火调置、即时发射设置、系统时间设置及相应的查询设置等。

（9）按命令说明指定方式操作即可完成作业。可按设置需求获取必要的查询记录与当前的各种功能状态。

（10）当装入烟管全部作业后，将管壳抽出，再重新装填新烟管，同时进行系统检测，使之一切正常完好，待进行新的作业。

6.2.5　主要技术指标

RYJ-1 型地面焰管播撒系统主要技术指标见表 6-2。

表 6-2　RYJ-1 型地面焰管播撒系统主要技术指标一览表

项　目	指　标	备　注
外形尺寸（mm/套）	4212×1538×5475（长×宽×高）	3 个单位为一套
质量（kg/套）	1500	
焰管最大装填量（支/套）	168	单位装填量 56 支
电源电压（V）	220 VAC（远程中心站）；8～16 VDC（现场终端）	
待机功耗（W）	≤2（终端）	
供电方式	太阳能供电系统	
电池能量	7 个连续阴天可靠工作	
电池寿命	＞1	
手持式控制方式	现场控制	
控制距离	中国境内不限	
最大点火容量（支）	168	可以独立点火
平均无故障工作时间（h）	＞7000	
平均修复时间（h）	＜2	
工作温度（℃）	－30～45	
工作相对湿度（%）	10～100	
点火控制方式	支持 GPRS、CDMA、SMS、卫星通信	

6.2.6　特点

（1）实现了无人值守，适时作业的功能，作业安全可靠，可广泛布点，实用性强。

（2）具有设备破坏报警，烟管被盗自毁的功能，可确保设备安全，可避免燃烧剂危害社会。

（3）功能配置先进，搭配北斗卫星通信，可覆盖中国境内所有区域。

（4）考虑到作业人员的安全及卫生，填装烟管工作在烟炉外完成，无需将手伸入烟炉内部，装填方便、快捷，可确保烟管安装人员安全卫生。

（5）装填烟管数量多，催化剂含量大，作业时间长。

（6）具有烟管是否点火成功的检测功能和异常检测功能及燃烧情况记录功能。

（7）遥控系统具有可靠的加密功能。

（8）外形美观，性能可靠，可选择单体或成组（套）安装使用。

6.2.7 设备维护及注意事项

（1）设备安装地点由用户选定，厂家派人到现场（协助用户安装），并进行系统调试，保证初始状态完好。

（2）每次作业完毕后，进行各种功能、状态完好性检测，保证控制系统功能正常，设备防止被盗破坏，发现有不正常现象及时处理解决。

（3）每新装填一次烟管，对导电触头进行自查，保持触头伸缩灵活，无锈蚀，接触完好。

（4）控制器定期更换电池，保证电量充足，正常作业。

（5）对烟炉、控制系统设备等要经常检查，维护保养，防止破损影响正常工作。

（6）烟管要储存在干燥通风的库房内，防止受潮，储存温度为－40～50 ℃。

6.3 DL40-1 型地面焰管播撒系统

6.3.1 结构原理

DL40-1 型地面焰管播撒系统是江西新余国泰火箭技术有限公司研制的产品。该系统由地面播撒装置（含烟条及手动点火控制）、多功能自动气象站、远程无线接收系统（含太阳能供电系统）、指挥中心或移动指挥车（含电脑及控制软件）等组成，可远程无线及近程有线两种点火控制方式，适合于山地地形云系人工增雨、增雪和防雹作业。结构如图如 6-74 所示。

6.3.1.1 地面播撒装置

DL40-1 型地面播撒装置由定位装置、基础机架、前后面板、导烟管、顶盖组件、侧面板、填充门、地脚螺钉等组成，结构如图 6-75 所示，实物如图 6-76 所示。

6.3.1.2 Y400-2 型固态 AgI 焰管

Y400-2 型固态 AgI 焰管是一种通过燃烧法产生碘化银人造冰核的火工产品。它可以通过飞机将催化剂播撒到高空过冷云层中实施人工增雨或增雪作业，或与地面播撒装置配套用于高山及高海拔地区山地地形云系人工增雨、增雪和防雹作业。

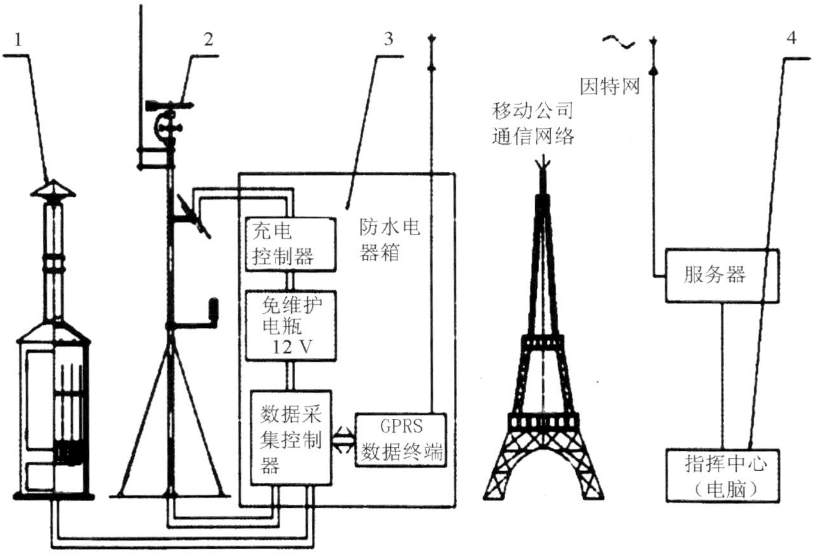

图 6-74　DL40-1 型地面焰管播撒系统结构图

1—地面播撒装置；2—多功能自动气象站；3—远程无线接收系统；4—指挥中心或移动指挥车

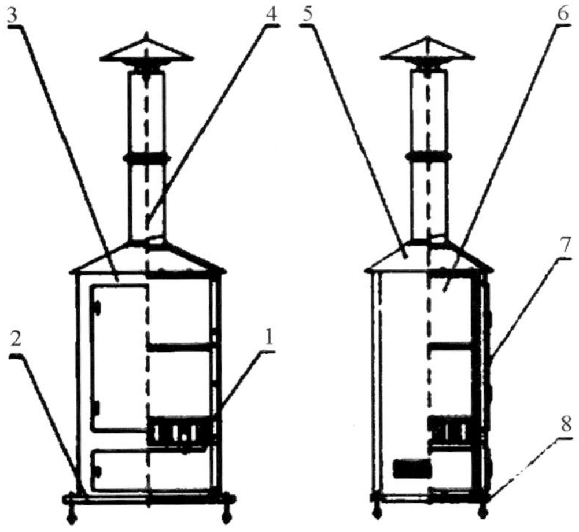

图 6-75　DL40-1 型地面播撒装置结构示意图

1—定位装置；2—基础机架；3—前后面板；4—导烟管；
5—顶盖组件；6—侧面板；7—填充门；8—地脚螺钉

图 6-76　DL40-1 型地面播撒装置实物图

Y400-2 型固态 AgI 焰管由 1 连接座总成、2 短路导线、3 触环、4 挂销、5 外管、6 消筒、7 防潮胶带等组成，结构如图 6-77 所示，实物如图 6-78 所示。

6.3.1.3　点火控制器

点火控制器由数据采集器、GPRS 数据终端、电瓶、充电控制器等组成，实现点火的指令执行。

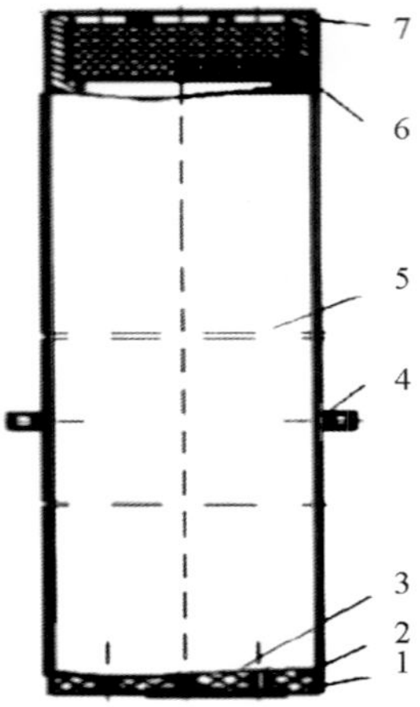

图 6-77 Y400-2 型固态 AgI 焰管结构图

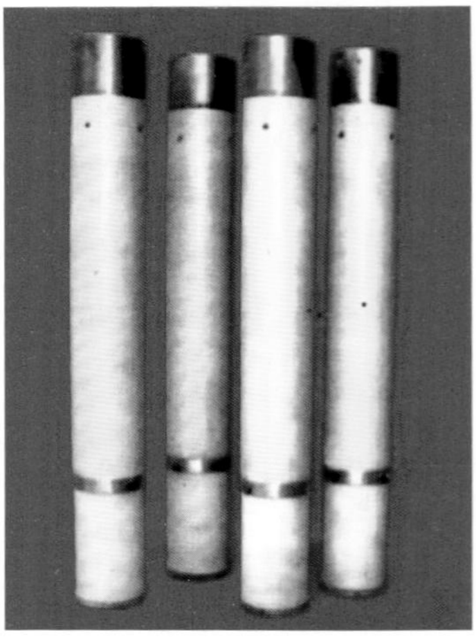

图 6-78 Y400-2 型固态 AgI 焰管实物图

6.3.2 安装

6.3.2.1 安装基础预埋

(1) 选择好安装位置后，先预埋炉体的基础，见图 6-79。

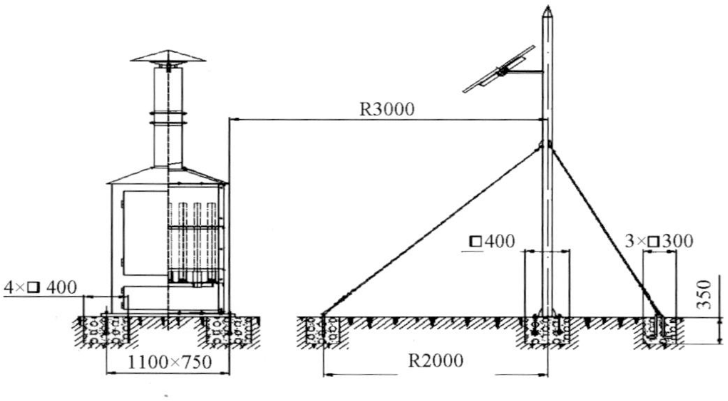

图 6-79 地面播撒装置和点火控制器固定杆安装基础尺寸图

(2) 将 4 件 M12 的地脚螺钉浇筑于长 400 mm、宽 400 mm、高 350 mm 的 4 块混凝土中，螺钉露出混凝土 70 mm。螺钉间距呈长方形，长 1100 mm、宽 750 mm。各块混凝土顶面要求在同一水平面中。

(3) 在距离炉体预埋螺钉 3000 mm 远处，将 4 件 M10 地脚螺钉浇筑于长 400 mm、宽 400 mm、高 350 mm 的 1 块混凝土中，螺钉露出混凝土 30 mm。螺钉位置呈圆形，半径为 110 mm，此基础用于安装避雷针杆及太阳能电池板。要求太阳能电池板的头部方向朝正北，底部方向朝正南，并用螺帽将其紧固定位。

(4) 在距离避雷针杆基础中心半径 2000 mm 处，将 3 件"U"形铁浇筑于长 300 mm、宽 300 mm、高 350 mm 的 3 块混凝土中，"U"形铁露出混凝土 50 mm。各块混凝土顶面要求在同一水平面中，两混凝土预埋件与避雷针杆基础中心的夹角均为 120°。

6.3.2.2　地面播撒装置安装

按前面图 6-75，将各部件用螺栓连接。

6.3.2.3　点火控制器安装

将电器箱用螺栓固定在安装立杆上，连接各线缆。要求太阳能电池板的头部方向朝正北，底部方向朝正南，并用螺帽将其紧固定位。

6.3.3　工作原理

DL40-1 型地面焰管播撒系统有远程遥控点火和近距离有线点火两种方式，点燃地面播撒装置里的焰管，焰管产生的烟雾随上升气流到云中，达到催化增雨（雪）目的。

6.3.4　系统使用

6.3.4.1　远程控制系统

用安装有指挥程序的电脑上网后，把信息传至 GPRS 数据终端；终端接收到数据时按原定协议开始执行。控制软件上包括：温度、气压、湿度、风速、风向、降雨、电压、焰管等信息。在地面播撒装置（烟炉）控制系统能被正常使用前，需要设置其所在站点的 ID 号（注册报文）、服务器 IP 地址及远程端口；这些参数在系统安装时被写入无线数传模块中，正常工作时不需要再进行配置。每个站点 ID 号必须是唯一的，否则有些站点将无法与控制软件进行通信；IP 地址必须是固定，通过 ADSL 拨号上网的电脑，通常情况下，自动获取的外网 IP 是动态变化的，除非向网络运营商提出申请，否则，各站点将无法完成与中心的通讯；在系统测试阶段，可以通过改写无线数传模块的 IP 地址来适应变化的外网 IP。

(1) 各种参数输入

用配套的串口延长线将无线数传模块连接到计算机的串口，接上电瓶的 12 V 电源，开启电源给模块供电，模块上的指示灯将会闪烁。打开设置软件，在界面中输入图 6-80 显示中的各个参数；其中远程端口、服务器 IP、注册报文这三个参数需要根据实际情况来设置；远程端口为烟炉控制软件的服务端口，服务器 IP 为烟炉控制软件所在网络的外网 IP，注册报文为站点的 ID。

参数输入完成后点击"确定"按钮，状态条中将显示"开始配置"，正常情况下，几秒钟后将显示"配置成功"，如果显示为"配置失败"，请在几秒钟后重新点击"确定"按钮，直至显示“配置成功”。如果反复几次后仍然显示“配置失败”，请查看串口连接和供电是否正常，在配置成功后，可以通过点击“查询配置”按钮来查看参数是否被正常写入数据传输模块。

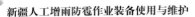

控制软件运行后，底部状态栏中将显示本地 IP 地址和服务端口，界面如图 6-81 所示。

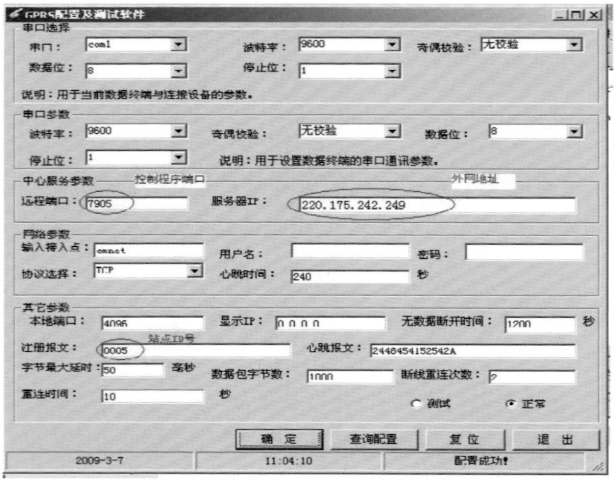

图 6-80　参数输入界面图

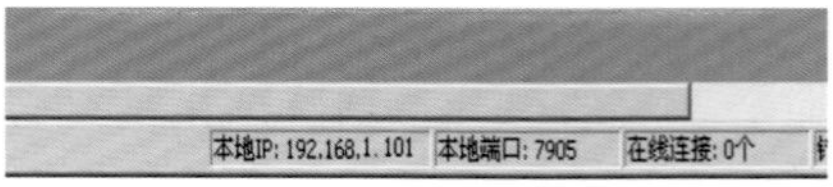

图 6-81　本地 IP 地址和服务端口显示界面图

如果显示为“192.168.0.×××”或“192.168.1.×××”，说明网络系统中装有路由器，显示的 IP 为内网 IP，这时需要登陆到路由器上查看当前的外网 IP。

(2) 进入路由器

打开 IE 上网软件，在地址栏中输入“192.168.0.1”或“192.168.1.1”，将会出现输入用户名和密码的界面，默认情况下，用户名为“admin”，密码为“admin”，如果提示错误，则需要输入用户自己设定的用户名和密码。输入正确后，将进入路由器的控制界面，如图 6-82 所示。

图 6-82　路由器的控制界面图

查看“运行状态”选项，图 6-83 中画红圈的即为当前外网 IP 地址。

查看“转发规则”选项，在其中添加需要路由器转发的本地 IP（即内网地址）和控制软件的服务端口，界面如图 6-84 所示。

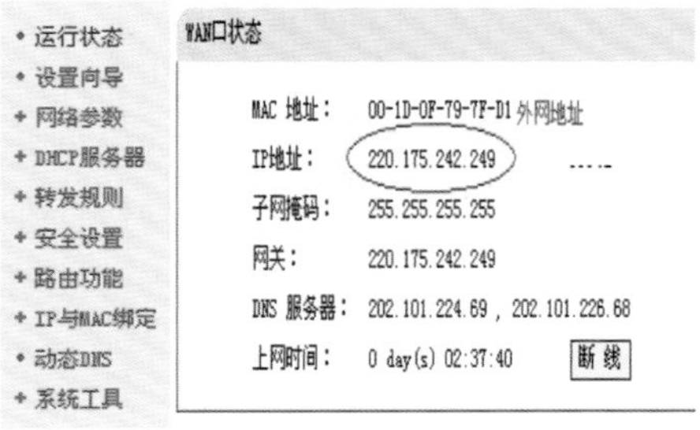

图 6-83　显示当前外网 IP 地址界面图

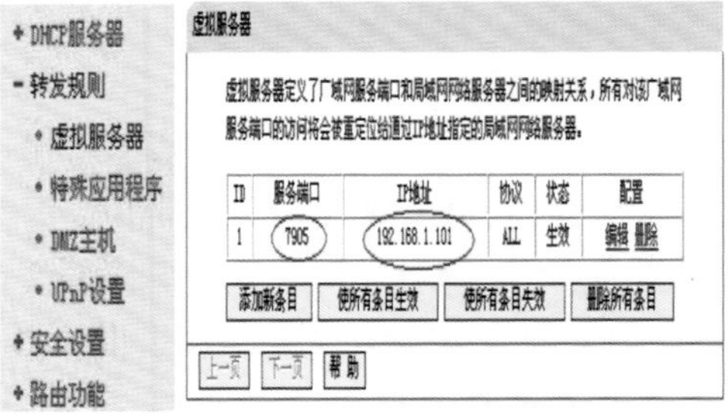

图 6-84　添加本地 IP 地址界面图

在没有路由器的网络中，控制软件显示的本地 IP 即为外网 IP，将其直接配置到无线数传模块中即可。

6.3.4.2　系统运行

（1）主界面

本版本的控制软件包括菜单、站点参数显示和系统状态显示三个部分。菜单包括系统参数设置和系统运行控制等功能；站点参数显示提供各站点气象参数及烟炉状态的动态显示功能；系统状态显示本地 IP 地址、控制软件服务端口、在线连接计数和系统错误等。界面如图 6-85 所示。

（2）退出

在选择“文件”下“退出”菜单项，将终止控制软件的运行。

（3）颜色设置

在选择“系统设置”下“颜色设置”菜单项，将弹出颜色设置对话框，可以设置站点参数显示文字的颜色，站点区域填充颜色和系统的背景颜色。界面如图 6-86 所示。

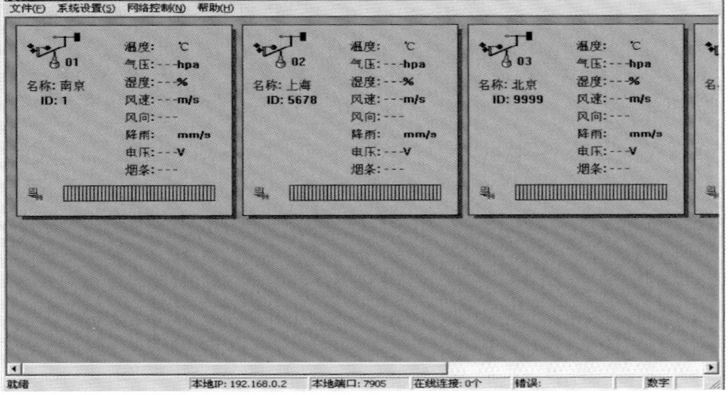

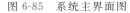

图 6-85　系统主界面图

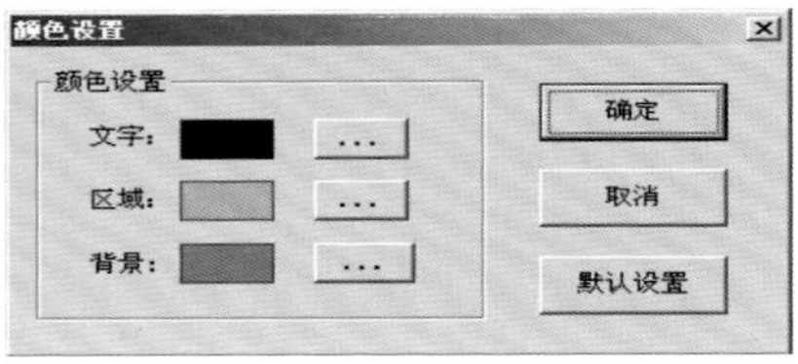

图 6-86　颜色设置界面图

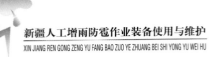

（4）站点设置

在选择“系统设置”下“站点设置”菜单项，将弹出站点设置对话框，可以设置需要连接到控制软件的站点数，界面显示每行的站点数，各个站点的名称、ID号，ID号必须是唯一的，否则，有些站点将无法与控制软件通信。界面如图6-87所示。

（5）网络设置

在选择“系统设置”下“网络设置”菜单项，将弹出网络设置对话框。可以设置控制软件的服务端口。在改变了服务端口后，必须重新设置无线数传模块的远程端口；在存在路由器的网路中测试时，还需要修改路由器的转发规则；否则，各站点将无法与控制软件通信。界面如图6-88所示。

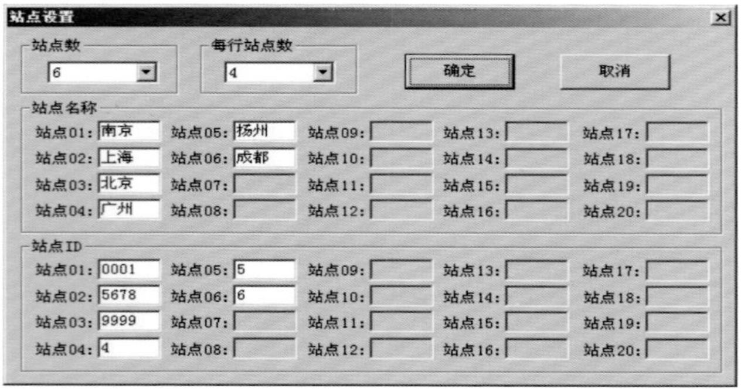

图6-87　站点设置界面图

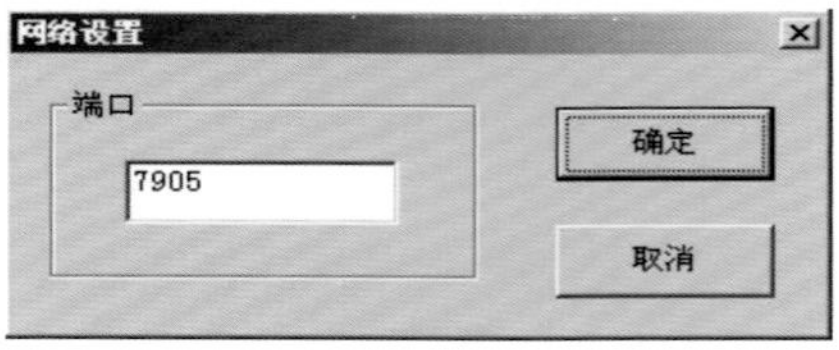

图6-88　网络设置界面图

（6）打开网络

在选择“网络控制”下“打开网络”菜单项，控制软件将开始接受各站点的通信请求，建立正常的通信通道，接收各站点的上报数据，下发控制命令。

选择“网络控制”下“关闭网络”菜单项，控制软件将终止与所有站点的通信。

（7）站点参数显示

站点参数显示功能包括站点名称、ID、气象参数、烟炉状态和通讯状态的显示，界面如图6-89所示。

站点在连接到控制软件后，连接图标将由变为，并在图标下方显示此站点的在线时间。

正常情况下，站点在线1分钟内将上报第1帧数据，界面上将会有相应的显示，如果显示没有变化，需要手动发送请求数据命令。

站点在线20秒后，点击站点区域任意位置将弹出站点控制对话框。界面如图6-90所示。

在此界面中有“请求数据”，“校时”，“清点烟条”，“放烟”，“断开连接”，“退出”六个按钮。

“请求数据”按钮用来向站点请求数据命令，正常情况下，控制软件会在站点在线后自动向其发送请求数据命令，但有时由于网络通信不畅等原因，导致站点没有收到此命令而不上报数据，此时，需要手动发送此命令。

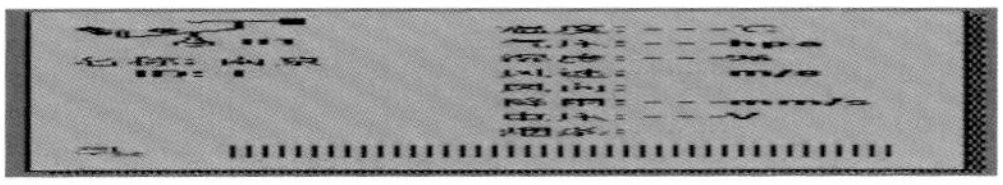

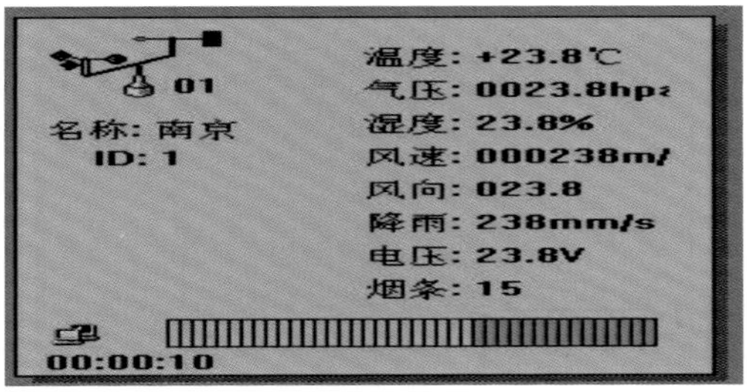

图 6-89　站点参数显示界面图

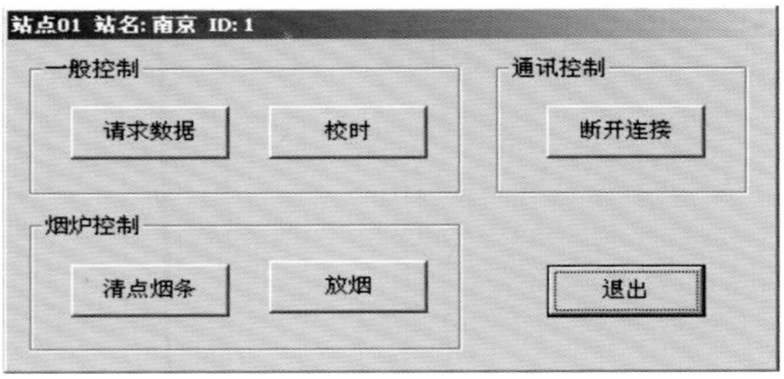

图 6-90　站点控制界面图

“校时”按钮用来同步控制软件与站点的时间。

“清点烟条”按钮用来控制站点对烟炉剩余烟条进行清点，由于考虑到安全性和功耗等原因，系统不会对剩余烟条进行自动清点，需要了解时点击“清点烟条”按钮，并将在 1 分钟内更新烟条数的显示。

“放烟”按钮用来控制站点进行放烟，成功放烟后，站点显示区域将会有红色放烟指示在闪烁，并在 20 分钟后停止，如果在放烟过程中，点击了“清点烟条”按钮，将可能停止放烟指示的闪烁。界面如图 6-91 所示。

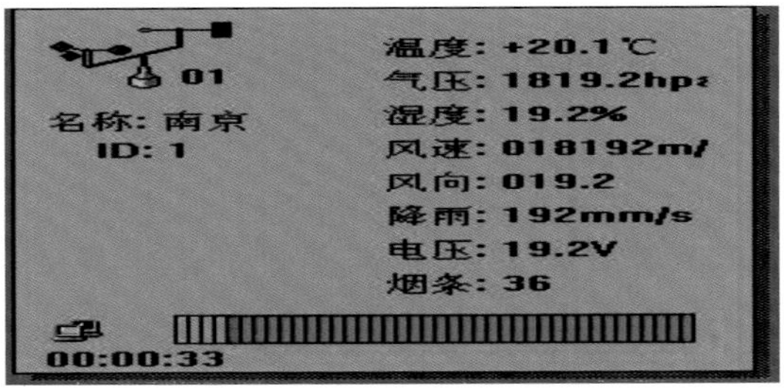

图 6-91　清点烟条显示界面图

连续地点击“放烟”按钮将会导致站点频繁地进行放烟动作，造成不必要的浪费。

正常情况，点击上面这四个按钮后，站点会在 1 分钟内响应，但由于移动网络的原因，会造成站点没有收到控制软件的命令，或控制软件没有收到站点的响应，控制软件将会提示“终端无响应!”。

“断开连接”按钮用来中断控制软件与当前站点的连接，迫使站点重新尝试连接控制软件。在发现与某个站点通信不畅时，可以通过中断与此站点的连接，有时新的连接通信质量会有所改善。

“退出”按钮用来关闭站点控制对话框。

6.3.4.3　近程控制系统

近程控制系统是指近程有线控制，由人工手动控制触摸屏来实现，系统结构见图 6-92 所示。

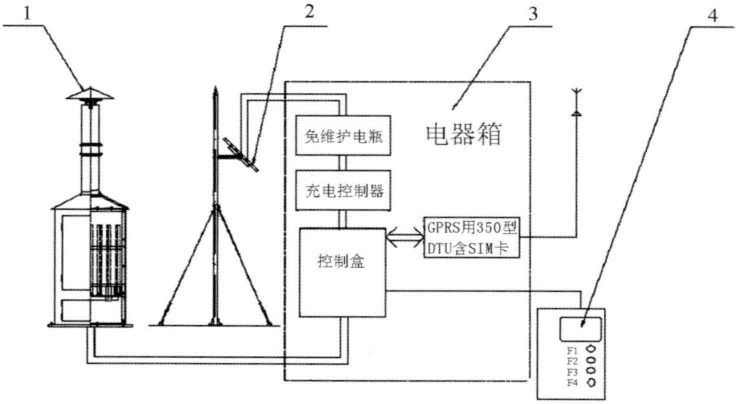

图 6-92　DL40-1 型地面焰管播撒系统人工手动控制结构图

1—炉体；2—太阳能电池板；3—电器箱；4—人工手动控制键盘

操作面板的功能键共有 4 个即：F1、F2、F3、F4 键。

F1 为功能键，可实现焰管数量和时间的设定；按一次配合 F2/F3 建则可调整焰管数量；F2 为焰管增加，F3 为焰管减少。再次按 F1 键可切换成时间设置（显示屏会显示 T），配合 F2/F3 建则可调整时间的长与短。

F4 为确认键，即设置完毕后，按一次此键地面播撒装置（烟炉）则按设定值开始工作。

6.3.5　主要技术指标

DL40-1 型地面焰管播撒系统主要技术指标见表 6-3。

表 6-3　DL40-1 型地面焰管播撒系统主要技术指标一览表

项　目	指　标
外形尺寸（mm/套）	1200×1000×3700
质量（kg/套）	1500
焰管最大装填量（支/套）	40
电源电压（V）	220 VAC（远程中心站）；8～16 VDC（现场终端）
供电方式	太阳能供电系统
手持式控制方式	现场控制
控制距离	中国境内不限

续表

项　目	指　标
工作温度（℃）	－30～45
工作相对湿度（%）	10～100
点火控制方式	支持 GPRS、CDMA、SMS、卫星通信

6.3.6　特点

（1）烟炉用不锈钢材料制作，比玻璃钢材质更加防潮，防氧化、防腐蚀，并大大地延长了其使用寿命。

（2）烟炉外形结构美观，采用组合式模块化设计，可拆卸搬运，更适合野外安装使用。

（3）通讯方式：利用 GPRS 通讯或北斗卫星通信实现远程无线控制及近程无线控制。

（4）自备太阳能自动供电系统，蓄电池可保证烟炉连续工作八小时。

（5）能与多功能气象站协同工作，可直接监测系统所在区域的气象数据及系统的作业效果，集人工影响天气作业与指挥为一体。

（6）能根据作业指令自动检测、记录点火情况及烟炉当前状态，并能准确反馈作业信息。

（7）具有防盗报警及防盗监测等功能，布置点可在无人值守情况下，完成整个作业过程。

（8）烟条采用真空浇铸成型工艺，装药密度均匀，燃烧稳定，克服了断火、瞎火和燃爆技术难题，装置正常工作发青黄烟，装置顶部无明火、火星，保证了使用的安全性。

（9）设备制造采用国内先进的工艺，特别是承受高温、高压的零部件设计中均给予足够的安全裕度，以保证各种运行情况下运行可靠。

（10）每台设备均有永久性铭牌，铭牌上标有制造厂名称、设备出厂日期、设备型号、编号，方便了用户对设备的管理和维护。

6.3.7　设备维护及注意事项

（1）当插入有效 SIM 卡时，必须关闭 DTU 的电源。

（2）太阳能板及其他传感器必须有可靠的避雷装置保护。

（3）非专业人员和维修人员不得随意调节各传感装置，以免造成误动作。

（4）控制系统以人工手动优先，即只要有人在操作面板上按下 F4 键就只能人工操作；必须先复位 F4 键，才能进行自动操作。

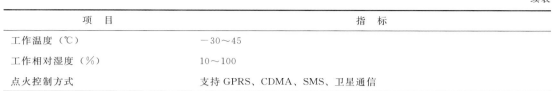

参考文献

马官起等 . 2005. 人工影响天气三七高炮实用教材 . 北京：气象出版社.

马官起，任宜勇，王金民等 . 2008. 增雨防雹火箭作业系统实用教材 . 北京：气象出版社.

许国仁，叶安键，丁荣安 . 1983. 711 测雨雷达原理和维修 . 北京：气象出版社.

杨炳华，王旭，廖飞佳等 . 2014. 新疆人工影响天气 . 北京：气象出版社.